LE

CABINET

DU JEUNE

LE CABINET

DU

JEUNE NATURALISTE.

CHAPITRE I.

DES ANIMAUX AMPHIBIES
EN GÉNÉRAL.

INTRODUCTION.

Le nom AMPHIBIA a été donné par Linnée aux animaux qui vivent alternativement sur la terre et dans l'eau. Il sont divisés en deux classes : savoir, les reptiles et les serpens ; les premiers ont reçu de la nature des jambes ; ils ont des oreilles nues, c'est-à-dire sans oreillettes ; les derniers sont privés de pieds, de nageoires, d'oreilles et d'oreillettes. Ces animaux ont le sang froid : par la conformation particulière de leurs organes, ils

ont la faculté de suspendre leur respiration à volonté, et de supporter le changement des élémens sans en rien souffrir. Leur retraite est ordinairement dans un lieu écarté, humide, et à
l'ombre, dans lequel ils sont probablement fixés,
afin de prévenir l'excessive multiplication des
animaux qui vivent dans l'eau, et celle des insectes, et pour se garantir souvent eux-mêmes
des oiseaux et des poissons.

Ils ne mâchent pas leur nourriture; mais ils
l'avalent tout entière, leur gosier et leur estomac
étant susceptibles d'une très-grande extension; car
ils dévorent quelquefois des animaux d'un volume plus considérable que celui qu'ils ont eux-
mêmes dans leur état naturel. Quelques-uns de ces
animaux vivent de plantes ou de chair. Ils peuvent
supporter une abstinence qui deviendrait infailliblement fatale à la plus grande partie des autres
animaux; on en a vu plusieurs jouir d'une santé
et d'une vivacité apparentes, pendant plusieurs
mois, sans manger. Quelques personnes ont affirmé
que le cœur des animaux amphibies n'a qu'un seul
ventricule; mais des physiologistes, plus exacts
observateurs, sont cependant d'opinion qu'ils en
ont deux, qui ont l'un avec l'autre une communication immédiate.

Le sang est rouge, mais froid, et en petite

quantité. Les poumons consistent, dans la plupart d'entre eux , en une paire de grandes vessies , ou réservoirs membranacés divisés en plusieurs loges, dans lesquelles sont distribués d'une manière admirable les vaisseaux sanguins.

Les amphibies en général sont doués, au plus haut degré, de la faculté réproductive ; et lorsqu'un de leurs pieds, leur queue, ou tout autre membre est lésé ou emporté par quelque accident, il leur en vient un autre à la place. Leur corps est quelquefois défendu par une cuirasse de corne très-dure, ou par un tégument coriace. Quelques espèces ont des écailles, et d'autres des protubérances molles, semblables à des verrues. Leurs os sont plus cartilagineux que ne le sont ceux des mammifères ou des oiseaux ; plusieurs parmi eux n'ont point de côtes ; quelques-uns sont armés de dents formidables, tandis que d'autres en sont entièrement privés ; il y en a qui sont d'un naturel féroce, et qui vivent de proie ; d'autres sont très-doux. Le plus grand nombre néanmoins est peu dangereux.

Le corps des animaux amphibies est froid au toucher ; cette circonstance et leurs formes hideuses ont beaucoup contribué à répandre le préjugé qu'ils sont venimeux. Un petit nombre cependant, si nous exceptons les serpens, et même parmi ceux-ci, tout au plus un sixième, sont véritablement à redouter. Ils ont tous la vie extrêmement tenace, et plusieurs continuent à se mouvoir et à exécuter encore quelques-unes des fonctions de l'économie animale, même après avoir été privés de la tête ou du cœur. Leur couleur est souvent livide et dégoûtante; mais la peau de plusieurs brille des plus riches couleurs. La plupart d'entre eux exhalent une odeur fétide, et qui provient peut-être de l'infection de leurs retraites, ou des substances dont ils se nourrissent. Leur voix est rauque et peu harmonieuse, et il en est qui sont tout-à-fait-muets.

Les amphibies sont en général ovipares; c'est pourquoi les reptiles ou ceux qui ont quatre pieds sont appelés quadrupèdes ovipares, pour les distinguer des quadrupèdes vivipares. Ils sont ordinairement très-féconds; leurs œufs sont, ou renfermés dans une coquille calcaire, ou couverts d'une peau lisse, semblable en quelque sorte à du parchemin; il en est aussi qui ne forment qu'une espèce de gélatine.

Aussitôt que la mère a déposé ses œufs, elle n'en prend plus aucun soin, et les laisse éclore aux rayons du soleil. Le petit nombre des espèces vivipares a aussi des œufs, mais ils éclosent dans la matrice même.

On ne peut pas dire que les amphibies , malgré qu'on les trouve quelquefois réunis en grand nombre, vivent en troupes, car ils ne font rien en commun. La chair et les œufs de quelques-uns offrent un aliment nourrissant et d'un bon goût.

La plupart de ces animaux , qui habitent les climats froids et tempérés , passent l'hiver dans un état d'engourdissement. Dans cette saison on les trouve quelquefois tout roides dans des trous, sous la glace ou dans l'eau. Ils se raniment au retour du printemps, où ils changent de peau, et reparaissent dans un vêtement nouveau. Beaucoup d'entre eux jettent leur peau plusieurs fois dans l'année; mais ceux des reptiles qui sont revêtus d'une cuirasse osseuse , n'en changent jamais.

La classification Linnéenne des reptiles commence par la *tortue* ; puis après , viennent les crocodiles : nous commencerons donc notre description par ces animaux.

LA TORTUE.

On divise les *tortues* en *tortues de terre*, *tortues d'eau douce* ou *émydes*, *tortues à boîte*, *tortues de mer*, *chélides* ou *tortues à gueule*, et *trionyx* ou *tortues molles*.

Parmi les diverses espèces de tortues de terre, la plus commune est la tortue grecque, qui se trouve non-seulement en Grèce, mais encore dans presque tous les pays situés sur les bords de la Méditerranée, dans la Sardaigne, la Corse et toutes les îles Européennes de l'Archipel : c'est celle dont on fait des bouillons pour les malades ; elle se nourrit de feuilles, de fruits, d'insectes.

Les émydes, ou tortues d'eau douce, ont les pieds palmés, ce qui leur donne la facilité de nager. Il y en a vingt espèces ; deux sont d'Europe, et se trouvent dans les pays tempérés jusqu'à Berlin : ce sont la tortue jaune et la tortue bourbeuse. Elles vivent dans les marais et se nourrissent de grenouilles et de poissons. On les élève parce que leur chair est bonne à manger. Parmi les espèces étrangères, nous citerons l'émyde gentille (*testudo puchella*), dont les couleurs sont variées et très-agréables.

Les tortues à boîte ont été ainsi nommées à cause de la conformation de leur plastron, dont la partie antérieure et quelquefois la postérieure, sont mobiles sur la partie moyenne qui est fixe. Il suit de-là, que, lorsque la tortue a rentré sa tête et ses pattes sous sa carapace, elle peut en rapprocher les deux parties mobiles, de manière à se trouver entièrement renfermée comme dans une boîte. Cette espèce habite l'Amérique septentrionale, et, quoique aquatique, est plus souvent sur terre que dans l'eau. Elle vit de poissons, de reptiles, d'insectes ; on dit qu'elle tue même des serpens de quatre à cinq pieds de long et les dévore.

Les tortues de mer se distinguent des autres par leurs pieds longs et aplatis en forme de nageoires, dans lesquels sont cachés les os des doigts, dont les deux premiers sont les seuls armés de griffes apparentes. Leur écaille, ainsi que celle des autres tortues, est une couverture osseuse à laquelle les côtes sont réunies. Dans quelques individus cette écaille est même plus forte et plus épaisse que celle des tortues terrestres. Il est de toute vérité que la mer a la propriété d'augmenter le volume des animaux qui sont propres à cet élément.

Le genre des chélides a été établi par Dumeril,

pour placer la tortue Matamata, qui se distingue de toutes les autres en ce que sa gueule, très-fendue, n'est point armée d'un bec de corne, mais garnie de lèvres charnues. Cette tortue, dont la carapace est hérissée de pointes pyrami-dales, vit à Cayenne dans les eaux douces. Elle reste cachée sous les feuilles des plantes aqua-tiques, ne laissant sortir de l'eau que l'extrémité molle de son nez allongée en une sorte de trompe. Elle attend ainsi les petits oiseaux et les animaux aquatiques qu'elle saisit à mesure qu'ils passent à sa portée.

Les tortues molles ou trionyx tirent leur pre-mier nom de ce qu'elles ont la carapace et le plastron couverts d'une peau molle. Elles vivent dans l'eau douce, et se nourrissent d'animaux aquatiques. M. Geoffroi-Saint-Hilaire les a nom-mées trionyx, parce qu'elles n'ont que trois on-gles à chaque pied.

L'écaille de la tortue grecque excède rarement 8 à 9 pouces, et en général elle ne pèse pas plus de trois livres; cette boîte, qui est compo-sée de trois plaques centrales et d'environ vingt-cinq marginales, est d'une forme ovale extrême-ment convexe et plus large par-derrière que par-devant; la partie du milieu, ou le disque de la carapace, est d'un brun noirâtre mêlé de jaune;

la partie inférieure du ventre de l'écaille appelée plastron, est d'un jaune pâle, marqué de chaque côté d'un grand liseré qui s'étend jusqu'au milieu; cet animal n'a pas la tête forte, et l'ouverture de la bouche ne s'étend pas au-delà des yeux; il a les jambes courtes et couvertes de fortes écailles; sa queue, qui est plus courte que ses jambes, est aussi couverte d'écailles, mais elle se termine par une espèce de pointe cornée.

Cet animal reste principalement dans des terriers, où il passe la plus grande partie du temps à dormir. Dès l'automne il commence à se retirer sous terre, pour y passer l'hiver, et ne reparaît qu'au printemps, vers le commencement de juin; la femelle creuse avec ses pieds un trou dans un endroit bien exposé au soleil pour y déposer ses œufs; ils éclosent en septembre, et à cette époque ils sont à peu près de la taille d'une grosse noix.

La tortue est un animal qui s'est toujours fait remarquer par l'extrême lenteur de ses mouvemens; cette lenteur paraît dépendre de la position de ses jambes, qu'elle écarte beaucoup en marchant; elle peut encore avoir pour cause le poids considérable de la carapace, qui pèse sur cette position défavorable de ses jambes.

Le collége des médecins de Londres possédait, il y a quelques années, une tortue qui y vivait dans un état domestique ; elle mangeait presque de tout, mais elle semblait donner la préférence aux fruits, aux feuilles, à l'herbe, au froment et au son ; cependant, quand la nourriture lui manquait, elle n'hésitait nullement à se repaître d'insectes, de vers et de colimaçons.

La partie supérieure de la boîte osseuse de cet animal était préominente, et la partie inférieure déprimée ; cette écaille avait le fond jaunâtre, parsemé de taches régulières d'un brun foncé ; le test se divisait en plusieurs compartimens ou plaques séparées, bordées de sillons qui diminuaient graduellement de profondeur jusqu'au centre de chaque écaille ; la tête était couverte d'écailles d'un jaune pâle ; elle avait les iris d'un brun rougeâtre, les lèvres dures et racornies ; le cou, les jambes de derrière et la queue de cet animal étaient couverts d'une peau couleur de chair pâle, et les côtés internes de ses jambes de devant, qui étaient visibles quand il avait retiré sa tête, étaient couverts d'écailles jaunes. M. Vaillant fait observer que, pendant son voyage en Afrique, il trouva des tortues près du voisinage de Tiger-Hoec. « Par un temps frais et couvert, dit-il, nous fîmes une marche de six heures pour arriver sur les bords d'une très-grande mare, abondante en petites tortues ; nous en pêchâmes une vingtaine :

grillées tout uniment sur le charbon, elles étaient très-bonnes; elles portaient de sept à huit pouces de long sur quatre de large; l'écaille sur le dos était d'un gris blanchâtre tirant un peu sur le jaune; vivantes, elles avaient une odeur infecte, mais la cuisson la leur faisait perdre.

« C'est une chose remarquable que, lorsque les grandes chaleurs viennent tarir les eaux, les tortues, qui cherchent toujours l'humidité, s'enfoncent dans la terre, à mesure que la surface se dessèche; il suffit alors, pour les trouver, de creuser profondément dans l'endroit qui les recèle. Elles demeurent ordinairement comme endormies, ne s'éveillent et ne se montrent que lorsque la saison des pluies a ramené l'eau dans les mares ou dans les petits lacs; elles déposent leurs œufs en plein air et sur leurs bords; ils sont de la grosseur de ceux du pigeon; c'est au soleil et à la chaleur qu'elles laissent le soin de les faire éclore; ces œufs sont d'un très-bon goût : le blanc, qui ne durcit jamais par la cuisson, conserve la transparence d'une gelée bleuâtre.

« Je ne sais si l'instinct dont je viens de parler est commun à toutes les espèces de tortues d'eau, et si elles emploient toutes les mêmes moyens; ce que je puis assurer, c'est que toutes les fois que, pendant les sécheresses, il m'a pris fantaisie de m'en procurer, en creusant dans les endroits où l'eau avait séjourné, je n'ai jamais manqué d'en prendre autant que j'en ai voulu.

« Cette espèce de chasse ou pêche comme on voudra l'appeler, n'était pas nouvelle pour moi ; je n'avais pas oublié qu'à Surinam on fait usage du même stratagême pour avoir deux espèces de poissons qui se terrent aussi, et qu'on nomme l'un le varappe, l'autre le gorret. »

Les détails donnés par le respectable M. White sur les habitudes et les mœurs d'une tortue amenée à l'état domestique en Angleterre, sont fort intéressans.

« Une tortue, dit cet auteur dans son His-
» toire de Selborne, que l'on tient depuis trente
» ans dans une petite cour murée, se retire sous
» terre vers le milieu de novembre, et reparaît
» vers le milieu d'avril ; la première fois qu'elle
» se montre, elle ne témoigne aucune envie de
» manger, mais elle devient vorace dans les grands
» jours d'été ; et à mesure que le soleil décline,
» son appétit décroît ; de sorte que pendant les six
» dernières semaines d'automne, elle se passe pres-
» que entièrement de nourriture : les plantes lai-
» teuses, telles que la laitue, la dent de lion et les
» laiterons, font ses principaux alimens.

« Le premier novembre 1771, je fis l'obser-

» vation que cette tortue se mettait à creuser son
» terrier, pour son quartier d'hiver, qu'elle avait
» fixé près d'une grande touffe d'hépatique ; elle
» grattait la terre avec ses pieds de devant et la jetait
» en l'air avec ceux de derrière ; mais le mouve-
» ment de ses jambes est d'une telle lenteur qu'il
» en devient ridicule ; il a moins de vitesse que l'ai-
» guille des minutes d'une pendule. Cet animal est
» très-assidu à fouiller la terre jour et nuit, et à
» enfoncer son corps dans la cavité qu'il a formée ;
» mais comme les heures du midi étaient extrême-
» ment chaudes dans cette saison, il interrompait
» continuellement ses travaux au milieu du jour,
» et quoique je sois resté dans cette ville jusqu'au
» 13 novembre, l'ouvrage demeura imparfait ; un
» temps plus rigoureux et des gelées blanches, le
» matin, eussent accéléré ses opérations.

» Aucun trait de sa conduite ne m'a paru plus
» surprenant que l'extrême timidité que lui ins-
» pirait un temps de pluie, quoiqu'il eût une
» écaille qui l'eût garanti de la roue d'une voiture
» chargée de moëllons ; il témoignait autant de
» crainte de la pluie, qu'une dame parée de ses
» plus beaux atours, fuyant à la moindre goutte
» d'eau qu'il sentait, et cherchant un abri dans
» le premier coin.

« Si on l'examine attentivement, il devient un

» excellent baromètre ; car, lorsqu'il marche le
» matin, les jambes tendues et comme qui dirait
» sur la pointe du pied, en mangeant avec avi-
» dité, on est sûr qu'il pleuvra avant la nuit : c'est
» un animal qui ne se montre que de jour, et qui
» disparaît avec le soleil.

» La tortue, comme les autres reptiles, a un es-
» tomac et des poumons doués d'un libre arbitre,
» car ils peuvent se dispenser de faire leurs fonc-
» tions pendant une grande partie de l'année.

» Je fus très-surpris des marques de son extrê-
» me sagacité en la voyant distinguer les personnes
» qui lui rendaient de bons offices, car aussitôt
» qu'elle apercevait la bonne dame qui a eu soin
» d'elle pendant plus de trente ans, elle se traînait
» vers cette bienfaitrice avec une légèreté fort mal-
» adroite, et ne faisait attention à aucun des autres
» spectateurs : ainsi donc, non-seulement le bœuf
» et l'âne reconnaissent leur maître, mais le plus
» abject et le plus engourdi des êtres distingue la
» main qui le nourrit, et éprouve le sentiment de
» la reconnaissance.

» La tortue, non contente de rester sous terre
» depuis le milieu de novembre jusqu'au milieu
» d'avril, dort une grande partie de l'été ; car elle
» va se coucher, pendant les plus grands jours, à
» quatre heures de l'après-midi, et elle ne se lève
» le matin que fort tard ; elle se traîne en outre à

» son gite toutes les fois qu'il pleut, et ne bouge
» pas de cette retraite par les temps humides. »

On prétend que ces animaux fournissent une
carrière très-longue, et il existe un grand nombre
de preuves qu'ils vivent même plus d'un siècle.
Un de ces quadrupèdes qu'on avait placé dans le
jardin du palais de Lambeth, du temps de l'ar-
chevêque Laud, vivait encore en 1753; c'est-à-
dire, 120 ans après; il périt enfin par une mal-
heureuse imprudence d'un jardinier, et son écaille,
qui porte dix pouces de long sur six et demi de
large, est, dit-on, conservée dans le palais.

Il y avait, en 1765, dans le jardin d'un particulier de Sandwich, comté de Kent, une tortue que
la tradition citait pour y avoir existé vers l'année
1679, sans indiquer avec certitude combien de
temps elle avait vécu auparavant; tout fait croire
néanmoins qu'elle avait été apportée des Indes occidentales, par une personne à laquelle elle avait ap-
partenu plusieurs années avant cette première époque : cette tortue mourut dans l'hiver de 1767 ; il
paraît qu'elle s'était efforcée, suivant sa coutume
annuelle, de creuser un terrier, mais qu'ayant
choisi à cet effet un terrain situé près d'une vieille
vigne, ses travaux avaient été interrompus par des
racines, et que probablement elle n'avait pas eu
assez de force pour changer de situation, puisqu'on

l'avait trouvée morte, n'ayant que la moitié du corps qui fût couverte ; environ trente ans avant sa mort elle était sortie de ce jardin, et avait été maltraitée par la roue d'une voiture lourdement chargée, qui lui avait passé sur le corps et avait fait éclater sa carapace.

Après ces détails sur la tortue de terre nous allons en donner de non moins intéressans sur quelques tortues de mer.

La *tortue à cuir*, ou *luth de la méditerranée*, est la plus grande de toutes les espèces ; son poids excède quelquefois 1200 livres. Son premier nom lui vient de ce que son écaille ressemble au cuir ; et celui de luth, parce que sa carapace avait d'abord servi à supporter les cordes de l'instrument de musique qui porte ce nom, et qui a conservé plus ou moins de sa forme : elle habite la Méditerranée, et on la trouve aussi dans l'océan Atlantique. Sa chair ne peut servir d'aliment, on la dirait empoisonnée. On en prit en 1729, à l'embouchure de la Loire une, qui avait près de huit pieds de long, sur deux pieds d'épaisseur ; les deux mâchoires étaient garnies de dents, et sa queue, longue de quinze pouces, était entièrement dégagée de son corps ; d'autres, qui ont été prises sur les côtes d'Angleterre, pesaient sept à huit cents livres ; mais toutes les fois qu'on a essayé d'en manger, elles ont causé des malaises et même des accidens plus graves.

Il n'en est pas ainsi des diverses espèces de tortues qui, depuis vingt ans, sont importées pour garnir les tables des gourmands, et qui sont devenues le plat favori de ceux qui ont contracté la honteuse facilité de manger beaucoup sans en être incommodés. On les tire en grande partie, sinon toutes, des Indes occidentales.

Quelques grossières que puissent paraître les mœurs de ces animaux, ils sont pour la plupart extrêmement doux et paisibles; et il n'y a que la caouane et la tortue farouche qui opposent de la résistance quand on les prend. Il n'y a point d'animaux, de quelque espèce que ce soit, qui ait plus de vitalité que la tortue; car, même après qu'on leur a coupé la tête et qu'on leur a ouvert la poitrine, elles continuent de vivre encore plusieurs jours. Elles passent l'hiver dans un état d'engourdissement.

On a trouvé quatre espèces de tortue dans les mers du Sud et de l'Inde, savoir la *tortue franche*, la *caouane*, le *caret* et la *nasicorue*.

La *tortue franche* se trouve en grande quantité sur les côtes des îles et des continens de la zone torride, dans l'Ancien et dans le Nouveau-Monde, où elles se nourrissent d'algues et d'autres plantes marines. Comme elles trouvent cette nourriture en abondance sur les côtes qu'elles fréquentent, elles n'ont aucune occasion de guerre entre elles: comme elles sont d'ailleurs habituées, ainsi que tous les amphibies, à passer plusieurs mois sans manger, elles vivent paisiblement réunies ; cependant il n'y a pas d'apparence qu'il existe entre elles une association semblable à celle d'autres animaux qui vivent réunis ; mais que leurs rassemblemens sont plutôt accidentels qu'habituels.

Elles ont souvent cinq pieds et au-delà de long, et pèsent jusqu'à huit cents livres. Elles sont d'une force si prodigieuse qu'elles peuvent continuer leur marche ayant autant d'hommes assis sur leur dos qu'il peut s'en placer et s'y maintenir. Leurs jambes ressemblent tellement, par leur forme, à des nageoires, qu'elles ne sont guère propres qu'à la nage ; leur écaille est plus large sur le devant que vers la queue, où elle se rétrécit en une pointe obtuse ; elle est divisée en trente compartimens de couleur brune, entourés de vingt-cinq bandes marginales ; la bouche est si large qu'elle s'ouvre par-delà les oreilles, de chaque côté ; elle n'est pas armée de dents, mais les os des mâchoires sont très-durs et très-forts, et garnis de pointes ou d'aspérités qui servent en quelque sorte au même usage. Avec ces mâchoires puissantes, non-seulement elles broutent l'herbe sur la terre, et les plantes marines qui croissent dans les bas-fonds et sur les bancs de sable, mais elles peuvent même concasser les coquilles des testacées dont elles font quelquefois leur nourriture.

Quand elles se sont repues, souvent elles se retirent dans les eaux douces, à l'embouchure des grandes rivières, où elles flottent à la surface, tenant leur tête élevée au-dessus de l'eau, apparemment pour respirer; mais comme elles sont environnées de beaucoup d'ennemis, elles sont très-prévoyantes, et à l'instant où elles aperçoivent même l'ombre d'un objet qui leur paraît suspect ou dangereux, elles se précipitent au fond.

Les naturels des îles de Bahama sont d'une habileté étonnante à prendre les tortues. En avril, ils se rendent dans leurs canots sur les côtes de l'île de Cuba et de quelques îles voisines, où dans la soirée, à la faveur du clair de lune, ils guettent le départ et le retour de ces animaux, qui vont à terre pour y déposer leurs œufs. Ils les couchent sur le dos, sur le rivage; après quoi ils les laissent pour continuer la même opération sur toutes celles qu'ils peuvent rencontrer; car une

fois que les tortues se trouvent ainsi retournées ,
il leur est impossible de se remettre sur leurs pieds.
Quelques-unes sont prises dans la mer , à une petite distance du rivage ; on leur jette une espèce
de javelot dont la hampe est longue d'environ
quatre aunes. A cet effet, deux hommes se mettent ordinairement en mer dans un petit canot;
l'un des deux se charge de mettre la nacelle en
mouvement, et de la gouverner, tandis que le
second se tient sur le devant , armé de son jave--
lot ; quelquefois ils trouvent les tortues nageant,
la tête et le dos hors de l'eau ; mais plus souvent
elles se tiennent au fond de l'eau où elle n'a qu'environ une brasse de profondeur. Si l'animal voit
qu'il est découvert, il cherche aussitôt à se sauver ;
les hommes le poursuivent, et s'efforcent de le
tenir en vue; dans cette chasse, ils parviennent à
le fatiguer à un tel degré, qu'au bout d'une demi-
heure la tortue se laisse tomber au fond ; ce qui
leur permet de percer son écaille avec le javelot.
Le dard qui s'est fixé dans le corps de la tortue
est attaché à la hampe avec un cordon , et donne
aux chasseurs le moyen de suivre l'animal s'il
n'étoit pas suffisamment blessé ; mais , lorsque la
plaie est profonde, il se laisse sans peine mettre
dans le canot ou mener au rivage. Il y a des
hommes qui, plongeant au fond de l'eau , se pla-

cent sur le bas du dos de la tortue, et en déprimant ainsi le derrière, ils la forcent de lever la tête et de monter à la surface de l'eau, où d'autres gens l'attendent pour lui glisser un nœud coulant à l'entour du cou. M. Hans Sloane rapporte que les habitans du Port-Royal, à la Jamaïque, employaient autrefois jusqu'à quarante vaisseaux à la chasse de ces animaux, et que les marchés de cette île étaient approvisionnés de tortues avec autant d'abondance que les nôtres peuvent l'être en viande de boucherie.

Catesby dit que les tortues franches ne paraissent que rarement sur le rivage, excepté pour déposer leurs œufs dans le sable, ce qui arrive en avril; elles creusent un trou d'environ deux pieds de profondeur au-dessus du bord où s'arrêtent les flots, dans le temps des plus grandes marées; elles y laissent tomber plus d'une centaine d'œufs. Dans ces momens elles sont si préoccupées de cette opération, qu'elles ne s'aperçoivent de l'approche de personne; et elles laisseraient même tomber leurs œufs dans un chapeau, s'il était placé de manière à pouvoir les recevoir; cependant, si les tortues sont troublées ou inquiétées avant le commencement de leurs dispositions, elles se retirent toujours. Elles déposent leurs œufs en trois fois, et quelquefois en quatre , par intervalle de quinze jours ; de sorte que les jeunes éclosent à différentes époques : après avoir déposé leurs œufs , elles les recouvrent de sable , et les abandonnent à l'action du soleil , qui suffit pour les faire éclore au bout de trois semaines. Les œufs sont de la grosseur d'une balle de paume , de couleur blanche, ronds , et recouverts d'une peau semblable à du parchemin.

La *caouane* est une des plus grandes espèces ; mais au reste elle ressemble beaucoup à la précédente. Cependant la tête est plus grosse, l'écaille est plus large , et le nombre des divisions de sa carapace est de quinze ; celles du milieu sont bombées sur les bords ; les jambes de devant sont grandes et fortes , celles de derrière sont larges et plus courtes. Ces tortues habitent la mer qui baigne les îles de l'Amérique ; on les trouve aussi dans la Méditerranée , particulièrement sur les côtes de l'Italie et de la Sicile. Elles errent très-loin sur l'Océan. Une de ces tortues fut rencontrée par la latitude de trente degrés nord , dormant sur la surface de l'onde , apparemment à mi-chemin des îles Açores et de celles de Bahama , qui sont les terres les plus rapprochées de cette hauteur. Cette circonstance était d'autant plus remarquable , qu'elle avait lieu dans le mois d'avril , qui est l'époque ordinaire de l'accouplement de ces animaux.

Ces tortues sont très-fortes et très-farouches ; elles se défendent vigoureusement avec leurs jambes, et sont capables de briser des corps très-forts avec leur bouche. Aldrovande raconte qu'une canne ayant été présentée à une tortue que l'on montrait publiquement à Bologne, l'animal s'y attacha, la mordit et la coupa en deux en un instant. Leur nourriture principale consiste en coquillages qu'elles arrachent des rochers, à l'aide de leurs puissantes mâchoires ; leur voracité, dit-on, les porte même jusqu'à attaquer les jeunes crocodiles, qu'elles mutilent souvent, en leur dévorant les pieds ou la queue. A cette fin, elles se cachent dans les bas-fonds, près du rivage, où les crocodiles se retirent quelquefois en marchant à reculons, parce que la longueur de leur corps les empêche de se retourner avec facilité, et les saisissent par la queue avec d'autant plus d'avantage qu'elles n'ont rien à craindre de leurs dents formidables.

Les caouanes, ainsi que les tortues franches, déposent leurs œufs dans le sable. Leur chair est rance et d'un mauvais goût, mais leur corps fournit une quantité considérable d'huile, qu'on emploie avec avantage à plusieurs usages, particulièrement pour l'éclairage, et pour la préparation des cuirs. L'écaille de cette espèce de tortue n'est ni assez épaisse, ni assez forte pour être d'une grande utilité.

Rondelet, qui était né en Languedoc, en conserva long-temps une de cette espèce, qui avait été prise sur la côte de Provence; elle faisait souvent un bruit sourd assez semblable à un gémissement.

La chair de la tortue nasicorne et celle du caret sont aussi très-mauvaises; mais l'écaille du dernier est employée utilement à plusieurs usages. La substance des écailles des autres espèces est mince et poreuse, mais celle du caret est ferme et agréablement marbrée; son poids varie entre trois et six livres. Son écaille est composée de treize compartimens, dont huit sont aplatis, et les cinq autres sont creux; on peut les séparer de la carapace en allumant du feu sous l'écaille après que la chair a été enlevée; et lorsqu'on les ratisse des deux côtés, elles deviennent très-transparentes.

La substance que nous appelons écaille de tortue provient de l'espèce que l'on nomme *tortue tuilée*, qui ressemble beaucoup à la caouane, et que l'on trouve dans les mers de l'Asie et de l'Amérique; et quelquefois dans la mer Méditerranée.

Les compartimens de son écaille sont beaucoup plus forts, plus épais et plus transparens que ceux des autres tortues, et lui donnent eux seuls son prix; elles sont demi-transparentes; le jeu de leurs couleurs est très-varié, et quand elles ont été préparées et polies, on en fait toutes sortes d'objets d'ornement. On les ramollit d'abord en les plongeant dans l'eau bouillante, après quoi on peut les mouler dans la forme qu'on veut leur donner.

La tortue-serpent est originaire de l'Amérique, et quand elle est parvenue au terme de son accroissement, elle pèse de quinze à vingt livres. Son écaille est ovale, et un peu déprimée; les compartimens du milieu sont au nombre de treize, et s'élèvent en forme de pointes émoussées. La division marginale près de la queue est profondément serretée. Sa tête est grosse, aplatie, triangulaire, et couverte d'une peau remplie de verrues; la bouche est large, et les mâchoires sont tranchantes. Quoique le cou paraisse court et épais quand l'animal est en repos, il peut être allongé d'un tiers de la longueur de son écaille. Les doigts de ses pieds sont liés entre eux par une membrane; les griffes sont longues et émoussées; la queue est droite et de la longueur des deux tiers de l'écaille. En général, la couleur de ces animaux

est châtain brun foncé, mais plus pâle en dessous qu'en dessus. Cet animal vit de poisson, de
jeunes poules d'eau, etc., et en les saisissant il
allonge son cou et siffle. Lorsqu'il a une fois saisi
quelque chose avec sa bouche, il le tient si fortement qu'il se laisserait plutôt enlever lui-même
que de lâcher prise. Il se cache dans les eaux bour-
beuses, de manière cependant à laisser toujours
voir une partie du dos au-dessus de la surface ; ce
qui lui donne l'apparence d'une pierre, ou d'un
morceau de bois, et lui facilite les moyens de se
saisir des animaux qui s'approchent de lui par
mégarde.

Nous mentionnerons ici quatre espèces de tortues que l'on admire au cabinet d'Histoire Naturelle du jardin du Roi, à Paris, où elles sont
suspendues au plafond :

1°. La tortue à cuir, ou luth de la Méditerranée : l'animal que l'on voit si bien conservé a
sept pieds de longueur ;

2°. La tortue franche, qui est presque aussi grande
que la précédente ;

3°. Le caret, à peu près de la même taille.
On trouve principalement les tortues de cette espèce à l'île de l'Ascension, parce qu'elles s'y
rendent en troupes nombreuses à l'époque de la
ponte, après avoir fait deux ou trois cents lieues

dans l'Océan. On en charge des navires qui les transportent en Europe, où l'on fait de si jolis ouvrages en écaille;

4°. La grande tortue des Indes, qui est la plus grosse espèce de toutes les tortues de terre. Sa carapace a quelquefois plus de trois pieds de longueur. Trois de ces reptiles sont placés à côté l'un de l'autre, les deux plus grands ont été donnés au Muséum par M. le baron de l'Etang : le plus petit a vécu à la ménagerie royale ; il pesait un quintal.

Les tortues de toutes les divisions peuvent rester un temps considérable sans manger. Celles qu'on envoie d'Alger à Paris pour l'usage des pharmaciens, n'y arrivent qu'après un jeûne de deux à trois mois, et y restent encore souvent autant avant qu'on emploie leur chair à faire des bouillons adoucissans. Blasius en cite une qui resta dix mois chez lui sans prendre de nourriture.

On voit vivantes au jardin du Roi, la tortue couï, la tortue de la Cafrerie, la tortue à boîte, et la tortue à longue queue.

LE CROCODILE.

La queue de cet animal est aiguë des deux côtés. Les pieds sont triangulaires, ceux de devant ont cinq doigts, et ceux de derrière seulement quatre. La gueule est armée d'un grand nombre de dents aiguës ; il y en a trente et au-delà de chaque côté. Ses yeux sont grands et étincelans ; ils lui sortent de la tête, et sont renfermés dans des orbites osseux, mais ils sont immobiles ; de sorte que l'animal ne peut apercevoir que les objets qui se trouvent en face de lui. La partie supérieure du museau et du front consiste en un seul ossement fixe et étendu jusqu'aux oreilles, qui sont très-grandes, entourées d'une petite bordure, et dont la base touche à la jointure de la mâchoire supérieure, d'où partent aussi les plus grandes de ses écailles. Quelques-uns ont des doigts aux pieds de devant et à ceux de derrière, d'autres en ont seulement quatre à leurs pieds de derrière ; mais les pieds de devant ont généralement cinq doigts qui sont armés d'ongles pointus et crochus. La partie supérieure du corps est couverte d'écailles rhomboïdales, si bien liées entre elles qu'on n'en peut apercevoir les joints ; une raie circulaire les borde toutes.

Cette armure qui forme une espèce de cotte de mailles sur le dos du crocodile, peut être considérée comme une des productions les plus artificielles du mécanisme de la nature. Quand l'animal est parvenu à son plus grand développement, cette écaille est si forte, qu'elle peut faire rejaillir une balle de fusil ; celle de dessous est beaucoup plus mince et plus flexible. L'une et l'autre donnent à l'animal l'air d'être couvert d'une cuirasse ornée des plus belles ciselures, disposées de la manière la plus régulière. La couleur du crocodile adulte est d'un brun tirant sur le noir en dessus, d'un blanc jaunâtre par-dessous ; le haut des jambes et les côtés sont bigarrés de jaune foncé, et en quelques endroits mêlés de vert.

Le crocodile et le caïman ont, de presque tous les animaux, la gueule la plus grande. Plusieurs écrivains ont prétendu que l'une et l'autre de leurs mâchoires étaient mobiles ; cependant il suffira de jeter un coup-d'œil sur leur squelette pour se convaincre que la mâchoire supérieure est fixée, et qu'il n'y a que la mâchoire inférieure qui soit mobile. On croit aussi généralement qu'ils n'ont point de langue : ceci est encore une erreur ; car la langue est plus grande dans les deux espèces que celle d'un bœuf ; mais elle tient si fortement à la mâchoire inférieure, qu'elle ne peut pas être autant allongée que celle des autres animaux.

Les crocodiles atteignent, dans plusieurs contrées de l'Asie et de l'Afrique, une taille de vingt-cinq pieds et au-delà ; ils ont en général leurs repaires dans les grands fleuves, tels que le Niger, le Gange, le Nil, où près des bords de la mer. Ils sont excessivement voraces ; cependant ils peuvent jeûner pendant plusieurs semaines consécutives. A moins qu'ils ne soient pressés par la faim, ou par le besoin de déposer leurs œufs, les crocodiles sortent très-rarement de l'eau : ils ont habitude de flotter à la surface, et de se jeter sur tous les animaux qui sont à leur portée ; mais quand ce moyen ne leur réussit pas, ils se cachent tout près du rivage. Cet animal rusé attend là qu'un chien, un bœuf, un tigre et même des hommes viennent se désaltérer au bord de l'eau, pour se jeter sur eux. On ne découvre son repaire, et on ne s'aperçoit de son approche que quand il est trop tard pour se mettre en sûreté : il s'élance sur sa proie avec la rapidité du vol, et d'un seul bond il saute beaucoup plus loin qu'il ne semble permis de le faire à un animal aussi pesant. Une fois maître de sa proie, il la traîne dans l'eau, se précipite avec elle au fond, et l'étouffe aussitôt de cette manière.

Quelquefois il arrive que sa proie, quoique déjà blessée, parvient à s'échapper; alors il la poursuit avec une incroyable vitesse, et souvent il l'atteint et la saisit une seconde fois.

Il s'éloigne rarement des fleuves, si ce n'est pour entrer dans les lieux couverts et marécageux; de sorte que, dans plusieurs contrées de l'Orient, il est très-dangereux de se promener sans précaution sur les bords des fleuves qui ne sont pas fréquentés, ou près des marais qui sont couverts de joncs; et l'on s'expose bien plus de se baigner, sans user de la plus grande circonspection, dans ces rivières.

Le P. Kircker, dans une relation de ses voyages, dit, que revenant de Goa en Europe, et étant arrivé à l'embouchure du fleuve Indus, il entra dans un marécage rempli de roseaux, du milieu duquel sortit tout-à-coup un crocodile énorme, qui vint à lui pour le dévorer. En même temps, il aperçut un tigre qui venait d'un autre côté. Le pauvre voyageur, placé entre deux périls inévitables, se croyait perdu sans ressource, lorsque tout-à-coup le tigre s'étant élancé avec furie, tomba dans la gueule du monstre amphibie qui, occupé de cette proie, donna à ce savant le temps d'échapper au danger imminent qui le menaçait.

Le crocodile ne mâche pas ses alimens; il avale

aussi, à ce que l'on dit, des pierres pour faciliter sa digestion, comme font certains oiseaux qui se nourrissent de grains.

On assure que la femelle du crocodile est extrêmement circonspecte, et qu'elle évite d'être vue lorsqu'elle dépose ses œufs dans le sable, dont le nombre est ordinairement de quatre-vingts à cents : ils ne sont pas plus gros qu'un œuf d'oie, et couverts d'une peau blanche et coriace. La femelle remplit le trou soigneusement avant de les abandonner. Dans les deux jours suivans, elle en pond encore autant qu'elle recouvre de la même manière. Les œufs, pour la plupart, sont couvés, au bout d'environ trente jours, par la chaleur du soleil ; et à l'instant où ils sont éclos, les petits courent dans l'eau où souvent ils sont dévorés par plusieurs espèces de poissons ; et leur nombre est encore diminué par la raison qu'ils servent d'aliment à ceux de leur propre espèce ; mais ce sont leurs œufs qui sont le plus exposés. Les vautours et les animaux carnassiers les dévorent par millions ; et les nègres n'épargnent aucun soin pour les découvrir, parce qu'ils les regardent comme un manger délicieux.

Nonobstant les récits extraordinaires recueillis par Linnée, et après lui par les naturalistes les plus distingués, sur l'habitude qu'ont les crocodiles de dévorer leurs petits, un assez grand nombre d'auteurs la révoquent en doute. Il y a une espèce qu'on nomme *le crocodile à poche*, qui, semblable à l'opposum, a reçu de la nature une poche dans laquelle ses petits se réfugient aussitôt qu'ils appréhendent quelque danger; mais il paraît que ces crocodiles sont vivipares, et nourrissent ceux de leurs petits qui ont été mis bas avant d'avoir atteint toute leur maturité dans ce second ventre, jusqu'à ce qu'ils soient assez forts pour se suffire à eux-mêmes.

A l'égard de la durée de la vie de ces animaux, il y a plusieurs opinions parmi les anciens, qui aimaient à inventer des fables sur leur compte; mais la plus vraisemblable est celle d'Aristote, qui pense que le terme de leur vie doit être le même que celui assigné à l'espèce humaine. Hérodote dit que les Thébains avaient une vénération particulière pour les crocodiles; ils en nourrissaient un qui se laissait mener à la main, et qui était si apprivoisé, qu'ils lui mettaient aux oreilles des perles ou des pierres précieuses; ils le nourrissaient des viandes les plus exquises, et le suivaient par honneur, comme on ferait à l'égard d'un personnage de haute distinction. Après sa mort, on le brûlait; puis on recueillait sa cendre dans une urne, pour la porter avec celle des rois. Dans quelques pays le crocodile est encore un objet de vénération.

Nous avons plusieurs relations sur les moyens dont on se sert pour prendre les crocodiles. Quelquefois les habitans de l'île de Java les prennent à l'aide d'un hameçon et d'une ligne, fait qui au premier abord devra paraître incroyable, si on se souvient que le crocodile peut aisément couper la plus forte corde avec ses dents. C'est pourquoi ces peuples font usage d'une ligne de coton, peu torse, au bout de laquelle ils attachent leur hameçon caché dans une amorce de chair crue. Lorsque le crocodile, après avoir avalé l'hameçon, veut essayer de couper la ligne en deux, ses dents n'en divisent que les fibres, et tous ses efforts restent sans succès.

Quand on s'aperçoit qu'il est fortement pris, les chasseurs viennent sur lui en grand nombre, et avec leurs lances, ils l'achèvent en peu de temps.

Dans d'autres parties du monde on leur donne la chasse à l'aide de chiens très-forts que l'on a dressés pour cet effet, et dont le cou est armé de colliers hérissés de piquans.

Les Siamois prennent les crocodiles au moyen de trois ou quatre filets qu'ils mettent en travers de la rivière, à peu de distance les uns des autres ; de sorte que, lors même que l'animal s'échappe du

premier filet, il ne peut éviter d'être pris dans les
autres. Lorsqu'il se sent arrêté dans les filets, il
frappe de son énorme queue tout ce qui l'entoure;
après qu'il s'est débattu pendant quelque temps,
et que ses forces commencent à s'épuiser, les Siamois s'approchent dans des canots, et le percent
de leurs lances dans les parties les plus tendres de
son corps.

Si nous en croyons le père Labat, un nègre,
armé seulement d'un poignard, après avoir enveloppé son bras gauche d'un cuir très-épais, ose
attaquer le crocodile dans son propre élément.
Aussitôt qu'il le voit approcher, il étend son bras
gauche; à l'instant l'animal le saisit avec ses dents.
Le nègre lui porte alors plusieurs coups de poignard au-dessous du menton où la peau est très-
tendre; et l'eau venant à pénétrer par la plaie,
dans sa gueule qu'il ne peut fermer, l'animal est
promptement mis à mort.

Dans plusieurs contrées de l'Afrique on appri-
voise les crocodiles, et on les entretient dans de
grands étangs ou dans des lacs, comme un objet
destiné à signaler la magnificence des monarques
de ces régions.

Les Romains produisaient assez fréquemment
ces terribles animaux dans leurs triomphes, et
dans les spectacles qu'ils donnaient au peuple.

En 1819, on en voyait un à Marseille, chez M. Adanson, neveu du célèbre académicien; ce crocodile de l'espèce qu'on nomme caïman, venait d'Amérique; il était tellement privé, que son maître l'approchait et le caressait sans crainte; l'animal savait le distinguer des étrangers, et néanmoins il permettait même à ceux-ci de le toucher.

L'ALLIGATOR,
ou LE CROCODILE DE L'AMÉRIQUE.

CET animal est semblable au crocodile, avec cette seule différence qu'une partie de sa tête et de son cou est plus lisse, et que son museau est considérablement plus aplati et plus arrondi vers son extrémité. La longueur de cette espèce est de seize à dix-huit pieds; ses dents sont aussi blanches que l'ivoire; on en fabrique des tabatières, des poires à poudre pour la chasse, et toute sorte de jouets d'enfant. Ceux qui ont mangé de sa chair assurent qu'elle est blanche et excellente; et l'on dit que plusieurs peuplades d'Amérique ne vivent que d'alligators.

D'après toutes les probabilités, cet animal n'aurait jamais été connu sous aucun autre nom que celui de crocodile, si les navigateurs espagnols, en parcourant le Nouveau-monde, auquel l'alligator est propre, n'avaient remarqué sa grande ressemblance avec le lézard; ils nommèrent donc le premier qu'ils aperçurent, *lagarto* ou lézard. Quand les Anglais y arrivèrent, ils adoptèrent ce nom, qu'on changea bientôt en celui d'*alligato* ou d'*alligator*.

La voix de cet animal est très-forte et même effrayante; elle est semblable au mugissement d'un bœuf : il exhale aussi une odeur de musc très-désagréable, car elle est si forte, que M. Puges a dit que les exhalaisons d'une rivière dont les eaux en étaient imprégnées, avaient suffi pour donner à ses provisions l'odeur du musc corrompu.

On voit souvent flotter les alligators sur la surface de l'eau; ils ressemblent à des pièces de bois, et sont regardés comme telles par les animaux qu'ils parviennent à surprendre par cette ruse, pour les entraîner au fond de l'eau, et les dévorer à loisir. On dit que ces animaux font quelquefois des trous sur le bord des rivières, au-dessous de la surface de l'eau, et que dans cette retraite; ils attendent les poissons qui, se trouvant fatigués par la rapidité du courant, viennent se reposer dans l'eau calme, et qu'alors ils se jettent dessus, les saisissent et les dévorent. Mais comme ils ne peuvent pas toujours se procurer une nourriture abondante, à cause de la terreur que leur présence répand parmi les animaux, et du soin avec lequel ils évitent le repaire de l'alligator; celui-ci est en état, ainsi que les crocodiles, de soutenir la privation de la nourriture pendant un espace de temps considérable.

On trouve dans son estomac des pierres et autres substances très-dures. Dans plusieurs de ces animaux, qui ont été examinés par M. Catesby, il n'y avait pas autre chose qu'un mucilage et des morceaux de bois, dont quelques-uns pesaient sept à huit livres; les angles en étaient si usés, qu'on n'eut pas de peine à croire qu'ils avaient été avalés par l'alligator depuis plusieurs mois. Le docteur Brickell a aussi vu deux alligators qui avaient été tués dans la Caroline septentrionale, et dont l'estomac renfermait plusieurs espèces de serpens et quelques morceaux de bois; dans le corps de l'un des deux on trouva même une pierre du poids de quatre livres.

M. Navaretti rapporte, dans ses Voyages, un exemple de la voracité de ces animaux, qu'il a appris peu de temps après son arrivée à Manille. Une jeune femme qui se lavait les pieds au bord d'une rivière, fut saisie et emportée par un alligator. Son mari, à qui elle avait été unie le matin de ce jour-là, ayant entendu ses cris déchirans, se précipita dans l'eau, et, armé d'un poignard, il poursuivit le monstre, le rejoignit, et le combattit avec tant de courage et de succès qu'il lui arracha son épouse.... mais quelle fut sa douleur lorsqu'il vit qu'elle était morte!

Ces animaux, ainsi que les autres crocodiles et les tortues, déposent leurs œufs à deux ou trois époques différentes, et au nombre de vingt à vingt-quatre chaque fois.

On dit que les alligators de Cayenne et de Surinam forment une petite éminence sur le bord des rivières, qu'ils creusent ensuite vers le milieu; ils amassent après des feuilles et d'autres parties végétales, dont ils forment dans ce creux une espèce de lit sur lequel ils déposent leurs œufs. Ils les recouvrent ensuite d'autres feuilles, ce qui produit une fermentation qui, jointe à la chaleur du soleil, les couvre et les fait éclore. C'est ordinairement dans le mois d'avril que la femelle fait sa ponte. Une grande quantité de ses œufs sont détruits par les vautours, et un nombre immense de petits de ces animaux sont dévorés aussitôt qu'ils entrent dans l'eau, par les diverses espèces de poissons.

Quand il est pris jeune, l'alligator peut, en quelque façon, être apprivoisé. Le docteur Brickell en
a vu un qui avait été pris peu de temps après être
éclos, et que l'on avait mis dans un grand étang,
en face de la maison d'un colon. L'animal y dé-
meura près de six mois, et fut soigneusement nourri
avec des tripes et de la chair crue. Il entrait souvent dans la maison, y restait pendant quelques
instans, et allait ensuite se réfugier dans l'étang.
On présume qu'à la fin il s'est sauvé dans une petite
baie, peu éloignée de l'habitation ; car un jour il
cessa de paraître. et depuis ce moment on ne l'a
plus retrouvé.

Quelques naturalistes sont d'avis que l'*alligator*
est seulement une variété de l'espèce du crocodile,
mais d'autres en font une espèce distincte.

———

L'IGUANE.

La queue de cet animal, qu'on trouve ordinairement dans les îles de Bahama, est longue et ronde ; le dos est serreté ; sa crête est dentelée. Les individus varient beaucoup par la couleur, mais leur nuance la plus commune est vert brunâtre. Il a sous le menton une bourse (ou poche) qu'il peut enfler au point de lui donner quatre à cinq pieds de long.

L'iguane se tient de préférence parmi les rochers, et quelquefois il se cache dans les fentes ou dans les creux des arbres. Sa nourriture est presque entièrement composée de végétaux, et d'insectes qu'il avale tout entiers ; la graisse de son abdomen prend toujours la couleur du dernier corps qu'il a avalé. Son extérieur est repoussant, et ses mouvemens sont très-lents. Quoiqu'il n'appartienne pas naturellement à la classe des amphibies, il peut, en cas de nécessité, demeurer long-temps sous l'eau ; lorsqu'il nage, il tient ses jambes serrées contre son corps, et avance par le seul secours de sa queue.

Assez communément la femelle de l'iguane quitte les bois ou les montagnes environ deux mois

après la fin de l'hiver , dans le dessein de déposer ses œufs sur le sable , au bord de la mer.
Ces œufs sont toujours d'un nombre impair, depuis treize jusqu'à vingt-cinq ; ils sont plus allongés , mais pas plus gros que les œufs de pigeon ; l'enveloppe extérieure est blanche et flexible ; la plupart des voyageurs nous assurent
que ces œufs donnent aux sauces un goût très-
exquis , et qu'ils sont préférables aux œufs de
poule.

La chair de l'animal fait la principale nourriture des naturels des îles Bahama, qui se mettent
en mer, dans leurs canots , pour se rendre dans
les îles voisines , où ils leur donnent la chasse à
l'aide de chiens qu'ils ont dressés de bonne heure
à cet effet. Ils sont aussi chassés par les nègres.
Le père Labat rapporte qu'un nègre qui prit un
de ces animaux en sa présence , portait une longue
baguette , au bout de laquelle il avait attaché une
corde à fouet avec un nœud coulant ; après avoir
battu les buissons pendant quelque temps , le nègre découvrit l'animal que uous cherchions , se
chauffant au soleil , sur la branche sèche d'un
arbre. A l'instant le nègre se mit à siffler de toute
sa force ; l'iguane prêta une grande attention à
ce sifflement, en allongeant son cou , et tonrnant
sa tête , comme s'il eût désiré de le mieux entendre.

Le nègre s'approcha de lui en continuant de siffler, et avançant doucement la baguette, il chatouilla avec le bout les côtes et la gorge de l'iguane, qui parut prendre goût à ces caresses, car il se retourna sur le dos, s'étendit comme un chat auprès du feu, et finit par s'endormir. Alors le nègre lui glissa adroitement le nœud coulant par-dessus la tête, et d'un seul coup il le jeta à terre.

Aussitôt que ces animaux sont pris, on a soin de leur coudre la bouche pour les empêcher de mordre. On en transporte de tout vivans à la Caroline, pour les y vendre. D'autres sont salés et mis en barils pour les besoins de la maison. Quelquefois on rôtit la chair, mais plus communément on la fait bouillir, après qu'on en a retiré la graisse, qu'on fait fondre et qu'on clarifie.

Cet animal peut être facilement apprivoisé, si on le prend tout jeune. Un iguane qui avait atteint toute sa grandeur naturelle fut conservé par M. le docteur Browne, près de sa maison, pendant plus de deux mois. D'abord il était très-méchant et d'un naturel irascible; mais au bout de quelques jours il devint plus doux; et à la fin, il passait la plus grande partie du jour sur le lit; mais il quittait sa niche tous les soirs. Quand il se promenait, il sortait sa langue fourchue hors de la bouche. Pendant tout le temps que le docteur Browne le garda, il ne l'a jamais rien vu manger.

———

LE LÉZARD COMMUN.

La longueur ordinaire de cet animal est, depuis l'extrémité du nez jusqu'à celle de sa queue, d'environ six pouces et demi. La partie supérieure de la tête est d'un brun clair ; le dos et la queue sont rayés et tachetés de brun clair et foncé, de noir et de blanc ; le dessous est d'un blanc sale. La queue est presque une fois plus longue que le corps, et se termine en une pointe très-aiguë.

Les vertèbres dont elle est composée sont si faibles qu'elle se brise facilement pour peu qu'on la manie un peu rudement ; mais dans ce cas elle repousse quelquefois. On a vu des exemples, qu'ayant été fendue en deux dans sa longueur par quelques accidens, chacune de ses parties s'est arrondie en guérissant, de manière que le lézard a eu deux queues, dont une contenait les vertèbres, tandis qu'au centre de l'autre il n'y avait qu'une espèce de tendon.

Le lézard commun est, parmi les espèces qui habitent l'Angleterre, une des plus douces et des moins dangereuses; elle est aussi la plus utile de toutes. Il se meut avec tant d'agilité, et il court si vite que, lorsqu'on le trouble, il disparaît en un clin d'œil. Il aime beaucoup à se chauffer au soleil, et cependant il ne peut supporter l'excès de la chaleur, et recherche l'ombre en été. Au printemps, pendant les beaux jours, on le voit souvent étendu avec volupté sur la pente verte d'une colline, ou sur une muraille exposée au soleil). Il exprime son contentement en agitant doucement sa queue, et ses yeux semblent être animés par le plaisir. S'il aperçoit un de ces petits animaux dont il fait sa nourriture, il saute sur lui avec une vitesse surprenante, et s'il se croit en danger, il cherche avec une égale rapidité une retraite plus sûre.

Au moindre bruit il se roule en forme de boule, se laisse tomber, et semble pour quelques instans comme s'il était mort de sa chute; d'autres fois il s'élance tout-à-coup à l'ombre des buissons, ou dans l'épaisseur de l'herbe, et disparaît. L'étonnante rapidité de ses mouvemens se fait particulièrement remarquer dans les pays chauds; ses

évolutions sont beaucoup plus lentes dans les régions tempérées.

Ce joli petit animal n'excite aucune crainte; il
est très-doux, et quand on le prend dans la main
il ne fait pas la plus petite tentative pour mordre
ou pour piquer. Dans quelques pays, les enfans
en font un objet de leurs jeux; et, par une suite
de sa douceur, de son caractère, on parvient à l'ap-
privoiser et à le rendre très-familier. Quelquefois
cependant il semble oublier sa douceur, mais ce
n'est que lorsqu'il a faim. M. Edwards saisit un
jour un de ces animaux se battant contre un petit
oiseau qui se tenait sur son nid, placé sur un cep
de vigne contre une muraille, et qui gardait un
de ses petits nouvellement éclos; il croit que le
lézard aurait saisi le petit s'il avait pu chasser la
mère de son nid. Il guetta cette petite querelle
pendant quelques instans; mais au moment où
il s'approcha un peu, le lézard se laissa tomber à
terre, et l'oiseau s'envola.

Afin de saisir des insectes dont il fait sa nourriture, cet animal lance contre eux avec une prodigieuse vitesse sa langue, qui est longue, fourchue,
de couleur rouge et couverte d'aspérités presque
imperceptibles, mais qui lui sont d'une grande utilité dans cette chasse.

Ainsi que la plupart des autres quadrupèdes

ovipares, il peut rester assez long-temps sans prendre de nourriture : on en a gardé pendant plus de six mois dans des bouteilles, sans leur donner à manger.

Au commencement de mai, la femelle dépose ses œufs, qui ont à peu près la forme de globules de cinq lignes de diamètre, dans un lieu chaud, tel que le pied d'une muraille exposée au midi : ils y éclosent aux rayons du soleil. Avant de déposer les œufs, on voit les lézards mâle et femelle changer de peau, ce qu'ils font encore au commencement de l'hiver ; ils passent cette saison dans un état d'engourdissement plus ou moins complet, selon qu'elle est plus ou moins rigoureuse, soit dans les creux des arbres, dans les trous des murailles, ou dans des lieux souterrains. Ils quittent ces retraites au premier signe du retour du printemps. Dans le midi de l'Europe ils s'affranchissent de très-bonne heure de l'état d'engourdissement dans lequel ils ont passé la saison rigoureuse de l'hiver; et, à peine ont-ils recouvré leur activité, qu'ils reprennent aussitôt leur prestesse, et ces évolutions si vives dont la vélocité s'accroît toujours à mesure que la chaleur de l'atmosphère augmente.

M. Lamartelière, auteur de plusieurs pièces de théâtre et de quelques romans, raconte qu'il a habité pendant plusieurs mois, avec quelques amis, le château de Sturmberg, et qu'ils occupaient une tour délabrée bâtie sur la pointe d'un rocher, où Conrad de Thuringe fut poignardé au milieu de son conseil.

« A dix pieds au-dessous de nos croisées, dit-il, le rocher faisait une saillie, et cette saillie offrait un petit espace uni d'environ quinze pouces carrés. Dès que le soleil dardait ses rayons sur cette plate-forme, un énorme lézard quittait la fente voisine qui lui servait de retraite, et venait s'y reposer. Aussitôt que l'ombre projetée du château gagnait cette place, notre solitaire s'en éloignait pour rentrer dans son asile, dont on ne le voyait sortir que le lendemain. Cette vie, régulière et constamment uniforme, nous avait frappé depuis plusieurs jours, lorsque nous reçûmes nos instrumens de musique. Les premiers sons le firent rentrer dans sa retraite ; mais il ressortit aussitôt, en s'avançant lentement vers la place qu'il avait l'habitude d'occuper. Le lendemain donna lieu à la même observation : cependant sa marche était plus assurée ; il soulevait la tête, et une espèce de tressaillement faisait varier avec rapidité les différentes nuances dont son dos était coloré ; le troisième jour, sa crainte avait disparu, et sa sortie, ainsi que sa rentrée, suivirent immédiatement l'apparition ou le déclin du soleil.

« Un soir, c'était le neuvième ou dixième jour que nous étions en possession de nos instrumens, notre lézard était rentré depuis une demi-heure ; nous exécutions de mémoire un *cantabile* plein d'harmonie : une mélancolie douce donnait à notre jeu ce charme indéfinissable qu'on a coutume de nommer expression, et qui n'est véritablement qu'une émanation de l'âme, modifiée d'après les affections dont elle est pénétrée. Nous n'avions pas achevé la première partie, que nous aperçûmes notre lézard sortir la tête de sa fente ; la seconde partie semble fixer son irrésolution ; il quitte sa fente, et malgré l'absence du soleil, il vient, pour nous écouter, prendre sa place accoutumée. Le *cantabile* fini, il retourne dans son asile ; nous jouons plusieurs airs dans le même ton que le précédent ; mais rien ne l'en peut tirer. Le jour suivant, nous recommençons notre expérience, et son effet est le même ; la seconde partie de notre *cantabile* fait chaque fois paraître notre lézard. Ce n'est plus le soleil qui fixe le moment de sa sortie ; c'est le charme de notre harmonie : il s'y abandonne avec une sorte d'ivresse : il renonce, pour le goûter, à la régularité de sa vie ;

par fois il se couche sur le dos pour exposer aux mêmes vibrations toutes les parties de son corps : bientôt ce *cantabile* devient un véritable appel auquel notre solitaire ne manque pas de se rendre avant ou après l'aurore, dans le milieu ou vers le déclin du jour : toutes les heures lui sont égales , dès que la seconde partie de ce morceau commence , il est là pour l'écouter ; tout le reste du concert ne l'intéresse pas : si vous répétez son air favori , il revient ; si vous en jouez un autre, il reste chez lui. Quelquefois pour éprouver son jugement , nous commençons par la seconde partie ; mais il paraît aussitôt, comme pour nous prouver qu'il s'y connaît , et qu'il n'est pas dupe de cette mauvaise plaisanterie.

« Nous réitérâmes cette expérience pendant près de deux mois , et souvent à trois et quatre reprises par jour, sans qu'elle se démentit une seule fois. Je me trompe , deux jours de suite notre solitaire ne se rendit à aucun de nos appels ; mais il avait plu , la terre était humide , peut-être était-il indisposé ; car le troisième jour il reprit ses exercices accoutumés. »

LE CAMÉLÉON.

La tête du caméléon ressemble à celle d'un poisson ; car elle est jointe à son corps par un cou très-
court, recouvert de chaque côté par des membranes cartilagineuses, semblables aux opercules
des branchies des poissons. Ils ont une crête placée
au milieu du sommet de la tête, et deux autres de
chaque côté au-dessus des yeux, entre lesquels
et près du sommet sont deux cavités. Le museau
est obtus, et à peu près fait comme celui de la grenouille ; à son extrémité il y a, de chaque côté,
une ouverture pour les narines. Mais l'animal n'a
point d'oreilles.

La longueur de son corps est d'environ dix pouces ; sa queue, qui est de forme cylindrique, est
à peu près aussi longue. Il est extrêmement laid
et dégoûtant, mais son caractère est doux, et il ne
se nourrit que d'insectes, genre d'aliment auquel
sa langue est particulièrement adaptée : car elle
est longue, déliée, et son extrémité est gluante,
en forme de tube, et susceptible d'une grande dilatation. Lorsqu'il veut saisir des insectes, il la
darde hors de la bouche, et la retire presque au
même instant avec sa proie fixée à le pointe, qu'il
avale tout entière.

Les mâchoires sont armées de dents, ou plutôt d'un os qui en tient lieu, et dont il ne fait que peu ou point d'usage.

La peau est couverte de petites verrues, ou grains, et vers le milieu du dos elle est serretée. Les pieds ont cinq doigts, liés par trois et deux, ce qui lui fournit le moyen de se tenir ferme sur les branches des arbres sur lesquels il fait sa résidence ordinaire. Sa queue flexible sert à cette même fin; car il la roule toujours autour des branches jusqu'à ce qu'il ait pris une attitude assurée. Ses mouvemens sont très-lents; ses poumons sont si grands qu'en les enflant il peut considérablement grossir son corps. Le mécanisme et le mouvement de ses yeux sont singuliers; ils sont grands et de forme sphérique, de manière que le caméléon peut porter ses regards à la fois en divers sens. Il peut mouvoir un œil à sa volonté, tandis que l'autre est en repos, ou diriger le rayon visuel de l'un devant lui, et fixer l'autre sur un objet qui est derrière, ou bien encore tourner l'un vers le bas, et l'autre au-dessus de lui.

Le caméléon est originaire des Indes, de l'Afrique et des provinces méridionales de l'Espagne et du Portugal. Il est surtout remarquable à cause de la singulière faculté qu'il a reçue de la nature de changer de couleur à sa volonté : ce point de son histoire a été traité par les écrivains de diverses manières. M. Hasselquist dit qu'il n'a jamais remarqué que le caméléon ait pris la couleur d'un objet qu'on expose à ses regards, malgré qu'il ait fait plusieurs expériences à cet égard. Suivant lui, sa couleur naturelle est gris de fer, ou noir mélangé d'un peu de gris : elle change quelquefois en un jaune couleur de soufre. Ce sont là les couleurs que l'animal prend le plus souvent. Quelquefois le jaune tire sur le vert, et d'autres fois il est plus clair. Il n'a pas vu que le caméléon ait pris d'autres couleurs, telles que le bleu, le rouge, le pourpre, etc. Lorsqu'il changeait du noir au jaune, cette dernière couleur se manifestait d'abord au bas de ses pattes, à sa tête, à la poche qu'il a sous la poitrine, et se répandait ensuite successivement sur toutes les autres parties de son corps. Quelquefois il l'a vu marqué de grandes taches de l'une et l'autre couleur sur toutes les parties du corps, ce qui faisait un très-bel effet. Quand il prenait la couleur gris-de-fer, il dilatait sa peau, il devenait replet et très-beau; mais aussitôt qu'il reparaissait jaune, il se contractait, et semblait maigre et vilain; et à mesure que le jaune approchait du blanc, il paraissait plus flasque et plus laid. Mais sa forme n'est jamais plus hideuse que lorsqu'il est bariolé. Le même M. Hasselquist conserva un caméléon pendant près d'un mois; il fut pendant tout ce temps très-agile et très-gai, se plaisant à être auprès de la lumière, et faisant toujours rouler ses grands yeux. Il ne prit aucune nourriture, de sorte qu'à la fin il devint maigre, et souffrait évidemment de la faim; il ne pouvait plus se soutenir contre la grille de sa cage; il tomba enfin de faiblesse, lorsqu'une tortue, qui était dans la même chambre, le mordit et hâta sa mort. C'est sans doute parce que cet animal peut supporter une longue abstinence que le vulgaire croit qu'il ne vit que d'air.

Le docteur Russel raconte que si on change le caméléon de place, il ne change pas de couleur à l'instant même, et qu'il ne se revêt pas toujours de la couleur du sol sur lequel on le pose. « Ainsi, ajoute notre auteur, si vous le placez dans une boîte doublée de noir, le noir qu'il prendra paraîtra souvent plus clair que celui de la boîte; ainsi de même pour d'autres couleurs : quelquefois il deviendra d'un jaune de soufre.

« Lorsque l'expérience se faisait sur un morceau de drap bigarré, et sur lequel le caméléon avait plus de jeu, le changement des couleurs était le même. Il lui arrivait fréquemment de passer successivement par différentes nuances avant de prendre celle de l'objet qui était le plus proche. Si vous le posez sur le gazon, et qu'il soit d'une légère teinte de terre, celle-ci deviendra d'abord plus sombre, puis elle tournera en noir, en jaune, et en dernier lieu en vert. D'autres fois il paraîtra vert tout d'un coup, et revêtir ainsi de suite les teintes de tous les fonds sur lesquels il sera placé; ce qui a probablement donné lieu de croire que le caméléon ne changeait de couleur que par des transitions brusques.

« Mais, nonobstant cette irrégularité dans ses changemens, qu'on peut surtout observer quand on l'irrite ou qu'on le trouble, sa couleur la plus constante dans son état de repos, est celle du lieu sur lequel il est placé, pourvu que ce lieu ne soit pas de l'une des couleurs qu'il ne peut emprunter, c'est-à-dire rouge ou bleu.

« Soit que l'expérience se fît au soleil ou à l'ombre, la différence fut peu sensible. Mais cet animal paraît plus disposé dans un temps que dans un autre, et la captivité semble diminuer le plaisir qu'il prend à changer de couleur. »

M. d'Obsonville pense que la couleur naturelle du caméléon est le vert, mais très-varié dans ses nuances, dont les principales sont : le vert de Saxe, le vert foncé, et le vert tirant sur le bleu ou sur le jaune.

Quand il est libre, en état de santé et en repos, il est d'un très-beau vert, quelques parties exceptées, où la peau, étant plus épaisse et moins douce, présente des nuances de brun, de rouge ou de gris clair.

Si on provoque l'animal en plein air, et qu'il soit bien nourri, il devient vert bleuâtre; mais quand il est faible ou enfermé, la couleur qui domine est la vert jaunâtre. Dans d'autres circonstances, et particulièrement à l'approche d'un animal de l'espèce semblable à la sienne, peu importe le sexe, ou quand il est assiégé et fatigué par le grand nombre d'insectes qui tombent sur lui, alors il prend presque au même instant, tour à tour, les trois nuances de vert. Lorsqu'il se meurt, et que la faim en est la cause, le jaune domine; mais quand il commence à entrer en putréfaction, il prend la couleur de feuille morte. Il semble, ajoute cet auteur, qu'il y a plus d'une cause de cette variation dans sa couleur : et d'abord le sang du caméléon est d'un violet bleu, couleur qu'il conserve même pendant quelques minutes sur le linge ou sur le papier, et plus particulièrement sur celui qui a été trempé dans une eau d'alun. En second lieu, les différentes tuniques, tant du tronc que des ramifications des vaisseaux sanguins, sont jaunes, l'épiderme ou la peau extérieure, si on la sépare de l'autre, est transparente et n'a aucune couleur; et la seconde peau est jaune aussi-bien que tous les petits vaisseaux qui la touchent. Il est donc probable que le changement de couleur de l'animal dépend du mélange du bleu et du jaune, qui produit les différentes nuances de la couleur verte.

Ainsi, l'animal étant bien portant et bien nourri. si on le provoque, son sang se porte en plus grande abondance du cœur vers les extrémités; et, à mesure qu'il enfle les vaisseaux qui sont répandus sur la peau, sa couleur bleue domine sur le jaune de ces vaisseaux, et produit le vert tirant sur le jaune que l'on aperçoit à travers l'épiderme. Quand, au contraire, le caméléon est faible et enfermé, les vaisseaux extérieurs se trouvant plus vides, leur couleur prédomine, et le caméléon devient d'un vert tirant sur le jaune, jusqu'au moment où il recouvre sa liberté : qu'il soit bien nourri et sans trouble, alors il reprend sa première couleur, qui résulte de l'équilibre dans les fluides, et de leur répartition égale dans les vaisseaux.

Cette différence dans les relations des auteurs sur la diversité des couleurs du caméléon, nous rappelle la fable à laquelle cet animal a donné lieu; semblables aux interlocuteurs de la fable,

3.

ces auteurs changeraient probablement d'opinion à sa vue.

Avant que le caméléon change de couleur, il fait une longue inspiration, son corps s'enfle et grossit du double de son volume ordinaire; et à mesure que cette enflure augmente. les couleurs changent successivement.

La seule marque qui soit permanente dans le caméléon, consiste en deux petites raies brunes qui s'étendent le long des côtes.

LA SALAMANDRE.

Cet animal, dont la queue est courte et cylindrique, a quatre doigts aux pieds de devant; son corps est nu et poreux; sa couleur est d'un noir obscur, mais luisant, bigarré de taches grandes et oblongues, d'un jaune d'orange éclatant; ses yeux sont placés au sommet de la tête, qui est un peu aplati; leur orbite perce jusque dans la partie intérieure du palais, et y est environné d'un rang de très-petites dents, semblables à celles qui tiennent à l'os de la mâchoire; ces dents établissent une très-grande affinité entre les lézards et les poissons, parmi lesquels plusieurs espèces ont aussi les dents au palais et au fond de la bouche; le ventre a une teinte de bleu entremêlé de belles taches jaunes disposées irrégulièrement, et qui sont aussi répandues sur le reste du corps, sur ses pieds et jusque sur ses paupières; quelques-unes de ces taches sont elles-mêmes pasemées de petits points noirs, et celles du dos se touchent souvent, et forment aussi deux longues bandes jaunes; sa couleur cependant peut être sujette à varier, puisqu'on a trouvé dans les forêts maréca-geuses de l'Allemagne quelques salamandres dont le dos était tout-à-fait noir, et le ventre jaune. C'est dans cette variété qu'il faudra ranger la sala-mandre noire qui a été trouvée par M. Laurenti, dans les Alpes, et qu'il a considérée comme une autre espèce.

Cet animal n'a point de côtes, non plus que la grenouille, avec laquelle il a une grande ressem-blance par la forme de la partie antérieure de son corps. Lorsqu'on le touche, il se couvre d'une es-pèce de vernis transparent, et semblable à du lait qui suinte à travers plusieurs excroissances ou mamelons percés d'un grand nombre de petits trous; d'un autre côté il peut faire disparaître aussi subitement cette humidité de dessus sa peau.

Cette espèce de lait est très-âcre, et si on le met sur la langue, on sent, à la partie qui en a été humectée, une douleur assez semblable à celle causée par une brûlure. Ce lait, qui est considéré comme un dépilatoire excellent pour faire tomber le poil et les cheveux, a quelque ressemblance avec celui que l'on obtient des plantes connues sous les noms de titymale et d'esula.

La longueur ordinaire de la salamandre est de sept à huit pouces ; quelquefois cependant elle devient beaucoup plus longue. On la trouve dans plusieurs parties de l'Allemagne, de l'Italie et de la France. Lorsqu'on l'écrase ou qu'on la presse fortement, elle exhale une odeur désagréable qui lui est toute particulière.

Les anciens, pour des raisons qu'il serait difficile d'expliquer, attribuaient à la salamandre la propriété de pouvoir vivre dans le feu ; mais ce qui est plus extraordinaire, c'est que la même fable est insérée très en détail, et comme un fait très-sérieux, dans les Transactions philosophiques. M. le comte de Lacépède en a rendu le compte le plus exact ; voici ce qu'il dit dans son *Histoire naturelle des quadrupèdes ovipares :*

« Tandis que les corps les plus durs ne peuvent échapper à la force de l'élément du feu, on a voulu qu'un petit lézard, non-seulement ne fût pas consumé par les flammes, mais parvînt même à les éteindre; et comme les fables agréables s'accréditent aisément, l'on s'est empressé d'accueillir celle d'un petit animal si privilégié, si supérieur à l'agent le plus actif de la nature, et qui devait fournir tant d'objets de comparaison à la poésie, tant d'emblêmes galans à l'amour, tant de brillantes devises à la valeur. Les anciens ont cru à cette propriété de la salamandre; désirant que son origine fût aussi surprenante que sa puissance, et voulant réaliser les fictions ingénieuses des poètes, ils ont écrit qu'elle devait son existence au plus pur des élémens qui ne pouvait la consumer, et ils l'ont dite *fille du feu*, en lui donnant cependant un corps de glace. Les modernes ont adopté les fables ridicules des anciens; et, comme on ne peut jamais s'arrêter quand on a dépassé les bornes de la vraisemblance, on est allé jusqu'à penser que le feu le plus violent pouvait être éteint par la salamandre terrestre. Des charlatans vendaient ce petit lézard, qui, jeté dans le plus grand incendie, devait, disaient-ils, en arrêter les progrès. Il a fallu que les physiciens, que les philosophes prissent la peine de prouver par le fait ce que la raison seule aurait dû démontrer; et ce n'est que lorsque les lumières de la science ont été très-répandues, qu'on a cessé de croire à la propriété de la salamandre. »

La salamandre a encore été mise au nombre des reptiles venimeux ; mais de nombreuses expériences ont prouvé que c'était une erreur. M. Maupertuis, qui a examiné avec le plus grand soin la nature de ce lézard, pour découvrir quel peut être ce prétendu venin, a aussi démontré par des expériences, que le feu agit sur lui de la même manière que sur les autres animaux. Il a remarqué qu'à peine placé sur le feu, il se couvrit de gouttes d'un fluide laiteux qui sortait de tous les pores de sa peau, et qui se durcissait aussitôt. Il est inutile de dire que ce fluide n'est pas suffisamment abondant pour éteindre même le plus petit feu.

Ces animaux vivent ordinairement à l'ombre des forêts, sur les hautes montagnes, ou sur le bord des ruisseaux peu fréquentés, et on ne les voit que rarement, à moins que ce ne soit dans les temps pluvieux. En hiver, ils se tiennent cachés dans des trous, sous les racines des vieux arbres, dans des souterrains ou dans les enfoncemens des murailles, où l'on en a quelquefois découvert plusieurs réunis et entrelacés. On peut souvent les voir dans l'eau, où ils peuvent vivre comme sur la terre. Les insectes, les limaces, les escargots, etc., forment leur principale nourriture ; leur marche est lente, et ils paraissent souvent

se traîner avec beaucoup de peine sur la surface
de la terre. Ils appréhendent la chaleur du soleil ; leurs petits naissent vivans après être éclos
de leurs œufs dans la matrice de la mère. Les
femelles , dit - on , se retirent dans l'eau pour
les mettre bas ; les petits ont d'abord des espèces de nageoires des deux côtés du cou , qui
leur tombent quand ils ont atteint le terme de
leur accroissement. Le nombre des petits d'une
seule salamandre est quelquefois de trente à quarante ; ils sont ordinairement tout noirs , et n'ont
presque point de taches.

———————

LE LÉZARD A VERRUES.

Il est long de six à sept pouces , et partout
couvert , excepté sur le ventre , de petites verrues. Les parties inférieures de son corps sont
d'un jaune brillant , et pour la plupart , d'un
brun foncé tacheté de noir : il est très-commun
en Angleterre , où il se tient dans l'eau ou dans
les lieux humides ; et quand il nage , sa queue ,
qui est aplatie perpendiculairement , lui tient lieu

de rame. On le voit assez ordinairement ramper au fond de l'eau ; de temps en temps , cependant , il monte à la surface par un mouvement sinueux.

Comme on ne les voit jamais en hiver , on croit que ces lézards se retirent , durant cette saison , dans les trous ou dans la vase , et qu'ils y restent dans un état d'engourdissement ; ils déposent leurs œufs vers la fin de mai ou au commencement de juin , en petites grappes composées de plusieurs globules d'un brun pâle , jaunâtre, et enveloppées dans une espèce de glu ; les larves ont des nageoires des deux côtés de la poitrine, qui tombent quand l'animal a atteint sa grandeur naturelle.

Ces animaux , ainsi que plusieurs autres reptiles , changent de peau à de certaines époques de l'année : ce renouvellement se fait ordinairement de quinze jours en quinze jours , ou toutes les trois semaines. M. Baker, qui avait conservé pendant plusieurs mois quelques-uns de ces lézards dans un grand vase rempli d'eau , observa qu'un ou deux jours avant cette mue ils avaient l'air d'être moins actifs que de coutume ; qu'ils ne faisaient point attention aux vers qu'on leur jetait , et qu'ils dévoraient pourtant avec avidité dans d'autres momens.

« La peau de cet animal, dit-il, paraissait lâche sur quelques parties du corps, et ses couleurs n'étaient pas si agréables qu'avant : il commence par détacher la peau autour des mâchoires ; il la pousse doucement en arrière, tant sur la tête que dessous, jusqu'à ce qu'il puisse glisser dehors une jambe après l'autre ; il s'efforce ensuite de pousser la peau derrière lui, aussi loin que ses jambes peuvent atteindre ; après quoi il est obligé de se frotter le corps contre le gravier, jusqu'à ce qu'il soit plus qu'à moitié dégagé de sa peau, ce qui semble lui donner un double dos qui recouvre la dernière moitié du corps et la queue de l'animal ; puis il tourne sa tête vers sa queue, prennant la peau dans sa bouche, et appuyant dessus, à l'aide de ses pieds de devant, afin de la tenir plus fortement, il la tire en entier. En examinant cette dépouille, on trouva toujours que le dedans était tourné en dehors, et nous observâmes qu'elle n'était absolument point entamée, excepté près des mâchoirs. Ces animaux ne jettent point, ainsi que quelques serpens, la couverture des yeux avec leur peau, car il y a toujours deux trous ronds aux endroits où étaient les yeux.

« Cette opération dure quelquefois environ une demi-heure, et après qu'elle est terminée, le lézard paraît plein de vie et de force. Si la peau n'est pas retirée très-promptement après qu'elle s'est détachée, le lézard l'avale le plus souvent tout entière, comme tout autre objet propre à sa nourriture. Quelquefois il commence à l'avaler par le côté de la tête, et le bout où est la queue se trouvant plein d'air et d'eau, semblable à une vessie soufflée, c'est une chose assez divertissante que de voir la peine qu'il se donne pour la vider, et la mettre en état de pouvoir passer par son gosier. »

Le docteur Townson, qui avait conservé plusieurs de ces lézards dans un vase, dans le dessein de faire des expériences sur leur respiration, rapporte qu'il les nourrissait avec des vers ; que si un ver était plongé doucement dans le vase, quelque tranquilles qu'ils se fussent tenus avant, ils commençaient aussitôt à se battre, chacun d'eux attaquant son voisin, et le saisissant par la tête, par les pieds ou par la queue. Il remarqua que cette querelle n'était pas pour la possession du ver, car assez souvent il restait pendant quelque temps sans qu'ils parussent y faire attention, mais il semblait que cette petite guerre avait son origine dans une très-grande finesse de leur odorat, qui, à l'instant même, les avertissait de la présence de l'objet destiné à leur nourriture, et dans une certaine difficulté qu'ils ont de distinguer les objets.

LE LÉZARD VERT.

Le lézard vert commun habite également l'Europe et l'Inde. Cette espèce est aussi très-agile ; quand il fait chaud, il se chauffe au soleil sur les rivages qu'il trouve à sec, ou sous de vieux arbres ; mais, s'il s'aperçoit qu'on le regarde, il se retire promptement dans son trou. Sa nourriture, de même que celle de tous les autres lézards de l'Angleterre, consiste en insectes, et il est lui-même dévoré par les oiseaux de proie. Ces animaux sont tous d'un naturel très-doux ; cependant leur extérieur frappe presque tous ceux qui les aperçoivent, d'une sorte de dégoût, ce qui a occasionné dans l'histoire de ces animaux une grande obscurité. M. Pennant fait mention d'un lézard qui fut tué dans le comté de Worcester en 1714, et qui avait deux pieds six pouces de long, et quatre de circonférence ; les pieds de devant étaient placés à huit pouces de la tête, et les autres à cinq pouces derrière ceux-ci ; ils avaient deux pouces de long, et leurs extrémités étaient divisées en quatre doigts, dont chacun était armé d'une griffe aigue. Un autre lézard de la même espèce fut tué bientôt après dans le même comté ; mais on ne sait pas si ces deux animaux avaient été importés , ou s'ils étaient originaires de l'Angleterre. Cependant le premier cas est le plus probable, puisque dans ce pays il est rare qu'ils excèdent six pouces. Cette espèce a une queue longue et verticillée, ainsi que des écailles tranchantes et un collier d'écailles.

Le lézard vert de la Caroline est ainsi dénommé , à cause de sa couleur ; il est très-petit , sa queue est deux fois aussi longue que son corps ; et la longueur entière de l'animal est d'un peu plus de cinq pouces. Il devient familier et même domestique dans ce pays, et n'est aucunement dangereux. Il joue sur les tables et aux croisées , et amuse par son adresse à prendre des mouches. Le froid le fait changer de couleur ; et dans ce climat incertain , quand il se fait un changement dans un même jour , du chaud au froid , on le voit subitement passer du vert le plus éclatant , à la couleur brune la plus triste. Ils deviennent la pâture des chats , ainsi que des oiseaux de proie. Ils se montrent plus particulièrement en été ; et, à l'approche des temps froids , ils se retirent dans leurs retraites d'hiver , c'est-à-dire , dans les creux et fentes des arbres , où ils restent dans un état d'engourdissement. Il arrive fréquemment que la faible chaleur de quelques jours de soleil les ranime, et alors on les voit sortir de leurs retraites et se montrer au dehors ; mais quand tout-à-coup le temps tourne au froid, ils deviennent si faibles qu'ils ne peuvent plus retourner dans leur asile, et qu'ils périssent.

M. Rabigot, peintre de paysage et professeur de dessin à l'école royale d'Orléans, avait rapporté de la campagne un très-joli lézard vert on le nourrissait dans une cage avec de l'herbe, et il s'était tellement habitué aux personnes de la maison, qu'il venait quand on l'appelait, et mangeait ce qu'on lui donnait. Un jour la domestique, en nettoyant la cage, jeta par la fenêtre le lézard, qui se trouvait caché dans l'herbe. On ne se fut pas plutôt aperçu de cet accident, que l'on courut à la recherche de l'animal : on visita tous les coins de la cour, toutes les crevasses des murs ; on descendit dans les caves ; tous les voisins s'intéressèrent à la recherche du lézard ; mais toutes les peines qu'on se donna furent inutiles ; on ne le retrouva point. Le professeur s'était attaché à cette petite bête, et il éprouvait du regret de sa perte. On croyait le lézard très-satisfait d'avoir recouvré sa liberté, tandis que, de son côté, il éprouvait aussi les mêmes regrets d'avoir perdu ses maîtres, puisqu'il les rechercha et qu'il eut l'adresse de les retrouver. Après quelques jours d'absence, on fut bien surpris de voir un matin le petit animal à la porte de M. Rabigot. Il est bon d'observer qu'il occupait un appartement au deuxième étage, et que sur le même palier, il y avait plusieurs portes. Non-seulement le lézard ne s'était point arrêté au premier étage ; mais arrivé au deuxième, il ne s'était même pas trompé de porte. On se doute combien il fut caressé, et quels soins on eut de lui d'après cette preuve d'intelligence et d'attachement.

CHAPITRE II.

——

LE CRAPAUD.

Cet animal, que l'on reconnaît facilement à son aspect livide, à sa marche lente, est, quant à sa figure, à sa nature et à ses goûts, semblable à la grenouille. En Europe, sa grosseur est considérable, les plus petits individus de son espèce ayant six pouces de longueur. Ses yeux sont d'une beauté remarquable; l'iris, qui est d'une brillante couleur d'or tirant sur le rouge, entoure une pupille noire, ce qui forme un contraste frappant avec le reste de son corps.

Ces animaux sont en si grande quantité à Carthagène, à Porto-Bello, en Amérique, que dans un temps de pluie, non-seulement tous les marais, mais encore les jardins, les cours des maisons et les rues en sont presque couverts, et que plus d'un indigène croit que chaque goutte de pluie qui tombe se convertit en un crapaud ; si la pluie tombe pendant la nuit, les crapauds abandonnent leurs trous, et en si grand nombre que l'on pourrait dire que ces animaux se touchent, et qu'ils couvrent toute la surface de la terre ; dans ces momens-là, il est impossible de sortir de la porte des maisons sans les fouler à ses pieds à chaque pas.

Quand il est irrité, cet animal jette de plusieurs parties de son corps, une espèce de fluide écumeux, qui, dans son climat, ne produit pas de symptôme plus dangereux qu'une légère inflammation causée par son âcreté.

Lorsque les chiens saisissent des crapauds, ils paraissent éprouver un léger gonflement à la gueule, qui est suivi d'une émission plus abondante de salive. Le fluide que le crapaud jette, quand on le trouble, a été reconnu ne contenir aucune qualité malfaisante ; il est en grande partie aqueux et renfermé dans un réservoir séparé, et l'animal ne paraît le jeter dans un moment d'alarme que pour se rendre plus léger, et pour pouvoir fuir plus vite. C'est uniquement à cause de son aspect rebutant qu'on le regarde comme venimeux, qu'on le persécute et qu'on l'assomme dans tous les lieux où on le trouve. Le préjugé, que le crapaud est un animal dangereux, lui a fait attribuer par les gens superstitieux des vertus surnaturelles ; et l'on assure que ceux qui prétendent exercer l'art de la magie en font usage dans leurs philtres.

La femelle du crapaud dépose son frai au commencement du printemps, en forme de chaînes de collier ou de cordons d'une glu transparente, et longs de trois à quatre pieds, qui renferme une double rangée d'œufs. Ceux-ci ont l'apparence d'autant de petits globules noirs comme du jais, dans lesquels sont renfermées les larves des petits crapauds, roulées sur elles-mêmes. Ils brisent cette enveloppe au bout d'environ quinze jours, et subissent alors une métamorphose semblable à celle des petites grenouilles. Ils ont atteint toute leur force au commencement de l'automne, époque à laquelle on en voit des quantités immenses.

Quelque singulier que cela nous paraisse, ces animaux peuvent être apprivoisés au point de se laisser prendre dans la main. Dans sa *Zoologie*, M. Pennant rapporte des détails curieux sur un crapaud domestique, qui montait souvent les marches devant la porte de la maison de M. Arscott, habitant le Devonshire. En le nourrissant avec soin, on était parvenu à le rendre si familier, qu'il sortait ordinairement de son trou tous les soirs aussitôt que la bougie était allumée, et regardait autour de lui, comme s'il s'attendait à être porté dans la maison où on lui donnait toujours des insectes.

Un animal qui, quoique généralement détesté, se rendait si familier, devait nécessairement exciter la curiosité de tous ceux qui venaient à la maison; il y eut même de jeunes dames qui étaient parvenues à surmonter cette horreur qui leur avait été inspirée par leurs nourrices contre les crapauds, au point qu'elles désiraient le voir manger. Il paraissait surtout aimer les vers qui sont dans la viande, et qu'on conservait pour lui dans du son. Il les suivait en marchant sur la table; et quand il se voyait tout près d'eux, il les regardait fixement et demeurait immobile pendant quelques minutes, apparemment pour se préparer à leur porter un coup subit. Il sortait sa langue beaucoup hors de sa bouche, tirait le ver à lui par la matière gluante qui couvre son extrémité, et l'avalait en un clin d'œil. Il fait cela avec d'autant plus de facilité que la racine de sa langue est attachée sur le devant de sa bouche, et que, quand elle est en repos, sa pointe est repliée dans le gosier. Après avoir été gardé au-delà de trente-six ans, il fut à la fin tué par un corbeau domestique, qui un jour l'ayant vu à l'entrée de son trou, l'en fit sortir et le blessa si cruellement qu'il en périt.

On a dit que toutes les fois qu'une araignée et un crapaud se rencontrent, il s'élève toujours une forte querelle, dans laquelle, usant de toute son adresse et de sa dextérité, la première reste le plus souvent victorieuse. Cependant, quelque vraisemblable que nous semble l'issue de ce combat entre les araignées et les crapauds des contrées éloignées, il n'en est rien à l'égard des nôtres.

On a découvert des crapauds vivans dans des blocs de pierre, et dans la partie la plus solide des troncs d'arbres. M. Lecat observe que, pour expliquer ce phénomène extraordinaire, des philosophes ont pensé que les œufs de ces animaux avaient, lors de la création du monde, flotté sur la surface du chaos alors liquide, et avaient par suite de la consolidation de la matière, été ainsi enfermés dans les rochers; mais il combat cette opinion en faisant remarquer que la création d'un œuf n'est pas suffisante, et que, pour produire un animal vivant, il devait aussi être couvé par la chaleur du soleil. Il considère encore, comme une chose impossible, que ces animaux puissent être aussi anciens que les pierres, ou les arbres dans lesquels on les a découverts; il pense que, dans ces cas, un œuf mûr peut être tombé par hasard dans quelques petites cavités, dans lesquelles il fut préservé de la putréfaction. Il remarque que les œufs du crapaud, si on les enduit extérieurement d'un vernis, de manière à les garantir contre l'action de l'air, peuvent être conservés pendant plusieurs années ; c'est pourquoi il croit qu'un œuf ainsi conservé dans le centre d'un bloc de pierre peut retenir toute sa fécondité pendant des milliers d'années ; et il en conclut que l'œuf peut bien être aussi ancien, mais non pas l'animal. Si nous considérons cependant la solidité des substances dans lesquelles on a trouvé ces crapauds vivans, ainsi que cela est prouvé par les autorités les plus authentiques, nous pouvons nous demander où peuvent donc être ces cavités qui conduisent dans le centre d'un roc vif, et dans lequel on suppose qu'un œuf mûr aura pu tomber ?

LE PIPA.

Cet animal, qui, au premier aspect semble extrêmement hideux et difforme, est beaucoup plus
gros que le crapaud commun; son corps est aplati,
et sa tête à peu près triangulaire. Sa bouche est
très-grande et garnie aux angles d'une espèce de
membrane. Les pieds de devant ont quatre doigts
longs et minces, dont chacun a quatre subdivi-
sions à son extrémité; et si on examine celles-ci
à l'aide du microscope, on découvre qu'elles sont
encore toutes fendues de la même manière. Les
pieds de derrière ont cinq doigts réunis par une
membrane.

Le pipa est originaire de Surinam; et d'après
la relation de Ferman, il ne peut se reproduire
qu'une fois. Le nombre des petits qui naissent
d'une femelle, qu'il a observée, était de soixante-
quinze; ils étaient tous parfaits le cinquième jour
après leur naissance. Dans la manière de produire
ses petits, cet animal nous présente une bien singulière déviation du cours ordinaire de la nature,
et beaucoup d'analogie avec les sarigues. Sur le dos
de la femelle on voit de certaines cavités, assez
semblables aux alvéoles d'une ruche; elles sont de

forme circulaire d'environ six lignes de profondeur, et de trois de diamètre ; ces cavités sont disposées sans ordre, et assez près les unes des autres. A une certaine époque de la couvée des œufs on trouve dans chacune de ces alvéoles un petit crapaud, qui ressemble sous tous les rapports au vieux ; mais on n'a pas encore pu s'assurer de la manière dont il y trouve sa subsistance : car il n'est point fixé au vieux. Mais il peut en être tiré comme s'il était dans un étui, et ensuite y être remis sans aucun danger.

M. Ferman, qui a décrit cet animal, déclare lui-même avoir été témoin oculaire de la manière dont il est reproduit. Les œufs sont engendrés dans la femelle, qui, lorsqu'ils ont atteint leur degré suffisant de maturité, les dépose sur la terre ; le mâle les ramasse et les place avec grand soin sur le dos de la femelle, où après la fécondation, ils sont pressés dans les cellules qui sont alors ouvertes pour les recevoir, et qui se referment ensuite. Ils restent dans les cellules jusqu'au moment de leur seconde naissance, qui a lieu au bout d'environ trois mois, où les petits sortent du dos de leur mère complétement formés. Pendant ce temps de retraite, ils passent à l'état de larve propre à ce genre, et ne jettent la dépouille dans laquelle ils sont renfermés qu'au moment où ils sortent de l'alvéole. La chair du pipa, d'après le récit de madame Mérian, est très-estimée par les nègres de Surinam ; et comme ils n'en sont jamais incommodés, on ne peut en conséquence le considérer comme un aliment malsain.

LA GRENOUILLE.

La couleur de la grenouille commune est brun-olive : le dos est parsemé de taches noirâtres ; au-dessous de chaque œil il y a une mouche, ou marque, qui s'étend jusqu'à la naissance des pieds de devant ; son dehors est agréable, et ses formes, dans leur ensemble, ne manquent pas d'élégance : son corps n'est point couvert d'écailles, il est tout-à-fait nu ; elle a un sternum, ou os de poitrine, mais point de côtes, ni de queue ; la conformation de ses membres est propre à faciliter ses mouvemens ; elle a quatre pieds, ceux de derrière sont plus longs que ceux de devant, et palmés ; ce qui lui donne la faculté de se mouvoir dans l'eau, où elle se retire pour s'y défendre des chaleurs de l'été et de la rigueur de l'hiver. Pendant cette dernière saison, et jusqu'au retour du printemps , elle reste dans un état d'engourdissement, quelquefois plongée profondément dans la vase , au fond des eaux stagnantes, ou dans les trous qu'elle trouve au-dessous de leurs bords.

La manière de respirer de ces animaux , et qui leur est commune avec plusieurs autres reptiles , est extrêmement curieuse . les organes destinés à cet usage ne sont placés ni dans le ventre , ni dans les poumons , mais dans la bouche ; derrière la racine de la langue est la petite fente qui ouvre la trachée-artère ; et sur le front sont deux narines , à travers lesquelles la grenouille aspire toujours l'air , car elle n'ouvre jamais la bouche pour respirer. Il est vrai que, pendant qu'elle respire, les mâchoires demeurent entièrement fermées dans la rainure l'une de l'autre ; car si la bouche restait ouverte, elle ne pourrait pas du tout respirer, et on ne tarderait pas à la voir se débattre pour y parvenir. Si on l'observe avec soin , on pourra s'apercevoir de la fréquente dilatation et contraction de l'espèce de vessie que la peau forme sur la mâchoire inférieure. D'après cela, il paraîtrait, au premier coup-d'œil, que cet animal vit d'une seule aspiration d'air qu'il pousse alternativement en avant et en arrière , à travers sa bouche et ses poumons, mais à chaque mouvement de la mâchoire correspond un tournoiement dans les narines. C'est pourquoi sa bouche semble former une espèce de soufflet, dont les narines sont les soupapes, et les muscles des mâchoires les ressorts. Par le mouvement des narines, l'air est introduit dans la bouche, produit la dilatation du ventricule, et s'échappe à travers la fente placée derrière la langue, dans les poumons; un léger mouvement se fait apercevoir dans les flancs de la grenouille, et enfin les muscles de l'abdomen expulsent l'air; bientôt après, une seconde aspiration a lieu dans les narines, et produit les mêmes effets. Il paraît donc que les poumons se remplissent par le jeu des mâchoires, ou, en d'autres termes, que les grenouilles avalent l'air de la même manière que nous avalons les alimens.

Ces animaux sont ovipares, et leur frai, qu'ils déposent ordinairement dans le mois de mars, consiste en un amas d'œufs remplis de gélatine, transparens, et de forme sphérique; leur nombre est de six cents à mille. Au milieu de chacun de ces œufs est l'embryon ou la larve de la petite grenouille, roulée en forme d'un globule noir, et qui n'a point de pieds, mais une queue, au moyen de laquelle il peut nager. Ce n'est qu'au bout d'un mois ou de cinq semaines, selon la chaleur de la saison, que les larves, ou petites grenouilles, viennent à éclore.

4.

Ces petits animaux ont une espèce de suçoir au-
dessous de la mâchoire inférieure, à l'aide duquel
ils se tiennent attachés à la surface inférieure des
plantes aquatiques.

On a observé que leurs organes intérieurs diffèrent, sous plusieurs rapports, de ceux des grenouilles adultes ; les intestins, particulièrement,
sont ployés à plat, en forme de spirale, et ressemblent assez à un câble en miniature.

Quand ils sont parvenus à la sixième semaine,
les pieds de derrière commencent à percer, et environ quinze jours après on voit paraître ceux de
devant ; dans cet état ils ressemblent beaucoup aux
lézards. Peu de temps après ils prennent leur forme
parfaite, et ce n'est qu'alors qu'ils vont à terre. On
les voit errer sur les bords des eaux en si grande
quantité, que l'on serait tenté de croire, avec le
vulgaire, que ces animaux sont tombés des nuages
dans une averse.

M. Ray, dans ses Merveilles de la création,
rapporte qu'étant allé un soir se promener à cheval
dans le comté de Berkshire, il fut extrêmement surpris d'apercevoir une immense multitude de grenouilles qui traversaient la route : en y regardant
de plus près, il trouva qu'il n'y avait pas moins
de deux ou trois acres de terre qui étaient presque
entièrement couverts de ces animaux ; ils mar-

chaient tous dans la même direction, vers quelques buissons enfoncés qui étaient devant eux. En suivant leurs traces, il trouva qu'ils venaient d'un grand étang qui, dans le temps du frai, abondait tellement en grenouilles, que leur coassement se faisait souvent entendre à une grande distance : il en conclut qu'au lieu de tomber du ciel, celles-ci avaient été engendrées dans cet étang, et qu'elles s'étaient déterminées à se mettre en route, à la faveur d'une averse, à l'effet de chercher, ou leur nourriture, ou de nouvelles demeures.

Aussitôt que les petits sont parvenus à leur entier développement, ils changent leur nourriture végétale contre de petits limaçons, des vers et des insectes ; la structure de leur langue est très-propre à saisir et à retenir ces animaux : la racine est attachée sur le devant de la bouche, de sorte que, lorsqu'elle n'agit pas, sa pointe est repliée vers le gosier. C'est cette conformation qui leur donne le moyen de la lancer très-loin, et avec beaucoup d'agilité, hors de la bouche, lorsqu'ils veulent se saisir de quelque objet : la proie reste fixée à son extrémité large, dentelée et gluante ; ils l'avalent si vite, que l'œil peut à peine suivre ce mouvement ; mais lorsque la grenouille est engagée avec un petit serpent ou un gros ver, il n'est rien au monde de plus gauche et de plus comique qu'elle ;

car la nature semble avoir mis un terme à la voracité de ces animaux, en leur refusant l'adresse nécessaire pour saisir une grande proie. Le docteur Thownson avait une grosse grenouille, qui, un jour, avala en sa présence, un ver de la grosseur de la main, qui en se débattant, ressortait plusieurs fois à moitié hors de sa bouche : quand elle l'eut entièrement avalé, on voyait très-bien les contorsions qu'il faisait dans le corps flasque de la grenouille.

Il y a une grande quantité de ces reptiles dans les parties de l'Amérique qui environnent la baie d'Hudson, jusqu'au soixante-unième degré de latitude septentrionale, où ils fréquentent les bords des lacs, des étangs, des rivières, etc., mais à l'approche de l'hiver ils se tapissent sous la mousse, à une distance considérable de l'eau, et y demeurent dans un état de congélation jusqu'au retour du printemps. M. Hearne en a souvent vu enlever avec la mousse, qui étaient gelés et durs comme des glaçons. Dans cet état de congélation, leurs pieds se cassent aussi aisément qu'un tuyau de pipe, sauf qu'ils s'en ressentent ; mais, si on les enveloppe dans une peau chaude, et qu'on les expose ensuite à un feu lent, ils reviennent bientôt à la vie, et quoique mutilés, ils recouvrent toute leur activité ordinaire ; cependant, si on

les expose à une seconde gelé, ils périssent infailliblement.

Ces animaux changent de peau à de certaines
époques ; ils parviennent à leur perfection dans
l'espace de cinq ans, et l'on a estimé qu'ils pouvaient vivre jusqu'à douze ou quinze ans ; leur
voix est rauque et désagréable, ce qui fait qu'on
leur a donné le surnom burlesque de *rossignol de
Hollande*. Leur vie est si tenace, qu'on les a vus
survivre, pendant plusieurs heures, à la perte
même de la tête. On mange quelquefois les pieds
de derrière de la grenouille commune; et les pieds
de devant avec le foie entrent assez souvent dans
l'assaisonnement des soupes, sur le continent de
l'Europe.

Cependant la *grenouille comestible* est beaucoup plus grosse que la commune; elle est plus
recherchée pour la nourriture, étant plus blanche, et en même temps plus agréable au palais :
sa couleur est verte-olive, bigarrée sur le dos de
taches noires, et ses pieds ont des raies transversales de la même couleur ; à partir de la pointe du
museau, trois raies bien distinctes, d'un jaune
pâle, s'étendent jusqu'à l'extrémité du corps ;
celle du milieu est légèrement déprimée, et les
deux autres sont un peu élevées ; le dessous
est d'un blanc pâle, nuancé de vert, et marqué

de taches brunes irrégulières. Quelques-uns lui ont donné le nom de *grenouille verte*. Elle est peu commune en Angleterre, mais on la trouve en grande quantité en Italie, en France et en Allemagne.

Cette espèce dépose son frai rarement avant le mois de juin. Pendant cette saison, on assure que le mâle coasse si fort et si haut qu'il se fait entendre à une grande distance. Dans quelques endroits, où ces grenouilles sont en grand nombre, leur coassement devient insupportable aux personnes qui n'y sont pas accoutumées ; les pelotes de son frai sont plus petites que celles de la grenouille commune, et les jeunes sont beaucoup plus longs quand ils ont subi leur métamorphose ; ce qui arrive rarement avant le mois de novembre. Elles parviennent à leur état complet au bout d'environ quatre ans, et leur vie s'étend à seize et dix-sept ans ; elles sont excessivement voraces, et dévorent souvent les petits oiseaux, et même les souris, qu'elles avalent en entier comme les limaces, les vers, etc.

Les grenouilles comestibles sont transportées de la campagne à Vienne, par trente et quarante mille à la fois ; elles sont vendues à des marchands en gros, qui les déposent dans des réservoirs creusés en terre, à quatre ou cinq pieds de profondeur, et recouverts de planches, et durant les grands froids, de paille. Dans ces lieux, les grenouilles ne sont jamais entièrement engourdies, même dans les froids les plus rigoureux. Quand on les met sur le dos, elles s'aperçoivent de ce changement d'exposition, et conservent assez de force pour se retourner : elles s'entassent les unes sur les autres par un instinct naturel, et, par ce moyen, elles empêchent l'évaporation de l'humidité qui leur est si nécessaire, puisqu'on ne leur donne jamais de l'eau. En 1793, il n'y avait à Vienne que trois gros marchands de grenouilles qui en fournissaient la plupart des revendeurs, et laissaient à ceux-ci le soin de les préparer pour la cuisine; et comme leur saison de frayer arrive si tard dans l'année, il est probable que celles que l'on apporte au marché avant le mois de juin, soient plutôt de l'espèce commune, et quelquefois même des crapauds.

La grenouille connue sous le nom de *grenouille mugissante* est également bonne à manger, ayant autant de chair sur elle qu'un jeune poulet : elle a souvent un pied et demi et au de-là de long, à partir du museau jusqu'à ses pieds de derrière : sa couleur est olive foncé ou brun, marquée d'un grand nombre de taches noires, plus claires en dessous du corps que sur le dos; les membranes externes des oreilles sont grandes, rondes et d'un rouge tirant sur le brun, avec un bord jaunâtre. Cette espèce habite principalement l'intérieur de l'Amérique, où l'on dit qu'elles se tiennent deux à deux dans les sources et les ruisseaux. Mais Kalm rapporte qu'elles ne fréquentent que les étangs et les marais. Dans la Virginie elles sont en si grande abondance, qu'il n'y a guère de source dans laquelle il n'y en ait pas une couple : les habitans, qui les respectent comme les génies protecteurs des fontaines, croient qu'elles en purifient l'eau ; les femmes cependant ne les aiment point, parce qu'elles détruisent les canetons et les oisons; quelquefois elles emportent même les poulets qui s'avancent trop près des étangs.

Lorsqu'on les surprend subitement, elles gagnent, d'un saut ou deux, leur trou, au fond duquel elles sont dans la plus grande sûreté : une grenouille adulte, de ce genre, peut sauter à une distance de dix à onze pieds. Kalm rapporte, de l'une de ces grenouilles, le trait suivant :

« Les naturels de l'Amérique sont renommés pour être d'excellens coureurs, car ils sont presque capables de suivre le meilleur cheval lancé au plus grand galop. En voulant donc essayer avec quelle vitesse la grenouille mugissante saute, quelques Suédois firent un pari avec un jeune Indien, et le défièrent de devancer à la course une de ces grenouilles, qui aurait sur lui une avance de deux sauts. Ils en portèrent une qu'ils avaient prise dans un étang, au milieu d'une prairie, et lui brûlèrent la queue. Le feu, et l'Indien qui s'efforçait de la devancer à la course, firent ensemble un tel effet sur cet animal, qu'on lui vit faire ses longs sauts, à travers la prairie, aussi rapidement qu'il lui était possible ; le bruit que l'Indien faisait en la poursuivant de toutes ses forces, effrayait la pauvre bête, et lui faisait craindre d'être torturé une seconde fois avec le feu ; c'est pourquoi elle redoubla ses efforts, et regagna ainsi l'étang, dont le bord avait été désigné pour but, avant que l'Indien eût pu l'atteindre. »

Cet animal est appelé *grenouille mugissante*, à cause de son coassement que l'on dit ressembler beaucoup au mugissement désagréable du taureau ; quand, pendant le calme de la nuit, plusieurs d'entre elles se mettent à coasser ensemble, on peut les entendre à la distance de plus d'une demi-lieue. C'est précisément pendant la nuit, et à des intervalles marqués, qu'elles coassent. Pendant ce temps elles se tiennent cachées, soit dans l'herbe ou dans les joncs, ou bien elles sont dans l'eau, et élèvent la tête au-dessus de sa surface.

Kalm raconte que, « se promenant un jour à cheval, il en entendit une coasser devant lui, et qu'il croyait que c'était le mugissement de quelque taureau caché près de lui dans les broussailles ; ces cris étaient en effet plus effrayans que ceux d'un taureau : cependant il les trouva trop forts pour imaginer qu'ils provenaient d'un animal aussi petit que l'est une grenouille, et ne se croyait plus en sûreté : mais il fut détrompé peu de momens après, par une société de Suédois auxquels il fit part de ses craintes. »

Il y a peu d'années, quelques grenouilles de cette espèce furent apportées vivantes en Angleterre : elles demeurèrent dans un état d'engourdissement sous la vase pendant l'hiver, et ne commencèrent à mugir qu'au retour du printemps.

La *reinette* habite l'Amérique, la France, l'Allemagne et l'Italie, ainsi que plusieurs autres contrées de l'Europe, mais il ne s'en trouve pas en Angleterre. Elle est petite, et d'une forme svelte et élégante ; le dos est vert, le ventre blanchâtre ; et marqué de petits grains ; la partie inférieure des membres est rougeâtre, et des deux côtés du corps il y a une raie longitudinale noirâtre, ou d'un violet foncé ; le corps est lisse par-dessus, et les pieds de derrière sont très-longs et minces ; à l'extrémité de chaque doigt est un organe charnu et concave, qui diffère peu de la bouche d'une sangsue, au moyen duquel l'animal est en état de se fixer sur la surface des objets les plus polis.

Cet animal, pendant l'été, se tient principalement sur les plus hautes branches des arbres, où il erre à travers le feuillage à la quête des insectes; il les prend avec une grande dextérité, en s'approchant d'eux tout doucement, comme un chat s'approche d'une souris; jusqu'à une certaine distance, d'où il s'élance sur eux subitement, en sautant quelquefois à un pied de haut. Il se suspend par les pieds ou par l'abdomen à l'envers des feuilles, et demeure ainsi caché dans l'épaisseur du feuillage; la peau de l'abdomen est couverte de petits grains glanduleux, conformés de manière à permettre à l'animal de se fixer, par cette partie, aussi-bien que par les extrémités de ses pieds, aux feuilles, et même contre une glace.

Vers la fin de l'automne la reinette se retire dans l'eau, et elle y demeure cachée dans un état d'engourdissement, au milieu de la vase, ou sous les bords des rivières, jusqu'à la renaissance du printemps, où elle sort, ainsi que tous les animaux de ce genre, pour déposer son frai sur les eaux. A cette époque le mâle enfle le gosier d'une manière surprenante, de sorte qu'il forme une grande boule sous la tête; il fait aussi entendre un coassement très-fort et très-aigu, qui peut être entendu à une très-grande distance. Les petits se développent entièrement vers le commencement d'août, et bientôt après ils commencent à grimper sur les arbres les plus voisins. Dans cette saison ils se font surtout entendre le soir quand il va pleuvoir. C'est pourquoi si on les conserve dans un bocal, dans un appartement, et qu'on les nourrisse avec soin, ils tiendront lieu de baromètre, en prédisant d'une manière sûre les changemens de temps.

Un chirurgien allemand en conserva une près de huit ans ; il l'avait mise dans un bocal recouvert d'un filet ; en été il la nourrissait avec des mouches ; mais en hiver il paraît qu'elle ne mangeait rien du tout, excepté quelques insectes qui étaient dans l'herbe, et le foin gâté qu'on lui donna. Pendant cette saison elle était très-maigre, et exténuée ; mais aussitôt que l'été suivant ramenait les mouches elle reprenait son embonpoint. Mais au huitième hiver elle mourut, à ce qu'on suppose, par un défaut absolu d'insectes.

Le docteur Townson avait également des reinettes sur une croisée où était placé un vase rempli d'eau ; elles s'apprivoisèrent bientôt, et il donna à deux d'entre elles, qu'il avait conservées pendant très-long-temps, et qui étaient ses favorites, les noms de *Damon* et de *Musidora*. Le soir

elles manquaient rarement d'entrer dans l'eau, à
moins qu'elle ne fût froide ; dans ce cas elles n'y
plongeaient point pendant plusieurs jours. Si alors
on laissait tomber quelques gouttes sur le bord
du vase, elles s'y fixaient fortement. L'absorption
qui se faisait alors à travers la peau les rendit, de
flasques qu'elles étaient, rondes et potelées. Il en
pesa une qui n'avait pas été dans l'eau tout une
nuit, et la plongea ensuite ; une demi-heure après
elle en sortit, et lorsqu'il la pesa de nouveau, il
trouva que son poids avait augmenté de moitié.
D'autres expériences lui firent voir que ces animaux se remplissaient souvent de tant d'eau,
qu'ils pesaient le double, et que cette absorption
se faisait uniquement à travers la peau du ventre.
Ils absorbaient aussi l'eau du papier brouillard
mouillé. Quelquefois ils rejettent l'eau hors du
corps avec beaucoup de force, en des quantités
du quart et au-delà de leur poids. En automne,
le docteur fit une grande provision de mouches
pour sa grenouille favorite, sa Musidora : quand il
en posait quelques-unes devant elle, elle n'avait
pas l'air d'y prendre garde ; mais aussitôt qu'il en
faisait mouvoir avec son haleine, elle s'élançait
dessus, et les avalait. Un jour que les mouches
étaient trop rares, il coupa de la chair de tortue
en petits morceaux, et les agitait de la même

manière ; elle les saisit ; mais un instant après elle les rejeta de dessus sa langue. Une fois qu'il se fut rendu familier avec elle , elle venait prendre dans ses doigts les mouches tant mortes que vivantes qu'il lui offrait.

Les grenouilles sautent après l'ombre mouvante des petits objets ; et à l'instar des crapauds , elles se familiarisent au point de s'asseoir sur la main, et de se laisser ainsi promener le long des parois d'une chambre pour prendre les mouches qui s'y tiennent. On a même vu les reinettes manger de petites abeilles , mais toujours avec peine ; car elles les rejettent plus souvent , parce que les aiguillons et les poils de ces insectes les incommodent ; cependant , après plusieurs essais , ils se couvrent de la matière gluante qui suinte de la langue de la reinette , et passent enfin dans son gosier.

L'un des officiers du capitaine Stedman qui se trouvait dans un canot sur une des rivières de la province Surinam , fut de là témoin d'un combat qui eut lieu entre une reinette et un serpent , sur la cime d'un palétuvier. Au moment où il les aperçut , la tête et les épaules de la reinette étaient déjà entre les mâchoires du serpent , qui était à peu près grand comme un fourgon de cuisine. Il avait entortillé sa queue autour d'une forte branche de l'arbre , tandis que la reinette , qui était à peu près de la grosseur d'un poing, se tenait par ses pieds de derrière à une petite branche. Dans cette attitude ils combattaient l'un pour sa vie, l'autre pour son dîner, et formaient ainsi une bande droite entre les deux branches, en se tenant pendant quelque temps comme immobiles, et sans se débattre. Il y avait encore à espérer pour la pauvre grenouille, que ses efforts la tireraient de ce mauvais pas ; mais elle succomba : les mâchoires élastiques du serpent s'étendant toujours davantage, le corps et les pieds de devant de la reinette passèrent bientôt dans sa gueule ; ensuite on ne vit plus que les pieds de derrière, jusqu'à ce qu'enfin ceux-ci furent dégagés par le serpent, de la branche à laquelle ils tenaient, et qu'il l'avala en entier. La grenouille forma dans son canal alimentaire une tumeur au moins six fois aussi grosse que le corps du serpent, dont les mâchoires et le gosier se contractèrent aussitôt, et reprirent leur forme naturelle.

CHAPITRE III.

LE SERPENT COMMUN,
ou LE SERPENT A COLLIER.

Nous parlerons maintenant de la seconde classe des animaux amphibies, des serpens, d'après la classification de Linnée. On en compte deux cent trente espèces, dont quarante seulement sont connues pour être venimeuses ; celles-ci diffèrent des serpens non dangereux, en ce qu'elles ont de chaque côté de la tête une longue rangée de crochets en forme de tubes, destinés à conduire le venin de son réservoir dans les plaies qu'elles font avec leurs dents. Leur principal caractère distinctif est qu'elles n'ont que deux rangs de dents véritables, c'est-à-dire, qui ne servent pas de conducteur au venin à la mâchoire supérieure, tandis que tous les autres en ont quatre.

Les *psylles* des anciens étaient fameux par le talent qu'on leur attribuait de charmer et de détruire les serpens ; et Casaubon rapporte qu'il a connu un homme qui avait le pouvoir de rassembler autour de lui une centaine de serpens, et de les attirer dans le feu ; que, dans le cas où quelque gros serpent refuserait de lui obéir, il se contentait de recommencer le charme pour le faire avancer aussitôt, et se soumettre à la fureur des flammes.

Une description des plus remarquables dans l'une et l'autre classe, c'est-à-dire des serpens venimeux, et de ceux qui ne le sont pas, mêlée de citations et d'anecdotes tirées des meilleurs auteurs, et enrichie de quelques estampes, sera l'objet de ce chapitre.

Comme le serpent à collier est le plus commun, il doit être mis en tête. Ce serpent est le plus grand qu'on connaisse en France et en Angleterre, sa longueur excédant quelquefois quatre pieds. Son cou est rétréci, et le milieu du corps gros, le dos et les côtés sont couverts de petites écailles, et le ventre de plaques transversales, étroites et oblongues ; la couleur du dos et des côtés est d'un brun foncé ; depuis la tête jusqu'à la queue, il y a au milieu du dos deux rangs de petites taches noires ; les plaques du ventre sont noirâtres ; les écailles des côtés sont d'un blanc tirant sur le bleu. Les dents sont petites et serretées ; elles sont disposées sur deux rangs dans chaque mâchoire. L'espèce entière est parfaitement paisible. Ils se retirent dans les tas de fumier, et parmi les buissons, dans des lieux humides, d'où ils s'écartent rarement, excepté au milieu du jour, en été, pour se chauffer au soleil.

Si on les attaque, ils cherchent d'abord à s'échapper : mais si on les poursuit trop vivement, ils commencent à siffler et à se mettre dans une attitude menaçante, quoiqu'ils ne puissent faire aucun mal.

En hiver ces serpens se cachent dans des trous, et y attendent dans un état d'engourdissement, le retour du printemps, époque à laquelle ils changent de peau. Il paraît qu'ils la renouvellent encore en automne. Vers la mi-septembre, M. White trouva dans un champ, près d'une haie, la dépouille d'un grand serpent, qui lui sembla n'avoir été jetée que depuis peu. Cette dépouille lui parut avoir été tournée à l'envers, et tirée en arrière, comme un bas ou un gant de femme. Nonseulement la peau était entière, mais même couverte de ses écailles, à partir de l'endroit correspondant aux yeux, dont les ouvertures ressemblaient à une paire de lunettes. Le reptile s'était embarrassé lui-même dans les herbes ; de sorte que le frottement contre les feuilles et les tiges pouvait avoir donné cette forme à sa dépouille.

Les femelles déposent leurs œufs dans des trous exposés au midi, auprès des eaux stagnantes, mais plus communément dans les tas de fumier, en forme de chaîne et au nombre de douze à vingt. Ils sont environ de la grosseur des œufs du corbeau, blanchâtres et couverts d'une membrane semblable à du parchemin. Les petits du serpent sont roulés en spirale au milieu de la partie fluide qui ressemble au blanc d'un œuf de poule ; ils n'éclosent qu'au printemps suivant.

La saison la plus précoce à laquelle les serpens commencent à se montrer est le mois de mars ; et jusqu'à la mi-mai on les trouve en grand nombre sur les bords des eaux qui sont exposés au soleil, et dans des mares. Mais depuis le mois de mai on n'en voit plus beaucoup, vraisemblablement à cause de la grande chaleur de l'été. Ils se nourrissent de grenouilles, d'insectes, de vers et de souris c'est pour se procurer les premières qu'ils entrent dans l'eau, où ils nagent avec la plus grande légèreté. Quand un serpent a dévoré une grosse grenouille, ou un petit oiseau, on remarque une tumeur dans son corps, et alors le serpent devient si stupide, et si indolent qu'il n'est pas difficile de le prendre. Ces animaux sont aussi, dit-on, si friands de lait, qu'il leur arrive très-souvent de pénétrer jusque dans les laiteries pour boire le lait conservé dans des vaisseaux. On dit même qu'ils s'entortillent quelquefois autour des pieds des vaches pour atteindre leur pis, qu'ils traient jusqu'au sang.

Ce serpent peut être, en quelque manière, rendu domestique. L'empereur Tibère en avait élevé un, devenu si familier, qu'il le suivait dans ses voyages. M. White a connu un particulier qui en avait un dans sa maison, tout-à-fait apprivoisé ; il était d'un naturel aussi doux que tout autre animal domestique ; mais un étranger, ou un chien, ou un chat se présentait-il, il commençait a siffler, et il remplissait toute la chambre d'une espèce de bave qui sentait si fort qu'on ne pouvait presque pas y résister.

Valmont de Bomare dit avoir vu la même familiarité dans une couleuvre d'une espèce approchante de celle dont nous parlons. « Elle était, dit-il, tellement attachée à sa maîtresse, qu'elle lui montait le long des cuisses et des bras, se cachait sous ses vêtemens, ou se couchait sur son sein. Sensible à sa voix, le reptile obéissait à ses ordres, et arrivait près d'elle : il la reconnaissait, ou la distinguait lorsqu'elle riait, qu'elle se mou-

chait ou qu'elle marchait. Nous l'avons vue encore, ajoute-t-il, étant dans un petit bateau sur
la rivière de Seine, suivre dans l'eau le bateau où
était sa maîtresse, qui l'avait jetée à l'eau exprès,
et qui l'appelait; mais la marée venant à monter
elle disparut et on la perdit, au grand regret de
sa mère-nourrice. Cette couleuvre allait près du
feu dans l'hiver.

———

LE SERPENT A LUNETTES.

Il y a cinq ou six espèces de ce terrible serpent,
qui est très-commun dans plusieurs parties de
l'Inde. Ses yeux sont pleins de férocité et de feu;
la tête est plutôt petite que grande. Derrière la
tête il y a, sur le côté, un cal qui se prolonge d'environ quatre pouces vers le bas, où il diminue
graduellement, et se perd dans la forme cylindrique du reste du corps. Il dépend de cet animal
de l'étendre autant qu'il lui plaît.

Ce serpent est généralement long de trois à
quatre pieds, et a un peu plus d'un pouce de diamètre; il est ordinairement marqué, au-dessus

des yeux, d'une tache très-grande et très-apparente, qui ressemble à une paire de lunettes; sa couleur ordinaire est brun de rouille pâle dessus, et un blanc tirant sur le bleu et nuancé de jaune. La queue est effilée, et se termine en une pointe aiguë.

Quand on irrite cet animal, ou lorsqu'il se prépare pour mordre, il se dresse sur le devant de son corps, penche sa tête et enfle le cal de son cou, de manière qu'il semble être coiffé; d'où il a tiré le surnom de *serpent coiffé*. Sa morsure donne quelquefois la mort au bout de deux ou trois heures, surtout lorsque le venin a pénétré dans les grands vaisseaux sanguins, ou dans les grands muscles. Un chien qui fut mordu par un de ces serpens expira au bout de vingt-sept minutes, et un autre plus gros ne survécut que de cinquante-six minutes; un poulet en mourut en moins d'une demi-minute; d'autres cependant ont encore vécu une couple d'heures, l'activité du venin dépendant propablement de la chaleur de la saison, et de la disposition du serpent au moment où il blesse.

Les Indiens, pour amuser le public, promènent le serpent à lunettes dans un panier, après l'avoir privé de ses crochets qui charrient le venin, ce qui le met hors d'état de nuire. On lui enseigne à exécuter une espèce de danse au son d'un flageolet, aussi long-temps qu'il plaît au maître de continuer à faire de la musique.

L'habitude qu'a ce serpent de marcher souvent le corps redressé, et de tourner et retourner continuellement sa tête, comme s'il regardait autour de lui avec une grande circonspection, lui a valu l'honneur d'être considéré par les Indiens comme un emblême de la prudence. Il est aussi un objet de vénération des Gentoux, fondée sur quelques traits de leurs légendes mythologiques : ils le nomment rarement sans ajouter à son nom quelque épithète, telle que *le royal*, *le bon*, *le saint*, etc.

LE SERPENT NOIR.

Ce serpent, qui habite l'Amérique septentrionale, est très-lisse et effilé ; noir dessus, et d'un bleu pâle par-dessous, excepté la gorge, qui est blanche. Sa longueur ordinaire est de six pieds, mais il n'est point venimeux. Il est très-actif, car il peut égaler un cheval en vitesse. Ses mouvemens sont très-divertissans : on le voit quelquefois grimper sur les arbres pour y prendre des reinettes, et d'autres fois se tourner dans toute sa longueur sur la terre pour atteindre d'autres animaux. Quelquefois il se présente à moitié debout, et dans cette attitude ses yeux et sa tête ont une apparence très-avantageuse. Ses yeux étincellent de feu, et rendent immobiles les oiseaux et les petits quadrupèdes, de la même manière que ceux du serpent à sonnettes, dont nous parlerons bientôt. On dit aussi que son corps est si cassant que si, pour se soustraire à ceux qui le poursuivent, il met sa tête dans un trou, et qu'on la saisisse par la queue, il se brise en morceaux.

Quoiqu'il ne soit point venimeux, il est cependant assez hardi pour attaquer un homme ; mais on peut facilement l'écarter en lui assénant un bon coup avec un bâton, ou telle autre arme qu'on aura sous la main. On dit que, lorsqu'il a atteint une personne qui s'est efforcée de se sauver parce qu'elle n'a pas assez de courage pour lui faire résistance, il s'entortille autour de ses jambes, de manière à la faire tomber ; et qu'après l'avoir mordue plusieurs fois à la jambe, et partout où il peut enfoncer ses dents, il se sauve.

Durant le printemps de 1748, le docteur Colden avait plusieurs ouvriers dans sa maison de campagne ; et parmi eux il s'en trouvait un nouvellement arrivé d'Europe, qui ne connaissait que peu les habitudes du serpent noir. Les autres ouvriers en voyant deux, mâle et femelle, couchés ensemble, engagèrent, pour rire, leur nouveau compagnon à en tuer un. Celui-ci s'approche de leur gîte, armé seulement d'un bâton ; le mâle, qui s'en était aperçu, courut droit à lui. L'ouvrier, qui ne s'attendait pas à trouver tant de courage dans un reptile, jeta son bâton, et se mit à courir de toutes ses forces. Le serpent le poursuivit, l'atteignit, et s'étant entortillé plusieurs fois autour de ses jambes, il parvint à le faire tomber par terre, et effraya le pauvre homme à tel point qu'il lui fît presque perdre la raison. Il ne put s'en débarrasser qu'après l'avoir coupé, avec son couteau, en deux ou trois morceaux.

3.

Le serpent noir n'est dangereux qu'au printemps; il est très-avide de lait, et il est très-difficile de l'en tenir éloigné, quand une fois il a pris
l'habitude d'entrer dans le lieu où l'on en garde.
On l'a vu boire le lait dans la tasse qui avait été
remplie pour les enfans, sans les mordre, malgré
qu'ils l'écartassent en le frappant sur la tête avec
leurs cuillers, quand il devenait trop gourmand.

Néanmoins, ces serpens sont très-utiles en
Amérique, parce qu'ils détruisent les rats; ils les
poursuivent avec une agilité étonnante, jusque
sous les toits des granges et des appentis; c'est
pourquoi ils sont en général chéris des Améri-
cains, qui ont grand soin de leurs œufs pour multiplier l'espèce.

On dit aussi qu'ils tuent les serpens à sonnettes
en s'entortillant autour de leur corps, et en les
étouffant par la violence avec laquelle ils se res-
serrent. Ils peuvent courir si vite, qu'il n'est pas
possible de leur échapper; mais leurs morsures
n'ont point de suites dangereuses. Ils ne font d'autre mal que de manger la crême de dessus le lait,
et de piller les juchoirs des poules. On les trouve
souvent couchés et roulés dans les nids des poules
qui couvent.

LA VIPERE.

La *vipère commune* atteint rarement plus de deux pieds de long, quoique l'on en trouve quelquefois qui aient plus de trois pieds. Le fond de la couleur de leur ventre est d'un jaune sale, celle de la femelle est plus foncée; le dos est marqué, dans toute sa longueur, par une rangée de taches noires rhomboïdales, qui se touchent par les angles; sur les côtés il y a quelques taches triangulaires. Elle se distingue du serpent commun, tant par la couleur qui, dans ces derniers, est bigarrée plus agréablement, que par la tête qui est plus grosse que le corps; mais plus particulièrement par la queue, qui, dans la vipère, quoiqu'elle se termine aussi en une pointe, n'est pas aussi effilée que celle du serpent : c'est pourquoi, quand les autres moyens de la distinguer manquent, elle peut au moins être reconnue aussitôt à sa queue. Ces animaux habitent plusieurs parties de l'Angleterre, et particulièrement dans les contrées arides, pierreuses et calcaires. On les trouve aussi en grand nombre sur le continent.

Les vipères diffèrent encore de la plupart des autres serpens, en ce que leurs mouvemens sont plus lents, et qu'elles mettent bas leurs petits tout vivans, vers la fin de l'été. La fécondité de la vipère, aussi-bien que sa vitesse, sont heureusement pour le genre humain, très – bornées : car ses œufs, qui éclosent dans son corps, ne sont ordinairement qu'au nombre de dix ou douze, et tiennent ensemble comme les grains d'un chapelet. On dit que, quand les petits ont brisé leur coque, ils s'échappent, par leurs propres efforts, de leur prison, pour respirer un air libre, et qu'ils demeurent plusieurs jours sans prendre aucune nourriture.

M. White, de Selborne, se promenant avec un ami, surprit une vipère femelle qui lui parut très-lourde et enflée ; elle était étendue sur l'herbe, et se chauffait au soleil ; ils la tuèrent, et lui fendirent le ventre, où ils trouvèrent quinze petites vipères, environ de la grosseur d'un grand ver de terre. Ces petits sortirent des entrailles de leur mère comme de parfaites vipères ; ils se montrèrent très-alertes à l'instant même où ils obtinrent leur liberté ; ils se tortillaient, fretillaient, se dressaient ; et ouvraient largement leur bouche quand on les touchait avec un bâton ; manifestant déja ainsi tous les signes de la menace et de la défiance, quoiqu'on ne pût encore découvrir les crochets envenimés, même avec des lunettes.

Les petits de la vipère, quelque temps après leur naissance, se retirent, à la moindre alarme, dans la bouche de leur mère, comme ceux de la sarigue se sauvent dans sa poche. Ils atteignent toute leur grandeur à l'âge de sept ans, et ils commencent à se reproduire à la fin de leur seconde ou troisième année. La nourriture des vipères se compose de reptiles, de vers, de petits oiseaux qu'elles avalent tout entiers, quoiqu'il arrive quelquefois que le morceau qu'elles ont avalé soit trois fois aussi gros qu'elles; elles peuvent supporter une longue abstinence, car on en a conservé une pendant plus de six mois dans une boîte, sans lui donner aucune nourriture, et sa vivacité n'en parut point altérée. Dans leur état de liberté, elles s'engourdissent en hiver; mais on n'a pas encore remarqué que celles qui sont enfermées en fissent autant.

On prend ordinairement les vipères avec des pincettes de bois, par le bout de la queue : cela se fait sans danger; car aussi long-temps qu'on les tient dans cette position, elles ne peuvent se redresser pour atteindre leur ennemi.

L'organe qui transmet le venin ressemble beaucoup à celui des autres serpens venimeux : les symptômes qui suivent la morsure sont une douleur aiguë dans la partie blessée, avec une tumeur rouge d'abord, mais qui devient bientôt après livide, et s'étend successivement sur les parties environnantes; une grande faiblesse, et un pouls animé et quelquefois interrompu; de grands maux d'estomac, avec des vomissemens de bile, accompagnés de convulsions, de sueurs froides, et quelquefois de douleurs autour du nombril. En Angleterre, la morsure de la vipère cause bien une tumeur douloureuse et inquiétante, mais elle a rarement des suites plus fâcheuses.

Le docteur Mead assure que le venin délayé dans un peu d'eau chaude, et appliqué sur le bout de la langue, est très-âcre et brûlant, et qu'il y produit une sensation, comme si elle avait été pénétrée de quelque liquide bouillant, ou de quelque corps ardent; cependant elle cesse tout-à-fait au bout de deux ou trois heures. Quelqu'un ayant mis une grosse goutte de ce venin, non délayé, sur sa langue, celle-ci gonfla, et l'inflammation dura deux jours. D'autres personnes, au contraire, assurent que le goût du venin n'a rien d'âcre, mais qu'il approche beaucoup de celui de l'huile ou de la gomme.

Il s'est élevé des contradictions à peu près égales, relativement aux effets du venin de la vipère pris intérieurement. Boerhaave assure qu'il ne produit aucun mauvais effet; et l'abbé Fontana,

quoiqu'il convienne qu'il ne contient rien de désagréable au goût, prétend néanmoins qu'on ne peut
l'avaler impunément. On rapporte cependant que
tandis qu'en la présence du grand duc de Toscane
les naturalistes étaient occupés à discuter sur le
danger qu'il y aurait à prendre intérieurement ce
venin, un homme qui donnait la chasse aux vipè
res, et qui était présent à leurs débats, demanda
qu'on remplit un vase d'une certaine quantité de
venin, et l'avala avec la plus grande sécurité,
à l'étonnement de toute la compagnie. Tout le
monde s'attendait que cet homme allait mourir
sur-le champ ; mais ils s'aperçurent bientôt de
leur erreur, et ils apprirent que, pris intérieurement, le venin de la vipère était aussi peu à craindre que l'eau.

Plusieurs peuples anciens de l'Europe en faisaient usage pour empoisonner leurs flèches de
la même manière que les peuples sauvages se servent, encore à présent, du venin du serpent.

La vipère est le seul serpent dangereux en France
et en Angleterre, et dont il soit nécessaire de se
garantir. Cependant, en appliquant de l'huile d'o-
live sur la plaie faite par sa morsure, on la guérit
radicalement. William Olivier, chasseur de vipères, à Bath, est le premier qui découvrit ce remède. Le 1er. juin 1735, en présence d'un grand

nombre de personnes, il se fit mordre par une vieille vipère noire, qui avait été apportée par une personne de la campagne, sur le poignet, et sur l'articulation du pouce de la main droite, de manière que des gouttes de sang sortirent des plaies : à l'instant, et avant même que la vipère fût détachée de sa main, il ressentit une vive douleur au bout du pouce le long de son bras : bientôt après cette douleur approchait de celle d'une brûlure : en peu de minutes ses yeux commencèrent à devenir rouges et étincelans, et à couler fortement. En moins d'une heure il s'aperçut que le venin avait saisi son cœur, et lui causait une douleur aiguë, qui fut suivie de défaillance, d'une respiration embarrassée, et de sueurs froides ; quelques instans après son ventre se gonfla ; avec des tranchées, et des douleurs dans le dos, qui furent suivies d'évacuations et de vomissemens. Au plus fort de ces symptômes, sa vue parut éteinte pendant plusieurs minutes, mais il ne perdit point l'usage de l'ouïe.

Il dit que dans ses premières expériences il n'avait jamais différé de faire usage de son remède, plus long-temps que jusqu'au moment où le venin avait pénétré dans son cœur ; mais que cette fois, désirant satisfaire entièrement la compagnie, et se confiant à l'efficacité de son remède, qui n'est autre chose que de l'huile d'olive, il avait défendu qu'on lui apportât aucun secours jusqu'à ce qu'il se trouvât très-mal, et qu'il eût le vertige. Environ une heure et quart après qu'il eut été blessé de la morsure de la vipère, on apporta un réchaud rempli de braise, et son bras nu fut exposé au-dessus de ce réchaud, aussi près qu'il put le supporter, tandis que son épouse le frottait d'huile, sans cesse, à l'entour du bras, comme si elle avait voulu le lui faire rôtir sur les charbons. Il dit que la force du venin diminua aussitôt, mais l'enflure resta à peu près la même. Il eut ensuite les évacuations et les vomissemens les plus violens; son pouls tomba si bas, et se trouva si souvent interrompu, que l'on jugea nécessaire de lui administrer une seconde portion cordiale. Il dit qu'il n'avait pas éprouvé un très-grand soulagement de ces remèdes, mais qu'un verre ou deux d'huile d'olive qu'il avala semblèrent lui donner du calme : et comme sa situation continuait à être dangereuse, il fut mis au lit. On recommença à baigner et à frotter son bras, tendu au-dessus d'un réchaud ardent avec de l'huile d'olive chauffée dans une cuiller à pot, sur le charbon, d'après les ordres du docteur Mortimer. Du moment où cette dernière opération fut achevée, il a déclaré qu'il se sentait entièrement remis comme par enchantement ; bientôt après il tomba dans un profond sommeil ; et après neuf heures de repos , il s'éveilla sur les six heures du matin, et se trouva bien portant ; mais , dans l'après dîner , ayant bu du rhum et de la bière forte, de manière à se trouver , pour ainsi dire, dans un état d'ivresse , la tumeur reparut , accompagnée de douleurs et d'une sueur froide , qui se dissipèrent cependant bientôt après qu'on eût encore baigné et frotté son bras comme auparavant, et qu'on l'eût enveloppé dans un papier brun imbibé d'huile.

Dans la guerre qu'Annibal fit à Eumènes , roi de Pergame, ce fameux capitaine ordonna de lancer sur le vaisseau monté par le monarque , une grande quantité de pots remplis de vipères. Ces pots , en se brisant , blessèrent les animaux qu'ils renfermaient : les reptiles se sentant blessés, mordirent avec fureur tous les soldats qu'ils rencontrèrent, semèrent ainsi la terreur et l'éponvante parmi l'équipage , qui ne songeant plus qu'à se mettre à l'abri de ces bêtes venimeuses, abandonna la défense du bâtiment.

LE SERPENT A SONNETTES.

La couleur du serpent à sonnettes qui habite les deux Amériques, mais qui ne se trouve nulle part dans l'ancien Monde, est brun-jaunâtre par-dessus, marquée par de larges bandes noires transversales. Les deux mâchoires sont armées de petites dents aiguës, et la mâchoire supérieure a quatre grands crochets courbés et pointus. A la base de chacun de ces crochets est une ouverture ronde qui communique à une cavité placée à la pointe de la dent, et forme ainsi un petit canal ; ces dents peuvent être dressées ou déprimées. Quand cet animal mord, il fait sortir la liqueur fatale d'une glande qui se trouve à leur racine : elle est reçue aussitôt dans l'orifice rond des dents, et conduite à travers le tube au bout de la dent, et de là dans la plaie.

La queue est munie d'une sonnette, formée d'articulations dont les joints sont très-lâches, et dont le nombre est indéterminé, et dépend en quelque façon de l'âge de l'animal ; car on croit qu'il s'en forme une chaque année. Les jeunes, et ceux qui ne sont âgés que d'une année ou deux, n'ont point de sonnette.

Comme la queue de ces serpens, qui sont les plus redoutés de tous, fait du bruit au plus léger mouvement, les passans sont ainsi avertis de leur approche. Quand il fait beau temps, ils ne manquent jamais de donner cette espèce d'avertissement; mais ils ne le donnent pas toujours dans les temps de pluie. C'est pourquoi les Indiens ne traversent les bois pendant la saison pluvieuse qu'avec la plus grande crainte. L'odeur qu'exhale le serpent à sonnettes est d'ailleurs si fétide, que lorsqu'il se chauffe au soleil, ou qu'il est irrité, on le découvre souvent plutôt par l'infection qu'il répand au loin que par le bruit de ses sonnettes. C'est ainsi que les chevaux et les bestiaux s'aperçoivent de son approche à son odeur, et s'enfuient à une grande distance; mais quand il arrive que le serpent se trouve sous le vent de leur course, il les tue avec son venin.

La langue du serpent à sonnettes, ainsi que celle de plusieurs autres serpens, est composée de deux parties longues et arrondies, jointes ensemble à partir de sa racine, et jusqu'à la moitié environ de sa longueur. Ils la dardent souvent hors de la bouche, et la retirent aussitôt avec la plus grande agilité. C'est à l'aide des crochets qu'ils tuent leur proie; les autres dents, qui sont beaucoup plus petites, pointues, et disposées dans les mâchoires, leur servent à la saisir et à la retenir. Ils n'ont point de dents mâchelières, car ils ne mâchent point leurs alimens, mais il les avalent toujours en entier.

Le serpent à sonnettes traîne ordinairement sa tête par terre, mais lorsqu'il est troublé, il se roule sur lui-même, et dresse sa tête dans le centre ; ses yeux enflammés repandent la terreur. Heureusement il n'est pas difficile de lui échapper ; il est lent dans sa poursuite, et il ne peut s'élancer sur ses assaillans. Cependant il entre très-souvent dans les maisons ; mais, du moment qu'un seul des animaux domestiques le voit ou l'entend, il donne l'alarme, et tous réunissent leur voix pour avertir de sa présence. Les cochons, les chiens et la volaille, tous expriment par leurs cris la plus grande consternation et la terreur, en hérissant leurs poils ou leurs plumes. M. Catesby rapporte que dans la maison d'un propriétaire de la Caroline, le domestique voulant faire le lit qu'il avait quitté quelques minutes auparavant au rez-de-chausée, y découvrit au beau milieu un serpent à sonnettes, roulé et couché entre les draps.

Les serpens à sonnettes sont vivipares. La femelle prodruit ses petits au nombre de douze environ ; dans le mois de juin, et vers septembre, ils sont déjà longs d'un pied. Il a été bien attesté que les femelles font usage du même moyen pour préserver leurs petits du danger, que celui que l'on attribue à la vipère ; c'est-à-dire qu'elles les reçoivent dans leur bouche et les avalent. M. Beauvois dit qu'il a vu cela de ses propres yeux ; il vit un gros serpent à sonnettes, qu'il avait inquiété, en se promenant, se rouler sur lui-même, ouvrir ses mâchoires, et, en un instant, cinq petits serpens qui étaient auprès de lui, se jetèrent dans sa bouche. Il se retira à une petite distance, d'où il continua de l'observer, et au bout d'un quart d'heure il rendit ses jeunes ; s'étant approché de nouveau, il vit encore les petits s'élancer dans la bouche de la mère, avec plus de hâte que la première fois, et la femelle se sauva.

Comme cet animal dévore toutes sortes de petits animaux, on a généralement cru qu'il était doué du pouvoir de les charmer, et de les ensorceler au point de les faire entrer d'eux-mêmes dans sa bouche.

Pennant dit d'après Kalm, que le serpent se repose fréquemment au bas d'un arbre sur lequel il a aperçu un écureuil. Il fixe ses yeux sur ce petit animal ; et dès ce moment celui-ci ne peut plus s'échapper ; il fait entendre un cri plaintif, qui est si bien connu que lorsqu'on l'entend, on

peut être sûr qu'il y a un serpent de ce côté. L'écureuil court au haut de l'arbre, revient sur ses pas,
remonte encore et descend toujours plus bas. Le
serpent continue au bas de l'arbre à fixer ses yeux
sur l'écureuil si attentivement, qu'une personne qui
par hasard s'était approchée, n'avait pu le distraire,
quoiqu'elle eût fait beaucoup de bruit. L'écureuil
vint encore plus bas, et à la fin il sauta sur le serpent, dont la bouche était déjà largement ouverte
pour le recevoir. Alors le pauvre petit animal, après
avoir fait entendre un cri déchirant, s'y précipita,
et fut avalé.

Pour confirmer le récit de cet étrange enchantement, M. Vaillant dit qu'il a vu sur la branche d'un arbre un oiseau tremblant, comme s'il
eût été affecté de convulsions; et à la distance de
quatre pieds, sur une autre branche, un grand serpent étendant son cou, et fixant ses yeux enflammés sur le pauvre animal. L'agonie de l'oiseau fut
si grande, qu'il devint immobile; et lorsqu'un de
ses gens eut tué le serpent, l'oiseau fut trouvé mort
sur le lieu même, pas le seul effet de la terreur;
car en l'examinant on ne trouva par sur lui le
moindre indice de plaie. Il ajoute que, peu de
temps après, il vit une petite souris dans les convulsions d'une semblable agonie, à la distance d'environ six pieds d'un serpent dont les yeux étaient

attentivement fixés sur elle ; et qu'après avoir chassé le reptile et pris la souris dans sa main, elle y expira. Tous les Hottentots qui étaient avec lui l'assurèrent que cela arrivait très-souvent. Ce récit fut aussi confirmé par le dire de tous ceux auxquels il eut occasion de parler.

Malgré cela, cette faculté d'ensorceler les animaux, attribuée au serpent, a été niée par le docteur Barton, de Philadelphie; mais ce savant n'a point allégué de raison assez puissante pour discréditer ces recits.

En été, on trouve les serpens à sonnettes le plus souvent par couples; en hiver, ils se rassemblent en grand nombre, et se retirent dans la terre pour être à l'abri du froid. Tentés par la chaleur d'un jour de printemps, on les a souvent vus sortir de leurs retraites dans un état de faiblesse et de langueur. Pennant rapporte qu'un homme a vu une pièce de terre qui en était couverte, et qu'il en a tué, avec sa canne, soixante à soixante-dix, jusqu'à ce que, dégoûté par la puanteur, il fut obligé de se retirer.

Quand le serpent à sonnettes est irrité, ou qu'il fait très-chaud, son venin devient souvent fatal en très-peu de temps. Quand il est en colère, le bruit de ses sonnettes est très-fort et très-clair; mais quand il est à son aise, ce bruit ressemble à un

trémoussement confus. Les nègres, et d'autres personnes qui ont été mordues par ces reptiles, ont
été souvent guéris sans aucun secours. Cependant
l'activité de son venin a été prouvée par plusieurs
expériences.

Nous lisons dans les Transactions philosophiques qu'un de ces serpens fut attaché sur un gazon,
et excité à mordre un chien dogue qui jouissait
d'une santé vigoureuse. Immédiatement après la
morsure, les yeux du chien devinrent immobiles;
ses dents serraient sa langue, qui sortait de sa
gueule; ses lèvres étaient ouvertes et pendantes,
de manière à laisser les gencives et les dents à découvert, et dans un quart de minute il mourut.
On l'échauda pour lui arracher le poil; et l'on ne
trouva qu'une petite piqûre entre ses pieds de devant, autour de laquelle la peau était teinte d'une
couleur verte tirant sur le bleu.

Une demi-heure après, on amena un second
chien, que le serpent mordit à l'oreille. Sur celui-
ci se manifestèrent tous les symptômes d'une maladie violente; il chancela pendant quelques instans, tomba en des convulsions, se releva deux
ou trois fois, et ne mourut qu'au bout de deux
heures.

Quatre jours après cette expérience, deux des
plus gros chiens furent mordus par ce serpent:
T. 6.   6

l'un à la partie intérieure de sa cuisse gauche, qui mourut dans une demi-minute; et l'autre en dehors de la cuisse, qui expira en quatre minutes. Le capitaine Halle, habitant de la Caroline méridionale, qui avait fait ces expériences, désirait enfin savoir si le venin de ce serpent était mortel au reptile même. En conséquence, il le suspendit de manière que la moitié de son corps était par terre, et l'irrita au moyen de deux aiguilles fixées au bout d'un bâton; l'animal fit deux ou trois tentatives pour se saisir du bâton, et finit par se mordre lui même. On le laissa tomber, et au bout de huit ou dix minutes on le trouva sans vie. Ensuite on coupa le serpent en cinq morceaux, qu'un porc dévora sans en être incommodé.

Le docteur Brickell rapporte qu'il a été témoin d'un combat entre un chien et un serpent à sonnettes, qui était attaché à la terre par une longue corde. Le serpent se roula, dressa la tête et fit sonner se queue. On lâcha le chien dessus, qui le saisit et chercha à le tirer en long; comme le serpent était trop lourd, il ne réussit point, et celui-ci le mordit à l'oreille. Le chien parut d'abord étonné, et abandonna la partie; mais, encouragé par la compagnie, il revint à la charge, et cette fois il fut mordu à la lèvre, après quoi le serpent se mordit lui-même. Dès ce moment, le chien parut insensible à tout ce qui l'environnait; les caresses de son cruel maître lui étaient même devenues indifférentes, et, en moins d'une demi-heure les deux animaux furent trouvés morts.

Le chien d'un Indien avait fortement irrité un serpent à sonnettes, et par sa ruse et son agilité il avait toujours su se tenir hors de sa portée. Le serpent contracta les muscles qui font mouvoir ses écailles, de manière que son corps en paraissait tout brillant; mais, bientôt après qu'il se fut mordu lui-même, tout son éclat disparut.

Un auteur américain très-respectable rapporte qu'un fermier étant un jour, avec son nègre, à faucher, il lui arriva par hasard de marcher sur un serpent à sonnettes, qui se retourna conter lui à l'instant même, et lui mordit ses bottes. Le soir, quand il s'alla coucher, il tomba malade, il enfla, et avant que le médecin put être appelé, il mourut. Tous ses voisins furent surpris d'une mort aussi soudaine. Mais le corps fut enterré sans avoir été examiné. Peu de jours après, un de ses fils prit les bottes que le fermier avait laissées, et il s'en servit; le soir, quand il les eut quittées, il fut attaqué des mêmes symptômes, et mourut le lendemain matin. Le médecin arriva, mais incapable de deviner la cause d'un mal aussi extraordinaire, il prononça sérieusement que le père et le fils avaient été ensorcelés. Lors de la vente des effets, un voisin acheta les bottes, et les ayant chaussées, il éprouva des symptômes semblables à ceux qui avaient été si terribles à un père de famille et à son fils. Cependant on appela un médecin habile, qui était déjà instruit du malheur précédent, et qui soupçonnait quelle pouvait en être la cause; il appliqua donc les remèdes les plus efficaces **en** pareil cas, et sauva son malade. Les bottes fatales furent alors sérieusement examinées, et on découvrit que les deux crochets du serpent étaient restés enfoncés dans le cuir, avec le réservoir qui contient le venin, et qui y est attaché. Ils avaient pénétré entièrement le cuir dans toute son épaisseur, et le père et le fils, ainsi que le voisin, s'étaient quoique imperceptiblement, égratigné la jambe en ôtant ces bottes.

Le docteur Goldsmith raconte aussi qu'un particulier de la Virginie, qui se promenait dans la campagne, marcha par hasard sur un serpent à sonnettes, qui était caché entre des pierres, et qui, irrité par cet accident, se dressa, le mordit à la main, et agita ses sonnettes. Cet homme s'aperçut à l'instant qu'il courait le plus grand danger, mais, ne voulant pas mourir sans être vengé, il tua le serpent, et l'ayant porté dans sa main jusqu'à la maison, il le jeta sur la terre devant sa famille, et

s'écria: « Je suis assassiné, et voilà mon meurtrier ! »
Dans une telle extrémité, les remèdes les plus
prompts furent jugés les meilleurs. Son bras, qui
commençait à enfler, fut noué fortement auprès
de l'épaule, la plaie fut ointe avec de l'huile, et
l'on prit toutes les précautions pour empêcher le
venin de passer outre. Comme il était d'une très-
forte constitution, il se rétablit, mais non sans res-
sentir pendant plusieurs semaines les symptômes
les plus variés et les plus effrayans. Son bras,
au-dessous de la ligature, avait plusieurs couleurs ; il y avait, dans les muscles, des tortille-
mens, qui paraissaient, à son imagination frap-
pée de terreur, semblables aux mouvemens de
l'animal qui l'avait blessé. Une fièvre s'ensuivit,
ainsi que la perte de ses cheveux, des vertiges,
des terreurs, des faiblesses et des attaques de
nerfs, jusqu'à ce qu'enfin la force de sa constitution eût peu à peu pris le dessus sur la malignité
du venin.

Si on ne provoque pas ces animaux, ils ne
sont nullement dangereux, et la vue d'un homme
les effraie au point qu'ils l'évitent toujours, autant que cela leur est possible, et ils ne commencent jamais l'attaque. M. John vit un jour un serpent à sonnettes apprivoisé, qui était aussi doux
qu'un reptile peut l'être. Il allait à l'eau, et na-

geait toutes les fois qu'on le lui ordonnait, et
quand les maîtres le rappelaient, il s'empressait,
à leur voix, d'obéir. On lui avait ôté ses crochets envenimés; et ceux qui en avaient soin
le brossaient souvent avec une vergette. Cette
friction semblait lui causer les sensations les plus
agréables; car on le voyait, pendant l'opération,
se retourner sur le dos, et s'étendre de plaisir
dans tous les sens.

Les naturels de l'Amérique se font souvent un
régal de la chair du serpent à sonnettes; et quand
ils le trouvent endormi, ils fixent un bâton fourchu par-dessus son cou dans la terre, et le tiennent ainsi immobile; ils lui donnent ensuite un
morceau de cuir à mordre, et le lui retirent avec
violence, jusqu'à ce qu'ils lui aient arraché les crochets envenimés. Alors ils lui coupent la tête,
dépouillent son corps et le font cuire comme une
anguille. Leur chair est, dit-on, extrêmement
blanche et nourrissante.

LE BOA ou DEVIN.

Le fond de la couleur de cet animal, qui est le plus grand et le plus fort de la famille des serpens, est un gris jaunâtre; le dos offre, en forme de longues chaînes, des taches ovales d'un brun-rougeâtre, et quelquefois parfaitement rouges, avec d'autres plus petites, et disposées avec moins de régularité. Ils se distinguent d'abord de tous les autres serpens sur la surface inférieure de la queue, qui est couverte d'écussons ou de plaques liées entre elles, et semblables à celles du ventre; puis, en ce que leur corps ne se termine pas par une sonnette. Il y en a trois espèces, qui habitent l'Afrique, l'Inde, les grandes îles de l'Inde, et l'Amérique méridionale, où ils se tiennent particulièrement, dans les lieux les moins fréquentés, au fond des bois, et dans les marais.

Le *grand devin* a assez souvent trente à quarante pieds de long; sa grosseur est proportionnée à sa taille. Un homme qui avait de grandes propriétés en Amérique envoya un jour un soldat et un Indien tirer quelques oiseaux sauvages; l'Indien, qui marchait en avant, s'assit sur quelque chose qui lui parut être un tronc d'arbre; mais cette masse commença à se mouvoir, le pauvre homme jeta un cri d'épouvante et tomba à la renverse : ce qu'il avait pris pour un tronc d'arbre était un Boa. Le soldat, qui n'était pas loin, ajusta son coup à la tête du serpent, et l'ayant visé juste, il le tua. Il courut aussitôt au secours de son compagnon, mais il le trouva mort de frayeur. A son retour, il raconta ce qui lui était arrivé; le maître donna des ordres pour que le reptile monstrueux fût transporté à l'habitation; il avait trente-six pieds de long. La peau fut conservée et empaillée pour le cabinet du prince d'Orange.

On lit aussi dans le *Courier de Bombay*, du 31 août 1799, l'accident arrivé à un matelot d'un navire malais, près d'entrer dans le port d'Amboine; le pilote, ayant jugé que cette embarcation ne pourrait pas y entrer avant la fin du jour, jeta l'ancre devant l'île de Célèbes. Un des matelots se rendit à terre pour y découvrir, dans le bois, des noix de bétel. A son retour, il s'endormit, à ce qu'il paraît, sur le rivage de la mer. Vers minuit, le matelot ayant jeté de grands cris, ses camarades se hâtèrent d'aller à son secours, mais il était déjà trop tard; un immense serpent de cette espèce l'avait étouffé et mis à mort. L'attention du monstre étant entièrement fixée sur sa proie, les matelots marchèrent hardiment droit à lui; ils lui coupèrent la tête, et enlevèrent le corps de l'homme et le serpent. Le monstre avait saisi le pauvre matelot par le poignet de la main droite, où l'on distinguait encore parfaitement les marques de ses crochets, et l'on reconnut qu'il l'avait étouffé, en s'entortillant autour de lui. La longueur de ce serpent était d'environ trente pieds, sa grosseur était égale à celle d'un homme d'une taille moyenne, et l'ouverture de ses mâchoires était assez grande pour que la tête d'un homme pût y passer.

Le capitaine Stedman, se trouvant sur une chaloupe dans la rivière de Collica, à Surinam, fut informé par un de ses esclaves qu'un grand serpent était étendu parmi les broussailles sur le rivage, à une distance peu éloignée. D'après ses instances, il se détermina à descendre à terre, dans l'intention de le tirer. Du premier coup, la balle lui traversa le corps; aussitôt cet animal, se roulant sur lui-même, abattit toutes les broussailles autour de lui, avec autant de facilité qu'on fauche l'herbe. Le mouvement de sa queue fut si violent, qu'elle jeta la vase sur laquelle il était couché au-dessus de la tête des assaillans, qui étaient cependant à une distance assez considé-

6.

rable. Ils s'éloignèrent, mais le serpent reprit sa tranquillité en peu d'instans. Le capitaine Stedman fit encore feu, mais avec aussi peu de succès que la première fois, et le serpent fit jaillir en l'air autant de boue qu'aurait pu le faire un tourbillon, ce qui le força, pour la seconde fois, à une prompte retraite. De nouvelles sollicitations le portèrent, quoique malgré lui, parce qu'il était valétudinaire, à tenter une troisième attaque. En conséquence, ayant mieux visé le serpent, ils firent feu sur lui, tous à la fois, et l'atteignirent à la tête. Le nègre apporta une corde pour le tirer jusque dans le canot, qui était amarré au bord de la rivière, ce qui ne put s'exécuter sans de grandes difficultés ; car cet énorme animal, quoique mortellement blessé, continuait encore à se débattre de manière à rendre son approche très-dangereuse. Le nègre forma un nœud coulant à la corde, et après quelques tentatives infructueuses, il le lui jeta sur la tête avec une grande dextérité ; et aussitôt tout le monde prenant la corde, ils l'arrachèrent de sa retraite et l'amenèrent sur le rivage ; on l'attacha ensuite à la poupe du canot, pour le traîner vers lachaloupe. Cependant, comme il était encore plein de vie, il suivit le canot en nageant comme une anguille.

Sa longueur, quoique d'après le dire des nè-

gres il fût jeune et n'eût atteint que la moitié de sa croissance, était de plus de vingt-deux pieds, et sa grosseur était égale à celle d'un enfant de douze ans, ainsi que cela fut constaté, en essayant la circonférence de sa peau sur un enfant qui était avec l'équipage. Quand ils furent arrivés à l'une de leurs stations, on le tira sur le bord de la rivière pour le dépouiller et en extraire l'huile. A cet effet, l'un des nègres grimpa sur un arbre, et tenant le bout de la corde, le fit passer par-dessus l'une des plus fortes branches; ses camarades le saisirent et hissèrent ainsi le serpent. Alors le premier nègre, armé d'un couteau bien aiguisé, qu'il tenait entre ses dents, abandonna la branche; et, s'attachant fortement sur le serpent qui se débattait encore, il entama sa peau, et l'en dépouilla à mesure qu'il descendait. « Quoique je me fusse aperçu, ajoute le ca-
» pitaine Stedman, que cet animal n'était plus en
» état de lui faire le moindre mal, je déclare qu'il
» me fut impossible, sans éprouver une émotion
» profonde, de regarder un homme entièrement
» nu, noir et couvert de sang, se cramponnant,
» et se glissant avec ses bras et ses jambes alen-
» tour du corps visqueux et vivant encore du
» monstrueux serpent. »

Néanmoins ce travail ne fut pas sans utilité,

puisqu'on parvint à retirer du serpent plus de seize pintes de graisse bien clarifiée, ou plutôt d'une huile dont les chirurgiens firent un grand usage dans les hôpitaux. Les nègres coupèrent l'animal en plusieurs tronçons, et l'auraient mangé si on ne leur avait pas refusé l'usage des ustensiles de cuisine : ainsi ils ne purent les préparer.

On raconte que, dans l'île de Java, un de ces animaux avait tué et dévoré un buffle. Une lettre insérée dans les Éphémérides allemandes, contient le récit d'un combat entre un énorme serpent et un buffle, par un particulier qui assure en avoir été lui-même spectateur. Le serpent avait attendu pendant quelque temps au bord d'un étang, dans l'espérance d'y saisir sa proie ; un buffle fut le premier qui s'en approcha. Ayant dirigé son dard sur l'animal affrayé, il l'enveloppa dans ses immenses replis, et, à chaque tour, on entendait craquer les os du buffle, avec un bruit égal, pour ainsi dire, à celui d'une arme à feu. En vain le buffle se débattait et mugissait, son ennemi monstrueux l'entortillait de si près et si fortement, qu'enfin tous ses os furent brisés et mis par morceaux, de la même manière que le sont les membres et les os d'un malfaiteur exposé sur la roue. Tout son corps n'était plus qu'une masse informe ; alors le serpent se détortilla pour avaler plus commodément sa proie. Afin qu'elle pût glisser dans son gosier plus facilement, il en lécha les parties extérieures et les couvrit de mucilage. Enfin, il commença à l'avaler par le bout qui lui présentait le moins de résistance, et l'on vit son gosier se dilater au point de donner passage à un corps d'un volume triple du sien.

Des voyageurs ont aussi assuré que quelquefois on a trouvé des serpens qui avaient avalé le corps entier d'un cerf, et qu'alors on en avait distingué les cornes, qui, ne pouvant passer, étaient restées hors de la gueule. Heureusement pour l'espèce humaine, la voracité de ces animaux devient souvent la cause de leur fin cruel; car lorsqu'ils sont ainsi gorgés, ils s'engourdissent et il devient facile de les approcher et de les tuer sans danger. Ils supportent la faim pendant très-long-temps; mais, lorsqu'ils ont saisi et avalé leur proie, ils ressemblent à ces gloutons qui ont surchargé leur estomac d'alimens : ils deviennent lourds, stupides, et s'abandonnent au sommeil. Alors on voit ces serpens chercher quelque retraite où ils puissent se cacher pour y digérer tranquillement. Les plus faibles efforts suffisent, dans ces momens, pour les détruire; ils peuvent rarement opposer la moindre résistance ; également inhabiles à fuir et à se défendre, un Indien nu ne craint point de les attaquer.

Mais il en est bien autrement, quand ce temps de sommeil est écoulé ; on les voit sortir de leur profonde retraite avec une faim dévorante ; terrifiés à leur approche , les animaux des forêts prennent la fuite. Cependant ils ne mordent jamais, à moins qu'ils n'y soient poussès par la faim, et leurs morsures sont sans venin.

L'ORVET.

L'orvet, malgré son apparence formidable, est un reptile peu dangereux. Il a la tête petite et les yeux rouges. A partir du cou, qui est très-étroit, son corps augmente de volume, et conserve une égale grosseur jusqu'à la queue, qui est obtuse. Son dos est de couleur cendrée, et marqué de petites taches noires en forme de raies. La marche de ce serpent est lente ; ce qui, joint à la petitesse de ses yeux, lui a fait donner par le vulgaire, les noms de *paresseux* et de *ver aveugle*. Sa longueur ordinaire est de onze pouces. A l'instar de tous les serpens de nos climats, il demeure engourdi pendant l'hiver, et on en trouve quelquefois un grand nombre entortillés ensemble. Cet animal, de même que la vipère met au jour ses petits vivans.

L'*amphisbène*, ou serpent à double tête, est remarquable en ce qu'il marche également en avant et en arrière, de manière qu'on a imaginé qu'il avait deux têtes. Le plus simple aspect aurait suffi pour détruire cette erreur. Son corps est d'un volume égal aux deux extrémités. La couleur de sa peau est terreuse; elle est couverte d'aspérités, dure et tachetée. Quelques auteurs ont affirmé que sa morsure est dangereuse; mais ce ne peut être qu'une erreur, parce que ce serpent n'a point de crochets, et qu'il manque par conséquent des organes dans lesquels le venin est préparé.

Il y a plusieurs autres espèces de serpens, qui sont, sous quelques rapports, semblables à ceux dont nous avons parlé dans ce chapitre. Le serpent d'Esculape, en Italie, est si peu dangereux, que dans ce pays on lui permet d'aller et venir à volonté dans les appartemens, et souvent il se place dans le lit, à côté des gens qui y sont couchés. C'est un serpent jaune, d'environ une aune de long ; et quoiqu'il soit doux, cependant si on l'irrite, il mord. Le serpent *boyuna* de l'île de Ceylan, y est également chéri. Le serpent de **Su**rinam est aussi peu dangereux, et il est bien-venu parmi les naturels de cette contrée, qui se regardent comme extrêmement heureux quand cet animal vient dans leur cabane. Les couleurs de ce serpent sont si variées et si belles, qu'il est impossible de les peindre par la parole ; et c'est sans doute à cette richesse, à ce luxe, à cette magie de couleurs que les sauvages doivent la haute estime qu'ils accordent à ces reptiles, et la joie qu'ils ressentent quand ils viennent les visiter. Un serpent bien plus chéri et plus favori est, dans le Japon, le *serpent-prince ;* il n'a point d'égaux en beauté. Les écailles qui couvrent son dos sont rougeâtres, richement nuancées et ombrées ; elles sont marbrées de grandes taches formant des figures irrégulières, mélangées de noir.

Le *devin des Indes orientales* et celui *de l'Afrique* sont grandement honorés et estimés.

CHAPITRE IV.

DES INSECTES EN GÉNÉRAL.

CETTE classe d'animaux est considérée par quelques naturalistes comme étant de toutes la plus imparfaite, tandis que d'autres lui donnent la préférence sur les grands animaux. Une marque de leur imperfection est, dit-on, en ce que plusieurs de ces animaux peuvent vivre long-temps, quoique privés de ces organes qui sont nécessaires à la vie des animrux qui tiennent dans la nature les premiers rangs. Plusieurs d'entre eux ont un poumon, et un cœur semblable à celui des animaux les plus nobles ; et cependant les chenilles continuent de vivre, malgré que le cœur et le poumon, ce qui arrive souveut, aient entièrement disparu. Ce n'est pas néanmoins, par leur simple conformation seulement, que les insectes sont inférieurs aux autres animaux, mais aussi par leur instinct. Il est vrai que la fourmi et l'abeille nous offrent des exemples étonnans d'assiduité; et cependant ils sont encore inférieurs à ces signes de sagacité que nous remarquons dans les grands animaux. Une abeille, si on la sépare de l'essaim, est entièrement incapable de se suffire à elle-même, et elle n'a plus aucune activité; elle ne peut plus donner la plus petite action, ni de la variété à son instinct. L'abeille n'a qu'une méthode simple de travailler, et si on l'en dérange, elle ne peut plus rien faire: dans la course rapide du chien de chasse, on peut encore remarquer quelque choix; mais dans les travaux de l'abeille, tout paraît être nécessité et contrainte. Tous les autres animaux sont susceptibles d'un certain degré d'éducation; leur instinct peut être supprimé ou changé, on peut faire apprendre au chien à chercher et à porter, à l'oiseau, l'air qu'il devra chanter; au serpent, à danser; mais l'insecte a seulement une méthode invariable d'agir et de travailler; aucun art ne peut le distraire de son instinct naturel: et, à la vérité,

la vie de l'insecte est trop courte pour l'instruc-
tion, puisqu'une seule saison termine souvent son
existence. Leur grand nombre même est une imperfection.

C'est une règle que l'on a observée dans toute la
nature, que les animaux les plus nobles sont les
plus longs à croître et à se développer, et que la
nature agit envers eux avec une sorte d'économie
pleine de dignité !... Mais, à l'égard des animaux
des classes inférieures, elle les jette, ce me semble, avec profusion sur la terre, et ils sont produits par milliers, uniquement pour subvenir
aux besoins de la partie la plus favorisée de la
création.

De tous les êtres organisés, les insectes sont in-
contestablement les plus nombreux. Les végétaux
qui couvrent la surface de la terre ne sont pas en
proportion avec la multitude des insectes ; et quoique, au premier coup-d'œil, l'herbe des champs
nous paraisse être de toutes les productions naturelles celle qui se produit avec la plus grande
abondance, cependant, après un examen plus sé-
vère, nous trouvons que chaque plante porte sur
elle une multitude d'animaux, que l'on peut à
peine apercevoir, et qui remplissent le cercle de
la jeunesse, de l'âge mûr et de la vieillesse, dans
l'espace de quelques jours. Dans la Laponie, et

dans quelques contrées de l'Amérique, les insectes sont si nombreux que, lorsqu'on allume une chandelle, ils fondent dessus par essaims, en telle quantité qu'elle en est éteinte presque aussitôt; et, dans ces contrées, les malheureux habitans sont forcés d'enduire leur visage et leur corps de goudron, ou de quelque autre composition onctueuse, qui les garantisse des piqûres de leurs petits ennemis.

D'autres, et plus particulièrement Swammerdam, qui vante la perfection des insectes, disent qu'après un examen très-attentif de la nature et de l'anatomie des petits et des grands animaux, on peut reconnaître un degré égal, et peut-être supérieur de dignité dans les plus petits.

Si, en disséquant avec soin les plus grand animaux, nous sommes remplis d'étonnement à la vue de la disposition élégante et admirable des parties dont ils se composent, à quel degré notre surprise ne doit-elle pas s'élever, quand nous découvrons que ces mêmes parties se retrouvent dans la plus grande et la plus parfaite harmonie dans les plus petits animaux? Nonobstant la petitesse des fourmis, nous ne pouvons nous empêcher de les préférer aux animaux les plus grands, lorsque nous considérons leur activité infatigable, leur force et leur propension inimitable au travail. Mais c'est surtout de leur amour étonnant pour leurs petits, qu'on trouve bien moins d'exemples parmi les grands animaux.

Non-seulement les fourmis portent leurs petits dans les différens lieux où ils peuvent trouver leur nourriture; mais si, par malheur, ils y sont tues, et même coupés en pièces, on les verra, avec la plus grande tendresse, emporter les restes dans leurs pattes. Qui pourra citer dans la classe des animaux honorés du titre de parfaits, un exemple d'attachement qui puisse être mis en parallèle avec celle-ci?

Les insectes ont reçu leur nom des incisions qui partagent leur corps en deux ou trois parties, liées ensemble par des ligamens minces ou des fils creux. Ces animaux respirent par les pores qui sont distribués sur leurs côtés; ils sont couverts d'une peau osseuse, et ils ont plusieurs pieds. La plus grande partie des insectes ont des ailes. Ils sont privés de cerveau, de narines, d'oreilles et de paupières. Non-seulement le foie, mais toutes les glandes sécrétoires, sont en eux remplacés par de longs vaisseaux qui flottent dans l'abdomen. La bouche est, en général, placée sous la tête, et elle est garnie de mâchoires latérales, de lèvres, d'espèces de dents, d'une langue, d'un palais. Ils ont, pour la plupart, quatre ou six palpes ou tentacules, et des antennes mobiles, qui partent ordinairement de la partie antérieure de la tête, et qui sont doués d'une grande irritabilité.

M. Cuvier, qui n'a pu trouver le cœur et les artères dans les insectes, dit que toute leur organisation est telle qu'on pourrait se flatter de la trouver, s'il n'était maintenant bien connu qu'ils ne sont pas pourvus de ces organes. Leur nutrition paraîtrait donc se faire par une prompte absorption, ainsi qu'elle a lieu évidemment dans les polypes, et dans les autres zoophites, dont l'organisation est beauoup moins parfaite que celle des insectes.

Presque tous les insectes, si nous en exceptons les araignées, et un petit nombre d'autres de la famille des aptères, qui en sortant de l'œuf sont déjà, pour ainsi dire, dans un état parfait, subissent une métamorphose à trois périodes différentes de leur existence. En général, leur vie est si courte que les vieux peuvent rarement voir leurs petits vivans. En conséquence, ils ne sont pas pourvus de lait comme les animaux vivipares, et ils ne sont pas, comme les oiseaux, dans la nécessité de couver leurs œufs pour faire éclore les petits. Au lieu de tout ceci, la Providence a donné à chaque espèce la faculté étonnante de distinguer quelle substance est la meilleure pour alimenter ses petits. Cette nourriture est, pour la plupart, tellement différente de celle dont les vieux se nourrissent eux-mêmes, que souvent elle deviendrait pour ceux-ci un poison mortel.

Quelques insectes déposent leurs œufs sur l'écorce des arbres, ou bien ils les enveloppent dans les feuilles ou dans d'autres substances végétales; d'autres forment des nids, qu'ils approvisionnent d'insectes ou de chenilles, dont les jeunes puissent se nourrir au moment où ils devront s'éveiller à la vie. Il en est qui déposent leurs œufs dans le corps d'autres insectes; d'autres les font entrer dans l'intérieur du corps ou dans les viscères des grands animaux. Quelques-uns laissent tomber leurs œufs dans l'eau, élément dans lequel ils périraient aussitôt eux-mêmes, s'ils y tombaient, comme s'ils prévoyaient que leur progéniture, dans le premier état de son existence, ne peut véritablement subsister que dans cet élément. En un mot, la variété des ressources que les insectes mettent en usage pour assurer la subsistance de leurs petits, au moment où le jour de la vie luira pour eux, est au-dessus de toute énumération. Cependant il est vrai de dire que tous les moyens qu'ils emploient sont si propres à remplir le but qu'ils se sont proposé, que cela manifeste un degré du jugement qui laisse en arrière l'orgueilleuse sagesse de l'homme à une distance infinie.

L'insecte, aussitôt qu'il sort de l'œuf, fut appelé *eruca*, chenille, par les premiers entymologistes ; mais comme ce nom est un synonyme du terme botanique *sisybrium*, roquette, il fut changé par Linnée en celui de *larve*, puisque dans cet état sa véritable nature est cachée comme sous un masque. Il est alors enveloppé dans ses ailes tendres, et ne paraît être qu'une substance molle et pulpeuse. Swammerdam a même démontré l'existence du papillon couvert de ses ailes, dans une chenille dont la conformation était peu faite pour laisser deviner sa future perfection. C'est pourquoi les insectes n'éprouvent dans cet état d'autre changement que celui de leur peau. Les larves sont, pour la plupart, plus grandes que les insectes parfaits, et elles sont très-voraces ; les chenilles des choux mangent le double de ce qui semble nécessaire pour leur grosseur, mais leur croissance n'est pas égale à leur voracité.

L'insecte, dans cet état, fut autrefois appelé chrysalide ou *aurélie* ; mais comme l'éclat de l'or n'a été donné qu'à un petit nombre d'entre eux, le terme de *pupe* ou *nymphe* a été adopté, par préférence, parce qu'ils ressemblent à des enfans dans leurs maillots, le lepidoptena surtout; et tous, dans cet état, excepté ceux de la classe des hémiptères, ne prennent aucune nourriture.

Le nom *tonago* a été donné par Linnée au troisième état dans lequel l'insecte paraît dans la forme et avec les couleurs qui lui sont propres; et comme alors il n'éprouve plus aucune transformation, il est appelé parfait. Dans cet état, il vole, il est habile à se propager dans son espèce, et il reçoit ses véritables antennes, qui auparavant, dans la plupart des insectes, étaient à peine perceptibles.

La tête des insectes est privée de cervelle; et sur le devant sont en général placées deux antennes ou cornes particulières aux insectes, et distinctes des palpes, qui sont communément au nombre de quatre et quelquefois de six. Elles sont placées auprès de la bouche; quelquefois il n'y en a pas du tout. Des auteurs ont imaginé que les antennes étaient leurs organes auditifs, car il est évident, d'après plusieurs expériences, que les insectes sont doués du sens de l'ouïe à un degré aussi éminent que le peuvent être la plupart des animaux; mais leur petitesse s'oppose à ce que nous puissions peut-être jamais découvrir comment ils le sont.

T. 6. 7

M. Barbut croit que les insectes possèdent le sens de l'ouïe d'une manière très-distincte. « Plusieurs insectes, nous dit-il, sont connus pour être capables de faire entendre des sons, tels que les gros escargots, les abeilles, les guêpes, les mouches communes, les cousins, etc. Le *sphinx à tête de mort* fait entendre, quand on le heurte, un cri presque aussi fort que celui d'une souris. Or, si les insectes sont en état d'articuler des sons, ce n'est certainement pas sans quelque vue d'utilité ; et comme ils varient leurs cris selon les occasions, c'est sans doute pour exprimer, soit du plaisir, soit de la peine, ou quelque affection.

« La connaissance des cris des insectes, dit cet auteur, est indubitablement renfermée dans une même famille ; c'est un langage intelligible pour eux seulement, un cri d'alarme quand un acte de violence oblige l'animal à élever sa voix de manière à exciter la compassion des autres, et qu'ils comprennent parfaitement. Par exemple : si vous attaquez une ou plusieurs abeilles ou guêpes auprès de leur ruche ou de leur nid, il s'ensuivra que ces insectes exprimeront leur trouble ou leur douleur par un son de voix, qui est connu de ceux qui sont dans la ruche, pour être un cri plaintif, et qui leur annonce » qu'un ou plusieurs des leurs les appellent à leur secours ; et rarement leur agresseur échappe sans éprouver leur vengeance. Donc, si ces insectes étaient privés du sens de l'ouïe, comment pourraient-ils, dans la ruche, connaître et distinguer le danger de leurs frères, si ce n'était par la différence dans les modulations de leurs cris ?»

Il obtint une autre preuve . qu'il regarde comme devant être encore plus décisive, en observant lui-même une grosse araignée dans le parc de Saint-James. « Cet animal avait fait une très-grande toile sur une grille de bois, et se trouvait alors sur l'une des palissades, à une distance considérable de l'endroit où une grosse mouche s'engagea dans la toile. Néanmoins, à l'instant même où la mouche fut embarrassée, l'araignée s'en aperçut, quoique d'après la position de la palissade, sur laquelle était l'araignée, il parût impossible qu'elle eût pu voir sa proie. » Il est cependant possible que M. Barbut se soit trompé à cet égard, l'araignée ayant pu être avertie par l'ébranlement de sa toile, occasionné par le mouvement de la mouche, que l'araignée pouvait avoir appris à distinguer de l'ébranlement causé par le vent.

L'organe de l'ouïe, d'après cet observateur, est

placé dans les antennes, tant à cause de leur situation sur la partie de la tête la plus favorable à ces organes, que parce qu'ils sont mobiles intérieurement, structure commune aux oreilles de la plupart des petits animaux. Il n'a jamais considéré les antennes comme pouvant servir d'armes offensives, ni défensives, mais il leur a trouvé une extrême irritabilité; de manière que l'insecte lui paraissait être à l'agonie, quand on lui pinçait les antennes, et qu'il avait grand soin d'éviter de toucher rudement aucun corps solide. « Cette sensibilité dans l'organe de l'ouïe, dit-il, s'observe dans tous les animaux, et les insectes paraissent être plus particulièrement sensibles dans ces parties, puisqu'ils les retirent très-vite au moindre attouchement. »

Cet auteur observe en outre que les antennes de tous les insectes sont composées d'articulations dont le nombre, la forme et la grandeur sont variés. Les insectes qui sont destinés à vivre **sous** l'eau ont des antennes plus courtes que ceux qui vivent sur terre; quelques-uns qui volent au loin ont des antennes longues et minces. Elles sont toutes creuses et flexibles par le moyen des jointures. Cette forme tubulaire, suivant l'auteur, a pour but de recevoir les sons communiqués aux extrémités des antennes par la répercussion

de l'air, causée par quelque bruit, et de les affai-
blir en les conduisant à travers les joints, jusqu'à
ce qu'ils soient proportionnés à la timidité de
l'animal.

Dans ce cas, il peut y avoir plusieurs variations dans le degré de perfection de ces organes ; la force, l'utilité et la faculté de recevoir les sons, étant réglés d'après le besoins de
ces animaux, si différens par leur nature et leurs
habitudes. Dans la plupart des animaux, l'orifice des oreilles est très-large, mais une semblable organisation offrirait un grand inconvé-
nient pour les insectes, puisque, par là, leurs organes auditifs se rempliraient souvent de poussière, etc.

Cependant les antennes ne paraissent que très-
peu propres à remplir les fonctions des oreilles ;
ces organes si irritables doivent avoir une des-
tination bien différente, et qui est inconnue à
l'homme.

Il a paru également douteux si les insectes sont
doués du sens de l'odorat, puisqu'on ne découvre
en eux aucun organe qui soit propre à cette fonction ; et quoiqu'il paraisse évident qu'ils distinguent les exhalaisons agréables de celles qui sont
fétides, on n'a pas encore découvert comment
cela leur est possible. M. Barbut pense que l'or-

gane dé l'odorat réside dans les palpes ou tentacules, dont deux sont en général *chaliformes*, afin d'aider l'insecte à porter la nourriture à sa bouche. On peut encore observer que les palpes sont dans un mouvement continuel, l'animal les appliquant sur toutes sortes d'objets putrides et autres, de la même manière que fait un pourceau avec son groin, flairant et quêtant pour sa nourriture.

Les insectes qui paraissent être privés de palpes ou des langues spirales, ont sans doute quelques organes cachés dans l'intérieur de la bouche, et analogues pour l'utilité et pour les fonctions. La trompe charnue de la mouche est appliquée sur toutes les substances dans lesquelles l'animal espère trouver sa nourriture; et quand elle l'étend, on aperçoit vers le milieu, si nous en croyons notre auteur, deux palpes dressés, qui exercent sans doute à leur tour quelque fonction, et peut-être celle de l'odorat.

Plusieurs insectes n'ont point de langue, et ne forment, avec leur bouche, aucun son; mais, à cet effet, les uns se servent de leurs pieds, d'autres de leurs ailes, et d'autres encore de quelque instrument élastique dont la nature les a pourvus.

La plupart des insectes ont deux yeux, mais

le *gyrin* ou tourniquet en a quatre, le scorpion six, l'araignée huit, et le scolopendre trois; ils n'ont point de sourcils, mais la membrane extérieure de leurs yeux est dure et transparente comme un verre de montre; leurs yeux n'ont point de mouvement extérieurs. Ils ne présentent guère qu'une seule facette; mais dans les yeux des papillons, et de plusieurs escarbots, les facettes sont plus nombreuses. Pugett a découvert 17,325 facettes dans la cornée d'un papillon, et Leeuwenhoek, en a observé 800 dans celle d'une mouche.

La bouche d'un grand nombre d'insectes est placée dans la partie antérieure de la tête s'étendant un peu vers le bas; mais, dans quelques-uns, elle se trouve sous la poitrine, comme dans les kermès, etc. Plusieurs ont une trompe, ce qui n'est autre chose que la bouche allongée et terminée en une pointe aiguë. Dans plusieurs insectes de la classe des hémiptères, la bouche est courbée en dessous vers la poitrine et le ventre, ainsi que dans la punaise, etc. Ils ont en général deux mâchoires; quelques-uns en ont quatre, et d'autres en ont même davantage; elles sont latérales; leur tranchant intérieur est quelquefois serreté ou armé de petites dents. La langue, comme dans le papillon, est filiforme et tournée en spirale; mais dans d'autres, elle est charnue et ressemble à une trompe; elle est tubulaire comme dans la mouche.

La majeure partie des insectes ont six jambes; cependant les mites, les araignées et les scorpions en ont huit; l'asile en a quatorze, et il s'en trouve un petit nombre qui en ont encore davantage. L'articulation supérieure du pied est en général la plus épaisse, on l'appelle *fémur*; la seconde, qui est partout de la même grosseur, a été nommée *tibia*; la troisième est connue sous le nom de *tarse*; et la dernière, qui, dans la plupart des insectes est double, a été nommée *ongle*. Les griffes sont les pieds de devant, élargis vers les extrémités, dont chacune est terminée par deux griffes plus petites, qui agissent comme le pouce et les doigts.

Leurs ailes sont membranacées et entières, excepté celles de l'*alucite*, qui sont en partie divisées. La plupart ont quatre ailes; mais ceux de la classe des diptères n'en ont que deux. L'aile a deux surfaces, une inférieure et une supérieure; sa partie antérieure dans un papillon est celle qui est près de la tête; sa partie postérieure est vers l'anus; sa partie supérieure, vers le tranchant; et celle inférieure, tout près de l'abdomen.

Leurs queues sont, à peu d'exceptions près, simples, susceptibles d'être raccourcies ou étendues à volonté.

Dans plusieurs insectes, le mâle et la femelle ne peuvent être distingués que difficilement; et dans d'autres, leur différence est si grande, qu'une personne qui n'est pas instruite, pourrait aisément prendre le mâle et la femelle du même insecte, pour deux espèces différentes, comme les *phalènes* des pins et d'autres de ce genre, dont les deux sexes se distinguent par les couleurs.

Comme les insectes peuvent ramper, voler et nager, il n'y a point de lieu, pour ainsi dire, aussi caché et aussi retiré qu'on le suppose, dans lequel on ne puisse en trouver; c'est pourquoi en jetant un léger coup-d'œil sur l'immense famille des insectes, au moment où ils sortent de leur état d'engourdissement, où ils commencent à éprouver la douce influence du retour du printemps, et où ils paraissent reprendre une nouvelle vie dans toutes les parties de la nature, leur nombre et leur variété nous semblent surpasser tous les calculs et ne pouvoir jamais être décrits. Mais, par la ressemblance des formes, par celle des mœurs et la propagation des insectes, on a pu abréger leur description générale; et l'histoire séparée de chaque espèce est devenue tout-à-fait inutile.

Toute la classe des insectes a été divisée, par les auteurs les plus récens, en quatre ordres. Le premier se compose de ceux qui n'ont point d'ailes, et qui rampent le long des plantes et sur la terre. Tous ces insectes, la puce et le cloporte seuls exceptés, éclosent d'œufs; et quand une fois ils brisent leur enveloppe, ils ne changent plus de forme en aucun temps, mais ils continuent de croître jusqu'à ce qu'ils meurent.

Le second ordre se compose de ceux qui ont des ailes; mais dont les ailes, quand ils sortent de l'œuf, sont disposées de manière qu'on ne peut les apercevoir.

Le troisième ordre comprend les teignes et les papillons. Ils ont tous quatre ailes, couvertes d'une espèce de poussière, dont les couleurs varient à l'infini, et qui, si on la touche, s'efface et s'attache aux doigts; si on l'examine à l'aide du microscope, cette poussière si fine paraîtra semblable à des écailles, au moyen desquelles les ailes ont été partout brodées avec magnificence.

Le quatrième ordre est formé de ces insectes ailés qui se produisent d'un ver et non d'une chenille, et qui, cependant, éprouvent une suite de métamorphoses semblables à celles des teignes et papillons.

On peut ajouter, comme un cinquième ordre, une nombreuse famille, tout nouvellement découverte, à laquelle on a donné le nom de *zoophites*.

Ces derniers n'arrivent point à la vie en suivant le cours ordinaire de la génération, mais ils se propagent par la dissection. Ils paraissent être placés entre les animaux et les végétaux, et former le passage des uns aux autres.

CHAPITRE V.

L'ARAIGNÉE.

Il y a plusieurs espèces de cet insecte, mais chaque sorte nous offre deux divisions dans son corps. La première partie, contenant la tête et la poitrine, est séparée de celle de derrière ou du ventre par un fil très-délié, dans le creux duquel il y a cependant une communication d'une partie à l'autre. La première est couverte par une peau dure ainsi que les jambes, qui adhèrent à la poitrine ; et celle de derrière est revêtue d'une membrane souple, qui est partout couverte de poils.

Les araignées ont plusieurs yeux brillans et perçans ; ils sont souvent au nombre de huit, et quelquefois seulement de six, deux sont derrière, deux devant, et les autres de chaque côté. Semblables à ceux des autres insectes, leurs yeux sont immobiles, et n'ont pas de sourcils ; mais l'organe de la vue est garantie par une espèce de corne transparente, qui a pour objet, tout ensemble, de protéger et de défendre leurs yeux. Et, par la raison que cet insecte, pour se procurer sa subsistance, a besoin d'une attention continuelle et infatigable, un aussi grand nombre d'yeux lui devenait nécessaire pour acquérir les plus promptes certitudes de l'approche de sa proie.

Les araignées ont, sur le devant de la tête, deux pinces rudes, armées de fortes pointes, dentelées comme une scie, et se terminant en griffes comme les pattes du chat ; un peu plus haut que les pointes des griffes, est un petit tron à travers lequel cet insecte jette un venin peu dangereux pour l'homme, mais capable de donner une mort prompte à sa proie.

Ce venin est l'arme la plus redoutable dont ils se servent contre leurs ennemis. L'araignée peut ouvrir ou étendre ses pinces, selon que la nécessité ou l'occasion l'exigent. Lorsqu'elle n'est pas troublée, elle les plie l'une sur l'autre ; elle ne les ouvre jamais, à moins que cela ne lui ait paru nécessaire pour ses opérations. Toutes les araignées ont huit pieds, articulés de la même manière que ceux des écrevisses de mer, auxquelles elles ressemblent aussi sous d'autres rapports ; car si un de ces pieds ou une des articulations est arraché ou cassé, il en repousse un autre, et l'animal se retrouvera propre au combat, comme il l'était auparavant.

A l'extrémité de chaque pied sont trois griffes mobiles et crochues; savoir, une petite, placée plus haut que les autres, comme l'éperon d'un coq, à l'aide de laquelle elle s'attache aux fils de sa toile; les deux autres, plus grandes, se meuvent l'une vers l'autre, comme les pinces des écrevisses. A leur aide, ces insectes peuvent saisir et retenir les plus petits objets, marchant ou grimpant le long des surfaces les plus polies, sur lesquelles ils peuvent apercevoir des inégalités qui sont imperceptibles à nos sens; mais, quand ils marchent sur des corps qui offrent une surface parfaitement lisse, tels qu'une glace ou du marbre poli, alors on voit que ces insectes pressent une petite éponge, qui croît à l'extrémité de leurs griffes, et qu'ils jettent au dehors une substance gluante, qui les fixe à la surface, jusqu'à ce qu'ils aient fait un second pas. Outre les huit pieds dont nous avons parlé, ces animaux en ont deux autres que l'on pourrait, avec plus de raison, appeler des bras, d'autant qu'ils ne servent pas à les aider dans leurs mouvemens, et qu'ils ne les emploient que pour tenir et retourner leur proie.

L'araignée, quoique nous la voyons aussi formidablement équipée, ne réussirait que rarement dans ses captures, si elle n'était pas en même temps aidée par d'autres instrumens propres à la seconder dans sa chasse; c'est le plus habile et le plus expérimenté des chasseurs: elle étend sa toile pour y prendre ceux des animaux qu'elle ne pourrait jamais poursuivre.

L'araignée domestique se nourrit principalement de mouches; et la toile dans laquelle elle les prend est ordinairement tendue dans les lieux où les mouches aiment, par préférence, à se réfugier; c'est là que ce petit animal se tient pendant des journées, et souvent des semaines entières, dans la plus patiente espérance, ne changeant que rarement d'attitude, quoique ce soit souvent sans succès. Pour former cette toile, qui est une partie surprenante de l'économie industrieuse de cet animal, l'araignée est abondamment fournie d'une matière gluante, contenue dans un réservoir placé à l'extrémité de son corps; elle a cinq petits mamelons à la poitrine, qui lui servent pour la filer; les orifices de ces mamelons peuvent toujours, à la volonté de l'araignée, se resserrer, ou se dilater. Quand elle se dispose à filer cette toile curieuse, elle laisse d'abord échapper une petite goutte de sa liqueur gluante, qui est très-tenace ; ensuite, en rempant le long de la muraille, et réunissant ses fils, à mesure qu'elle avance, elle s'élance au côté opposé, où l'autre bout doit être attaché. Le premier fil étant ainsi formé, et fixé à chaque extrémité, l'araignée court sur ce fil en avant et en arrière, continuant de le doubler et de le renforcer, parce que de ce premier fil dépend la stabilité de tout son ouvrage. Cette base étant une fois complète, elle tire nombre de fils parallèles au premier, et les croise ensuite par d'autres fils, la substance visqueuse dont ils sont formés servant, quand ils sont tendus, à les consolider les uns par les autres. A l'angle de la toile est une espèce d'entonnoir, dans lequel ce petit animal se tient caché.

La toile de l'araignée diffère de celles faites par les hommes, en ce que, dans nos ouvrages, les fils qui servent de chaîne s'y trouvent entrelacés avec ceux qui forment la trame ; tandis que les fils de la trame de l'araignée, croisant seulement la chaîne, ne s'y trouvent attachés que par leur nature visqueuse, mais seulement sur les points par lesquels ils se touchent, et que ces fils ne sont ni passés comme à la navette, ni pressés ensuite. Les fils qui servent de lisière à son ouvrage sont doubles ou triples ; l'araignée, en ouvrant tous ses mamelons à la fois, et collant plusieurs files les uns sur les autres, juge qu'il est nécessaire que les extrémités de sa toile soient ourlées et rendues plus fortes, pour la garantir contre le danger d'être déchirée : en même temps elle l'assure et la soutient à l'aide de fortes brides, ou fils doubles, qu'elle prend soin de fixer tout à l'entour de sa toile, ce qui l'empêche de devenir le jouet des vents.

De temps en temps elle ôte la poussière, qui pourrait embarrasser sa toile, et elle nettoie le tout en lui donnant une secousse avec son pied ; mais en faisant cela, elle proportionne si admirablement la force du coup à celle de l'ouvrage, qu'il n'y a jamais rien de rompu. De toutes les parties de la toile sont tirés différens fils, qui se réunissent, comme autant de rayons, en un centre au lieu qui lui sert de retraite. Les vibrations de chacun de ces fils se communiquent à elle, et l'avertissent toutes les fois qu'il y a une proie de prise, pour qu'elle puisse la saisir aussitôt.

Elle obtient un autre avantage de sa retraite derrière la toile, c'est la facilité qu'elle lui donne de se nourrir de sa proie en lieu de sûreté ; en outre, elle y a la possibilité de dérober la vue des carcasses, en ne laissant exposée à découvert aucune trace de sa voracité, qui pourrait servir à faire connaître sa retraite, et dont la vue inspirerait à d'autres insectes la crainte de s'en approcher.

Il arrive souvent que le vent, ou l'ébranlement des objets qui servaient d'appui, ou l'approche de quelque gros animal, détruit en une minute le travail pénible de cet insecte industrieux. Dans ce cas, l'araignée est forcée de demeurer spectatrice de sa ruine totale; et, lorsque le danger est passé, elle cherche à réparer sa toile, d'autant qu'elle est munie d'une grande quantité de matière visqueuse, qui, une fois employée, ne peut jamais être renouvelée.

Il arrive souvent que ce réservoir s'épuise, et alors le pauvre animal est en butte à tous les hasards de la plus dure nécessité. Une vieille araignée est ainsi fréquemment réduite à la plus grande extrémité; sa toile a été détruite, et elle manque de matériaux propres à en former une nouvelle; mais comme cet insecte est depuis long-temps accoutumé à ne vivre que de ruses, il cherche de côté et d'autre pour découvrir la toile d'une autre araignée, plus jeune et plus faible que lui-même, contre laquelle il hasarde un combat. L'usurpateur triomphe ordinairement; la jeune araignée, chassée dehors, est réduite à la nécessité de faire une nouvelle toile, et la vieille demeure tranquille dans sa position. Si cependant l'araignée ne peut réussir à déposséder une autre de sa toile, alors elle se contente pendant quelque temps de ce qu'elle peut obtenir par le moyen d'une chasse accidentelle ; mais, au bout de deux ou trois mois, elle meurt de faim.

Quand deux araignées d'une grosseur égale se rencontrent et combattent, ni l'une ni l'autre ne veut céder ; elles se tiennent par leurs griffes avec tant de force, qu'il faut toujours que l'une des deux périsse plutôt que de se séparer.

Leeuwenhoek a cependant vu une araignée qui était seulement blessée au pied par une de ses antagonistes. Une goutte de sang, aussi grosse qu'un grain de sable, découla de sa blessure ; et ne pouvant plus se servir de son pied blessé, elle se sauva en le portant en l'air, et bientôt après le membre entier tomba de son corps. Quand les araignées sont blessées à la tête, ou aux parties supérieures du corps, elles en meurent toujours.

L'araignée, ainsi que plusieurs insectes de la famille des escarbots, montre un instinct d'une nature très-extraordinaire. Lorsqu'elle est effrayée par l'attouchement du doigt, elle se sauve avec une grande vitesse ; mais si elle trouve que de quelque côté qu'elle puisse tourner, un autre doigt lui ferme le passage, elle semble désespérer de pouvoir échapper, retire ses pieds, demeure tout-à-fait sans mouvement, et contrefait la morte. Dans cette attitude, M. Smellie en a percé avec des épingles, et mis en pièces, sans qu'elles aient donné le moindre signe de douleur. Quelques insectes, au moment où ils contrefont les morts, se laissent rôtir plutôt que de faire le moindre mouvement. Mais aussitôt que l'objet de crainte est éloigné, l'araignée se met à courir et à se sauver avec une grande rapidité; son immobilité apparente n'était qu'une ruse, et nullement une convulsion, une stupeur soudaine, comme on l'a cru.

L'araignée change de peau à certaines époques: on voit alors, si on l'examine de près, une ouverture dans le ventre à travers laquelle l'insecte sort successivement tous ses membres, et l'ancienne peau demeure suspendue au fil qui le soutenait pendant cette opération.

Comme il arrive souvent que les araignées deviennent la proie les unes des autres, on a supposé qu'elles étaient à la fois mâles et femelles; mais cette opinion est contredite par Lister, qui assure que le mâle est beaucoup moins gros que la femelle.

L'araignée des jardins façonne sa toile d'une autre

manière que l'araignée domestique, sans cependant y mettre moins d'art.

Lorsqu'elle veut se transporter d'une place à une autre, elle fixe un bout de ses fils à l'endroit où elle se tenait ; et ensuite, à l'aide de ses pieds de derrière, elle tire plusieurs autres fils de ses mamelons : elle les allonge indéfiniment, et le vent les jette sur un arbre voisin, ou sur un autre objet, où ils sont fixés d'abord par leur nature visqueuse. Quand elle trouve que ces fils sont attachés, elle s'en fait un pont, sur lequel elle passe d'un côté à l'autre, à sa volonté ; après quoi elle rend le fil toujours plus fort par d'autres fils qu'elle ajoute : elle descend quelquefois le long d'un autre fil jusqu'à terre. Le fil façonné pour la dernière opération est fixé par elle à une pierre, à un arbre, ou à d'autres corps ; elle remonte ensuite vers le premier fil, et à une petite distance du second : elle en commence un troisième, qui est fixé obliquement de la même manière. Ensuite elle fortifie chacun des trois fils, et commençant par l'un des angles, elle mène des fils en travers, et forme ainsi un filet fort et durable, dans le centre duquel elle finit par se placer, tenant sa tête toujours en bas, pour guetter sa proie.

M. Le Vaillant, ayant souvent remarqué que les araignées tendent leurs toiles dans les lieux

solitaires et retirés , où il est quelquefois difficile
aux mouches de pénétrer , en conclut naturellement que ces animaux doivent souvent rester lon-
temps sans nourriture , et que , conséquemment ,
ils sont capables d'endurer une grande abstinence.
Dans l'intention de s'assurer de cette observation ,
il prit une araignée de jardins , de la grosseur d'une
noisette , et l'enferma sous un vase de cristal , qu'il
ferma avec du ciment , tout alentour , et la laissa
ainsi pendant dix mois. Nonobstant cette privation de nourriture , l'araignée lui parut , pendant
tout ce temps , également vive , alerte et forte ;
mais son ventre avait diminué , jusqu'à ce qu'enfin
il ne paraissait pas plus gros que la tête d'une
épingle. Alors il plaça sous la cloche de cristal
une autre araignée de la même espèce ; pendant
quelque temps , ces deux insectes se tinrent res-
pectivement à une certaine distance l'une de l'autre , et demeurèrent sans mouvement: mais tout-à-
coup l'araignée maigre , étant pressée par la faim ,
s'approcha et attaqua l'autre. Elle retourne plusieurs fois à la charge , et dans ces différens combats , son ennemie se vit privée de presque toutes
ses griffes ; elle les emporta en se retirant , et se
mit à les dévorer. Cette araignée affamée avait
aussi perdu trois de ses griffes dont elle se régala
de même; et M. Le Vaillant s'aperçut que , par

ces secours, elle commençait à reprendre son embonpoint. Le jour suivant, la nouvelle araignée, privée de tous ses moyens de défense, devint la proie de l'ancienne, et elle en fut promptement dévorée ; en moins de vingt-quatre heures, l'araignée qui habitait sous la cloche de cristal redevint aussi grosse qu'elle l'avait été au moment de son emprisonnement.

Les femelles pondent six à sept cents œufs, dans des espèces de sacs, qu'elles forment à cet effet, et qu'elles doublent en dedans avec un duvet, qu'elles ont arraché de leur poitrine. Ces sacs, quand ils sont achevés, sont épais comme du papier ; ils sont doux dans l'intérieur, et durs au dehors. Les œufs sont ordinairement déposés en août ou septembre, et environ seize jours après, ils sont éclos. Si le temps continue d'être froid, les petits restent dans leur nid pendant plusieurs mois sans prendre de nourriture, et sans augmenter de volume ; mais ils se montrent au jour aussitôt que le beau temps a reparu. Les vieilles araignées ne survivent que peu de temps après avoir déposé leurs œufs.

On a essayé de filer avec les sacs des œufs d'araignée une espèce de soie, et cet essai a réussi jusqu'à un certain point. Avec un peu de peine, on a ramassé treize onces de ces sacs ; on les a battus pour en ôter la poussière, puis on les a lavés dans de l'eau chaude, jusqu'à ce qu'ils fussent parfaitement bien nettoyés. Après quoi on les a mis infuser dans un pot avec un mélange de savon, de sel de nitre et de gomme arabique : ensuite on les a fait bouillir avec ce mélange sur un feu lent, pendant deux ou trois heures. Ils ont été replongés dans l'eau chaude, pour y être dégagés de toutes les parties savonneuses, etc. ; et après les avoir étendus au soleil pour y sécher, on les a peignés avec les doigts, avant que de les donner aux cardeurs de soie. On en a obtenu une très-belle soie couleur de cendre, propre à être filée facilement, et dont les brins étaient beaucoup plus forts que ceux de la soie qu'on tire des cocons des vers à soie.

Cette soie ayant été entièrement filée, on l'a donnée à un fabricant de bas au métier, et il n'y a pas lieu de douter qu'elle pourrait être mise en usage sur d'autres métiers. Les treize onces de ces sacs contenant des œufs d'araignée ont rendu près de quatre onces de soie, il n'en a fallu que trois onces pour fabriquer une paire de bas assez grands pour un homme.

S'il n'y avait pas des difficultés presque insurmontables avant d'arriver à ce résultat, nous aurions eu, de chacune des différentes espèces d'araignées, plusieurs couleurs naturelles en soie, telles que le gris, le blanc, le bleu de ciel et la couleur de café, tandis que les vers à soie ne nous en donnent que de blanche, et de jaune-orange. Il y a environ cinquante espèces d'araignées, parmi lesquelles les suivantes, outre celles dont nous avons déjà parlé, sont les plus remarquables.

L'araignée sauteuse est très-singulière dans ses habitudes. On ne la voit pas, semblable à plusieurs autres araignées, se procurer sa proie par le moyen d'un filet, mais elle est contrainte de la saisir à l'aide de la seule activité. Elle est extrêmement agile et légère; elle saute quelquefois comme une sauterelle, puis tout-à-coup elle se tient en repos; et s'élevant, sur ses pieds de derrière pour regarder alentour, afin de découvrir sa proie, si elle voit une mouche. à la distance de dix à douze pieds, elle ne court pas droit à elle; mais elle tàche, autant que possible, de demeurer cachée jusqu'au moment où elle se trouve tout auprès; alors, se dressant doucement et rarement sans atteindre son but, elle s'élance sur le dos de l'insecte, et il devient alors presque impossible à la mouche d'échapper; mais si, avant que l'araignée ait pu l'atteindre, la mouche a pris son vol, pour se fixer sur une autre place, ce petit animal s'en approche encore légèrement, et continue d'avoir les yeux fixés sur la mouche, afin de commencer une nouvelle attaque.

Le docteur Brookes dit l'avoir vue quelquefois occupée à instruire ses petits dans sa manière de chasser; et il dit aussi que, lorsqu'il arrive à une grande araignée sauteuse de manquer son coup , on la voit, comme si elle était honteuse de sa maladresse, courir loin de là, se cacher dans quelque crevasse.

L'*araignée aquatique*, qui est très-commune parmi les habitans de nos eaux douces , paraît, quand elle est dans cet élément, comme si elle était couverte d'un vernis d'argent; ce qui n'est, cependant autre chose qu'une bulle d'air formée à l'abdomen, par les humeurs huileuses qui transpirent de son corps, et qui s'opposent au contact immédiat de l'eau. Au moyen de cette bulle, cet insecte établit sa retraite sous l'eau. Il attache plusieurs fils de soie aux tiges des plantes aquatiques, et alors, remontant à la surface, il élève le ventre au-dessus de l'eau, en le retirant à lui si rapidement, qu'il se forme une bulle d'air, qu'il a trouvé l'art de retenir en dessous, en la plaçant sous les fils dont nous avons parlé ci-dessus , et qu'il courbe autour comme une couverture. Il remonte alors pour former une bulle d'air, et il continue de procéder ainsi jusqu'à ce qu'il se soit construit un vaste appartement aérien sous l'eau, dans lequel il entre et sort à volonté. La figure de cette araignée n'a en soi rien de remarqnable. Le mâle établit pour lui un château d'air particulier, non loin de celui de la femelle, et ensuite il fait brèche à travers les soies qui forment la clôture de la résidence de la femelle ; et les deux bulles d'air adhérentes à leur corps, se trouvant réunies ensemble, ne forment plus qu'une seule grande loge. La femelle prend soin de ses petits, et elle leur établit des demeures pareilles à la sienne. Pendant l'hiver, le mâle et la femelle se logent dans des coquilles vides, qu'ils prennent soin de clore habilement avec une toile.

Une des espèces des araignées des champs est si petite qu'elle est imperceptible, à moins que l'observateur n'ait la vue très-bonne. Elle est environ de la grosseur de la tête d'une petite épingle. Sa tête est allongée, et elle a sur le devant huit yeux gris, disposés en cercle. Le corps est d'un brun foncé éclatant ; l'abdomen a la forme d'un œuf ; les pieds sont jaunâtres. Ces petits animaux peuvent jeter toute la matière visqueuse qui compose leurs filets, par la queue, au point qu'ils se rendent eux-mêmes plus légers que l'air ; et comme ils peuvent aussi rouler et épaissir ces filets quand ils sont dans l'air, ils en ont déjà fait tomber en si grande quantité, que jusqu'au moment où la cause en a été découverte, cette surabondance de leurs toiles avait donné lieu aux suppositions les plus étranges. Par l'effet de l'une de ces pluies de toile d'araignée, qui s'étendait à quelques milles, M. White se vit forcé de renoncer à chasser en septembre 1741, ses chiens s'en étant trouvés tout-à-coup comme aveuglés.

Ces araignées paraissent d'abord au commencement du mois d'octobre, dans les bois, dans les jardins, dans les prairies, où leurs œufs éclosent en toute sûreté. De là elles se repandent sur tout un district, et pendant le reste du mois d'octobre, et jusqu'à la mi-novembre, on peut les voir sur les champs arides, dans toute l'Europe. Quelquefois on a vu des pièces de terre, très-grandes, qui étaient couvertes des essaims de ces araignées. Au commencement d'octobre, quand un petit nombre seulement est éclos, on peut à peine apercevoir au soleil quelques fils de leurs toiles, qui s'étendent de branche en branche; vers le milieu du mois, leurs filets sont plus faciles à distinguer; et si vers la fin du mois on se place le matin dans un lieu d'où l'on puisse voir les rayons du soleil se jouer sur ces fils déliés, les haies, les prairies, les champs, et enfin tous les environs paraîtront couverts comme d'une gaze fine.

Ces petits animaux ne façonnent point leurs toiles, mais ils se contentent seulement d'étendre leurs fils d'un lieu à un autre. Ces fils sont si fins, qu'il est impossible de les voir, quand le soleil ne donne pas sur les lieux où ils se trouvent. Pour apercevoir ces fils dans un autre temps, il faut en tordre au moins six ensemble dans les jours calmes et sereins ; ces araignées travaillent avec une incroyable diligence, mais plus particulièrement après que le brouillard du matin a disparu. C'est entre midi et deux heures que leur insdustrie excite la plus grande admiration. Une personne qui aurait la vue très-bonne, ou qui s'aiderait d'une lunette d'approche, pourrait quelquefois apercevoir parmi les chaumes des champs d'orge, une telle quantité de ces petits insectes qui étendent leurs fils, que les champs paraissent en quelque sorte couverts d'un essaim de moucherons.

Plusieurs des fils simples sont entrelacés ensemble par les vents doux, et ils forment alors des fils visibles, qui, se trouvant brisés par des vents plus forts, se réunissent à d'épais filets, et même à de petites pelotes qui flottent dans l'atmosphère. Ils ont été nommés, en Allemagne, *la fuite de l'été.*

parce que l'été semble fuir avec eux. Les araignées voyagent et sont emportées avec ces pelotes ; mais il n'est pas rare d'y trouver en même temps des araignées d'une autre espèce , qui ont été embarrassées et entraînées dans leur fuite ; et quelquefois on trouve les toiles d'autres araignées , et les dépouilles desséchées des insectes qui ont été pris et dévorés par elles.

Cette araignée ne paraît en essaims qu'en automne ; mais on voit l'araignée commune pendant tout l'été.

L'araignée diadème est la plus grande de toutes celles qui se trouvent dans nos contrées ; son abdomen est de forme ovale , cotonneux , et d'une couleur jaune rougeâtre , dont les nuances varient dans les diverses saisons , étant quelquefois pâle, et en d'autres temps très-foncé. Le dessus est orné de cercles et de points noirs et blancs , disposés de manière à représenter une tresse ou bandeau , semblable à ceux que portent les rois dans les Indes ; le fond sur lequel ce bandeau et ces points blancs se trouvent placés, quand on l'observe avec une loupe , à la lumière du soleil, est d'une richesse et d'une magnificence qu'il est impossible de décrire. Il y a des variétés dans la couleur des jeunes araignées de cette espèce ; dans quelques-unes l'abdomen est de cou-

leur pourpre et orné de points blancs , les pieds
sont jaunes et les anneaux d'une couleur plus foncée ; d'autres ont l'abdomen d'un beau rouge ,
orné pareillement de blanc ; mais les pieds sont
d'un vert pâle , avec des anneaux de couleur
pourpre foncé ou noir. Elle se tient dans les bou-
leaux.

L'araignée errante est ordinairement de couleur jaune, plus ou moins foncée ; quelquefois elle
est blanchâtre et plus souvent verte ; le ventre
est gros , large presque carré , et orné de deux
bandes orange qui partent du corselet , descendent obliquement sur les côtes et se dirigent vers
le milieu. Entre les bandes on aperçoit quelques
petits points noirs , formant une espèce de trian-
gle sur le milieu du ventre ; aux deux côtés du
corselet , on distingue deux bandes longitudinales de couleur verdâtre. Les quatre pieds de
devant sont très-longs et ceux de derrière courts ,
ce qui la fait marcher comme un crabe. On la
trouve sur les plantes ; cet insecte est un chasseur
actif et infatigable.

Sans aucun mouvement de la tête , et quoique
ses yeux soient immobiles , cette araignée aperçoit toutes les mouches qui volent autour ; elle
ne les effraie pas , mais elle étend vers ces insectes ses pieds de devant garnis de petites plumes ,

qui deviennent des filets dans lesquels leurs ailes s'embarrassent. Alors l'araignée les saisit avec ses griffes, et leur suce le sang. On dit de cet insecte qu'il couve ses œufs, du moins les porte-t-il souvent avec lui, enveloppée dans une toile de soie blanche.

L'*araignée aviculaire* est d'une grandeur gigantesque ; ses muscles sont d'une force étonnante, et lorsqu'elle étend ses pattes, elle couvre un espace au moins de dix pouces. Depuis la tête jusqu'à l'extrémité du ventre, elle a souvent trois pouces. Les pattes sont aussi grosses qu'une plume d'oie, et recouvertes d'un poil très-épais. Le corps est brun, et ses griffes sont aussi fortes et aussi aiguës que les serres des oiseaux de proie. Cet insecte n'est pas rare dans les deux Amériques, mais on le trouve principalement dans les parties méridionales de ce continent, et plus particulièrement à la Guiane ; il est devenu l'objet de la terreur de tous les oiseaux. Il se tient sur les arbres, et souvent il se saisit de petits oiseaux, qu'il tue en leur suçant le sang, après les avoir blessés avec ses griffes, à travers lesquelles il fait couler un venin dans les plaies. La fente placée au bout de ses griffes, d'où il sort, est si apparente, qu'on peut la distinguer parfaitement sans le secours de la loupe.

Les huit yeux de ce terrible insecte sont placés
à peu près dans la forme d'un carré oblong, sur
le devant du corselet. Les deux du milieu sont
si grands, qu'on pourrait les enchâsser comme
des verres de lunettes, et s'en servir comme de mi-
croscopes ; les autres sont plus petits et de forme
ovale. Le corselet est rond, et au milieu est un
creux transversal.

Le capitaine Stedman, pendant son séjour à
Surinam, avait une de ces araignées ; il la mit
dans un bocal de plus de huit pouces de haut,
et quand il l'eut rempli d'esprit-de-vin, l'animal atteignit la surface avec quelques-unes de
ses griffes, tandis que les autres touchaient au
fond. Il dit que cette araignée est un animal si
hideux, que sa seule vue fait frémir d'horreur, même
les personnes les plus accoutumées aux difformités
de la nature.

L'*araignée à bandes* est originaire de Barbarie ;
elle est aussi grosse que le pouce. Elle a des bandes
jaunes autour du ventre, et des anneaux de couleur
foncée autour des pattes ; elle habite les haies et les
buissons. Elle se tient au centre de sa toile, dont
les mailles sont très-grandes ; elle y prend de grosses
mouches, des guêpes, des bourdons, et même des
sauterelles ; les insectes plus petits peuvent échapper à travers les mailles.

L'animal qui s'y embarrasse, y est aussitôt retenu avec des fils très-forts, tué à coups de
mâchoires et mangé en partie, si l'araignée a
faim : le surplus est mis en réserve sous quelques feuilles sèches, recouvertes avec une espèce
de toile enduite d'une glu noire et abondante;
son garde-manger est, dit-on, souvent bien
approvisionné. Sa retraite est de la grosseur d'un
œuf de pigeon, fendue horizontalement et suspendue à des fils qui sont blanc d'argent, et plus
forts que la soie. Les plus jeunes, parmi ces
araignées, vivent ensemble en paix, mais, lorsqu'elles sont parvenues à leur état parfait, elles
deviennent mortelles ennemies les unes des autres ; elles ne se rencontrent presque jamais sans
se battre avec fureur, et leur combat ne cesse
que par la mort de la plus faible ; le corps du
vaincu est très-soigneusement placé dans le
garde-manger. Douze de ces araignées furent
enfermées ensemble, et après une bataille qui
dura huit jours, il ne survécut que la plus
forte.

Dampier nous rapporte : « qu'à Campêche,
dans la Nouvelle-Espagne, il y a une espèce
d'araignée d'une grosseur prodigieuse, et dont
quelques individus sont presque aussi gros que le
poing ; leurs pattes sont minces, mais longues,

et semblables à celles des araignées communes ;
elles ont deux griffes, qui ont chacun un pouce
et demi de longueur ; elles sont épaisses à proportion, noires comme du jais, et aussi polies
qu'une glace ; leur extrémité est aussi pointue
qu'une épine ; elles ne sont pas droites, mais
courbées. Quelques personnes en font usage pour
nettoyer leur pipe, d'autres en font des cure-
dents, et particulièrement ceux qui sont tour-
mentés de maux de dents ; car, si l'on doit s'en
rapporter aux *on dit*, ces espèces de cure-dents
ont la propriété de pouvoir assoupir la douleur.
Le dos de ces animaux est couvert d'un duvet
aussi doux que le velours ; il est de couleur
jaunàtre foncé. Quelques personnes disent qu'elles sont venimeuses, et d'autres affirment qu'elles
ne le sont pas du tout. Mais je ne puis déterminer lequel de ces récits mérite le plus de con-
fiance.

A la Jamaïque il y a une espèce d'araignée,
dont la femelle creuse dans la terre un trou oblique d'environ trois pouces de profondeur, sur un
pouce de diamètre ; elle double cette cavité avec
une toile épaisse, qui, quand on l'en tire, ressemble a une bourse de cuir ; mais, ce qu'il y a de
plus curieux, cette petite maison a une porte qui
roule sur des gonds, semblables à la charnière de

quelques coquilles marines. L'araignée et sa famille qui habitent le nid , ouvrent et ferment cette
porte toutes les fois qu'elles entrent ou qu'elles
sortent.

Dans l'île de Java on a trouvé des toiles d'a-
raignées, ourdies avec des fils si forts , qu'il était
impossible de les diviser, sans se servir d'un couteau.

On ne se douterait point que les araignées
n'ont pas été étrangères au succès des guerres de
la révolution ? Le fait est pourtant vrai ; et c'est
peut-être à ces insectes que la France a dû la
résolution prise par ses généraux , de poursuivre
et de déterminer dans la même campagne la
conquête de la Hollande. Lorsqu'à travers les
glaces , les troupes françaises envahissaient les
Provinces-Unies , un dégel apparent semblait annoncer aux généraux la perte totale de l'armée ,
s'ils ne la faisaient retirer promptement. Cent
mille hommes et une nombreuse artillerie étaient
en pleine marche sur les digues : il y avait de
quoi inquiéter de prudens généraux. L'adjudant-
général Quatremere-Disjonval les rassura , et leur
promit un espace de temps suffisant pour termi-
ner leur conquête avant le dégel. Pendant une
longue captivité à Utrecht , comme prisonnier de

guerre , cet officier avait observé et étudié les
araignées de sa prison , au point de reconnaître , par leur moyen et plusieurs jours d'avance ,
les différentes variations du temps. Dans ce moment critique, il eut donc recours à ses oracles ;
et , les yeux fixés sur l'attitude et les mouvemens
des araignées , il prédit avec assurance que .
loin que le dégel eût lieu , elles lui annonçaient
qu'il allait survenir un froid des plus rigoureux.
Il emballa même , tout vivans , dans un verre à
boire , quelques-uns de ces insectes , garans de
son pronostic , et les envoya avec ses observations au général Vandamme , pour les faire passer à la Haie au général en chef. On le crut ;
sa prédiction se réalisa ; et la Hollande fut con-
quise.

LA TARENTULE.

Cette araignée a un peu plus d'un pouce de long ;
sa poitrine et son ventre sont couleur cendrée,
avec des anneaux noirâtres à la partie inférieure
du corps. Ses griffes sont rouges, en dedans ; deux
de ses yeux sont rouges plus grands que les
autres, et placés sur le front ; quatre sont disposés transversalement vers la bouche, les deux
autres sont plus près du dos ; elle a deux antennes
ou tentacules.

La tarentule habite l'Italie, l'île de Chypre, la
Barbarie et les Indes orientales ; elle se tient dans
les champs ; sa retraite est profonde d'environ quatre
pouces, sur six lignes de largeur ; l'entrée en est
fermée avec un filet au fond ; elle a un conduit
courbé, et c'est là que cet insecte se tient, quand
le temps est humide, et par où il sort, quand
l'eau pénètre dans son nid. Ces araignées ne vivent
pas une année entière ; elles déposent environ 730
œufs, qui éclosent au printemps. Les vieux ne survivent jamais.

La morsure de la tarentule cause, dit-on, une
inflammation dans la plaie, qui en peu d'heures
est suivie de malaises, de difficultés dans la res-

piration, et d'une faiblesse totale. Le malade est ensuite plongé dans le délire, et il tombe quelquefois dans une profonde mélancolie. Les mêmes symptômes reparaissent annuellement et pendant plusieurs années, et finssent par donner la mort.

La musique, ainsi qu'on l'a prétendu, est le seul remède contre la morsure de la tarentule. Un musicien est appelé; il joue toutes sortes d'airs, jusqu'à ce qu'enfin il en ait trouvé un qui force le malade à danser; la violence de cet exercice produit une agitation dans les principes vitaux, suivie d'une transpiration considérable, dont la conséquence certaine est la guérison. Tels sont les détails que l'on a rapportés et crus pendant long-temps sur la morsure de la tarentule.

Kircher, dans son *Musurgia*, donne une relation très-détaillée des symptômes et de la cure de cette maladie, enrichie d'exemples; entre autre il fait mention d'une fille, qui ayant été mordue par cet insecte, ne put jamais être guérie que par le son d'un tambour. Alors il rapporte encore qu'un certain Espagnol, se confiant à l'efficacité de la musique pour la guérison du délire causé par la morsure de la tarentule, consentit à être mordu sur la main, par deux de ces animaux, dont les couleurs étaient différentes : le venin ne fut pas plutôt répandu par tout le corps, que les symptômes de la maladie commencèrent à paraître; à l'instant on envoya chercher des musiciens, qui jouaient de la harpe, de la flûte et d'autres instrumens, et qui par divers morceaux s'efforcèrent de l'éveiller et de le tirer de la stupeur dans laquelle il était tombé; mais on observa que les morsures des deux insectes avaient produit des effets tout-à-fait contraires; car, par l'une, il fut porté à la nécessité de danser, et par l'autre il en fut empêché; et dans ce conflit de la nature, le malade mourut.

Le même auteur, en traitant de la cure de la morsure de la tarentule par la musique, dit de ce venin, qu'il est aigu, acide et bilieux, et qu'il est reçu et incorporé dans la substance médullaire des fibres. Et parlant de la musique, il dit que les sons des cordes ont le pouvoir de raréfier l'air à un haut degré; et que l'air ainsi raréfié, venant à pénétrer par les pores dans le corps du malade, affecte les muscles, les artères et les moindres fibres, et le force à danser, et que cet exercice donne lieu à une transpiration par laquelle le venin s'évapore.

Quoique cette théorie soit peu satisfaisante, néanmoins l'opinion en faveur de cet étrange phénomène à prévalu parmi les plus habiles docteurs modernes. M. Thomas Brown, bien loin de

la contester, dit que le fait a été attesté par
l'expérience, et que le savant Kircher l'a positivement prouvé, en formant un recueil de chan-
sons et d'airs, qu'il assure être eu usage pour
la cure de cette maladie; et comme quelques autres ont par la suite affirmé que la tarentule même
dansait au son de la musique, il n'en douta plus
du tout. Il y a plus, le célèbre médecin Baglivi,
né dans la Pouille, pays où l'on trouve la tarentule, a écrit une dissertation dans laquelle il
donne, outre la description de cette province, des
détails sur l'anatomie et la figure de cet insecte et
de ses œufs; il fait une mention particulière des
symptômes qui suivent la morsure, et de la guérison de cette maladie par la musique; il y joint
plusieurs histoires de cures ainsi opérées, dont la
plupart lui ont été communiquées par des personnes qui avaient été témoins oculaires.

Louis Valetta, religieux de l'ordre de saint
Augustin, natif de la Pouille, a publié à Naples,
en l'année 1709, un traité sur cette araignée,
dans lequel il répond non-seulement aux objec-
tions de ceux qui révoquent le tout en doute; mais
il donne encore, d'après sa propre connaissance,
plusieurs exemples des personnes qui en avaient
été mordues, dont quelques-unes appartenaient
à de grandes familles, et qui, bien loin de vou-

loir faire des contes, auraient désiré à tous risques, pour en éviter la honte, pouvoir tenir caché le malheur qui leur était arrivé. M. Robert Boyle, dans son traité des *Mouvemens étourdissans*, parlant de la morsure de la tarentule, et de la cure de cette maladie opérée par le moyen de la musique, dit : « Qu'ayant eu lui-même » quelques doutes sur ce sujet, il fut, après un » examen attentif, convaincu que la relation était » vraie dans son entier. » Enfin le docteur Mead, dans son ouvrage intitulé *Traité des poissons*, a donné un Essai sur la tarentule, qui contient la substance des relations ci-dessus ; et il s'efforce de les confimer par ses propres réflexions sur ce sujet.

Dans les Transactions philosophiques de l'année 16/2, on voit l'extrait d'une lettre du docteur Thomas Cornélia, médecin napolitain, à M. John Doddington, résident de S. M. B., à Venise, communiqué par celui-ci. En parlant de l'intention où il est d'envoyer à M. Doddington quelques tarentules, il dit : « En même temps je n'omettrai pas de vous communiquer les détails qui m'ont été racontés, à cet égard, il y a peu de jours, par une personne judicieuse, et au-dessus des pré-jugés ; elle dit que pendant son séjour dans le duché d'Otrante, où ces insectes sont en grand nombre, il s'y trouva un homme qui, se croyant mordu par une tarentule, fit voir à son cou une petite tache autour de laquelle, en peu de temps, il se forma quelques boutons remplis d'une humeur séreuse, et que peu d'heures après, le pauvre homme fut affecté de symptômes très-violens, tels que syncopes, très-grandes agitations, vertiges, et vomissemens; mais que sans avoir manifesté aucun désir de danser, non plus que d'entendre des instrumens de musique, le malheureux mourut au bout de deux jours. La même personne m'a affirmé que tous ceux qui croient avoir été mordus de la tarentule, si on en excepte ceux qui, pour de mauvais desseins, feignent d'en avoir été mordus, sont pour la plupart de jeunes filles débauchées, de celles que les auteurs italiens ont nommées *dolce di sale*, qui, par quelque indisposition particulière, venant à tomber dans le délire et dans la mélancolie, se persuadent, d'après le préjugé populaire, qu'elles ont été mordues par une tarentule. »

Le docteur Serao, médecin italien, dans un ouvrage très-ingénieux, a effectivement rejeté cette opinion comme une erreur populaire; et, dans les Transactions philosophiques pour l'année 1770, on voit une lettre de Dominico Cirillo, professeur d'histoire naturelle à l'université de Na-

ples, dans laquelle il dit, en rendant compte de
l'ouvrage de Serao, qu'ayant eu occasion d'examiner les effets résultans de la morsure de cet
insecte, dans la province de Tarente, où il est en
grande abondance, il a trouvé que les récits sur
la cure surprenante de cette morsure, par le
moyen de la musique, sont absolument controu-
vés, et qu'ils ne sont réellement qu'une inven-
tion des gens du peuple, qui ont besoin de gagner
un peu d'argent en dansant, quand ils disent que
le *tarentisme* commence. Il ne doute pas que quelquefois la chaleur du climat ne contribue beaucoup à échauffer leur imagination, et à les jeter
dans un délire, qui peut être, jusqu'à un certain
point, guéri par la musique ; mais que plusieurs
expériences ont été faites sur des tarentules, et
qu'aucun homme ni animal, après en avoir été
mordus, n'ont éprouvé d'autre mal à la partie qui
en avait été blessée, qu'une très-légère inflammation, semblable à celle qui est produite par la
piqûre du scorpion, et qui s'efface d'elle-même,
sans qu'il y ait eu le moindre danger.

En Sicile, où l'été est encore plus chaud qu'il
ne l'est dans aucune partie du royaume de Naples,
la tarentule n'est jamais dangereuse, et l'on n'y emploie jamais la musique pour la cure du prétendu
tarentisme.

M. Swinburne, lors de son séjour en Italie, rechercha avec un soin minutieux toutes les particularités relatives à cet insecte; mais la saison n'était pas assez avancée, et aucun *tarantato*, nom qu'on donne aux personnes mordues par la tarentule, n'avait commencé à se faire voir. Il parvint cependant à engager une femme, qui avait été autrefois mordue par cet insecte, à exécuter la danse appelée *la tarantata*, et suivant le dire de tous les assistans, elle y réussit parfaitement: d'abord elle se pencha avec un air de stupeur sur un fauteuil; tandis que les instrumens exécutaient une musique triste. Bientôt ils firent entendre la corde dont on supposait que les vibrations pénétraient jusqu'à son cœur; et, se relevant, la femme s'élança, en poussant des hurlemens les plus horribles : elle courut çà et là dans la chambre; en imitant une personne ivre, et tenant un mouchoir des deux mains, elle l'éleva alternativement, en réglant ses mouvemens; quand la musique, d'après la mesure, devint plus animée, ses mouvemens furent aussi plus rapides, et elle sauta de côté et d'autre, avec beaucoup de force et de variété dans ses pas; de temps en temps elle jetait des cris très-hauts. Cette scène était loin d'être plaisante, et, sur sa demande, on la termina, avant que cette femme ne se trouvât fatiguée.

Partout où les *tarantati* doivent danser, au rapport du même auteur, la place est tendue à l'entour avec des rubans et des raisins, et les acteurs, qui font les patiens, sont vêtus de blanc, et portent des rubans rouges, verts et jaunes, qui sont leurs couleurs favorites. Ils suspendent sur leurs épaules une écharpe blanche, laissent flotter leurs cheveux sur le cou, et rejettent leur tête aussi loin en arrière qu'il leur est possible. Ce sont des copies fidèles des anciens prêtres et prêtresses de Bacchus. L'introduction du christianisme a fait abolir toutes ces danses, qui tenaient aux rites du paganisme, et les femmes n'osèrent plus representer les jeux frénétiques des Bacchantes. Mais, peu disposées à renoncer à un amusement aussi chéri, elles imaginèrent d'autres prétextes; par exemple, celui de paraître possédées de démons. Un accident peut aussi les avoir conduites à la découverte de la tarentule, et la force de son venin fournit aux femmes de la Pouille le moyen de jouir encore aujourd'hui du divertissement de leur danse favorite, quoique le temps ait effacé la mémoire et de ses anciens noms et de son institution; et c'est ce que M. Swinburne prend pour être l'origine d'un usage aussi singulier.

LE SCORPION.

Le scorpion est un des plus grands de la classe des insectes, et il offre quelque ressemblance dans sa forme avec l'écrevisse, mais il est beaucoup plus hideux : il renouvelle sa peau, comme l'écrevisse son test ; ses yeux sont au nombre de huit, trois desquels sont placés de chaque côté du corselet, et deux dans le milieu ; la tête paraît ne faire qu'un avec le corselet. Dans la bouche sont deux mâchoires, dont l'inférieure se trouve divisée en deux, et les échancrures dont elle est bordée font les fonctions des dents pour briser ses alimens. De chaque côté de la tête est un bras composé de quatre articulations, et terminé par une pince à peu près semblable à celle de l'écrevisse. Le ventre est divisé en sept segmens, au dernier desquels est insérée la queue, qui, dans l'espèce commune, est armée d'un aiguillon dur, pointu et crochu, dont le venin est très-actif.

Il y a environ neuf espèces différentes de ce dangereux insecte, distinguées principalement par leurs couleurs, quelques-uns étant jaunes, bruns et de couleur cendrée ; d'autres de couleur de fer rouillé, verte, jaune pâle, noire, blanche et grise, et de couleur de vin clairet. Ils sont très-communs aux environs des vieilles maisons, ou dans les murailles qui tombent en ruines.

Les scorpions, qui sont très-communs dans les pays chauds, sont très-hardis et très-vigilans. A l'approche de tel objet que ce soit, ils donnent rarement des signes de crainte ; mais, avec leur queue dressée et leur aiguillon menaçant, ils attendent l'attaque courageusement, comme s'ils se sentaient forts de la violence de leur venin, et se retirent rarement avant que leur ennemi n'ait disparu ; ils se feraient plutôt tuer. Dans quelques parties de l'Italie et de la France, ils sont comptés parmi les plus grands fléaux qui puissent affliger l'espèce humaine ; mais dans les contrées de l'Orient, où ils ont jusqu'à un pied de long, il est impossible de remuer un meuble sans courir le danger d'en être piqué. On dit qu'ils y sont aussi gros qu'une petite écrevisse de mer. En Europe, leur grosseur ordinaire n'excède pas deux ou trois pouces, et leur venin a été rarement trouvé dangereux.

Maupertuis, qui a fait plusieurs expériences sur le scorpion du Languedoc, ne le trouva, sous aucun rapport, aussi dangereux qu'on se l'était représenté jusqu'alors. Il excita un de ces insectes à piquer un chien sur trois endroits du ventre, qui étaient dégarnis de poils ; environ une heure après, le pauvre chien parut considérablement enflé, et il devint très-malade : on le vit bientôt rendre ce qu'il avait dans l'estomac, et pendant près de trois heures il continua de vomir une liqueur blanchâtre ; son ventre était très gonflé toutes les fois qu'il commençait à vomir : cette évacuation parut diminuer le gonflement, qui augmenta et baissa alternativement pendant trois heures successives. Le pauvre animal, après cela, tomba dans des convulsions ; il mordit la terre, se traîna péniblement sur ses pattes de devant, et enfin il mourut environ cinq heures après le moment où il avait été piqué. Quelques jours après, la même expérience fut faite sur un autre chien, qu'on fit même blesser plus grièvement que l'autre : cependant il ne parut nullement affecté de ses plaies ; mais il hurla un peu au moment où il les reçut, et comme il continuait d'être alerte, il fut bientôt après mis en liberté, sans donner les plus légères marques de douleur. La même expérience fut faite avec d'autres scorpions sur sept chiens et sur trois poules, mais sans qu'on eût pu remarquer sur aucun de ces animaux le moindre symptôme dangereux. Il paraît donc que des circonstances particulières , qui nous sont encore inconnues , doivent contribuer à rendre efficace le venin du scorpion. Il reste encore à déterminer si l'on doit attribuer le plus ou moins d'activité du venin à la qualité de sa nourriture , ou à une plus ou moins longue abstinence , ou à la différence des saisons , ou à la nature des vaisseaux qui ont été lésés , ou à l'âge plus ou moins avancé de l'insecte. Maupertuis a employé dans ses expériences des scorpions des deux sexes nouvellement pris , et qui paraissaient être très-actifs et vigoureux.

Comme le scorpion des contrées situées entre les tropiques est beaucoup plus gros que celui d'Europe , il est probablement beaucoup plus venimeux. Cependant Helbigesius , qui a séjourné pendant plusieurs années dans l'Orient, nous assure qu'il a été souvent piqué par les scorpions, et que jamais la blessure n'a été dangereuse pour lui ; une tumeur douloureuse , dit-il, s'ensuivait ordinairement; mais il en a toujours été guéri, en frottant la partie blessée avec un morceau de fer ou avec une pierre, ainsi qu'il l'avait vu faire aux Indiens, jusqu'à ce que la chair fût devenue insensible. Néanmoins Séba , Moore et Bosman donnent des relations très-différentes de la malignité du venin du scorpion. Ils affirment que la plaie est dangereuse si l'on n'y applique pas à l'instant même des remèdes : elle s'enflamme , et les parties qui l'environnent deviennent souvent livides , et exigent les plus grands soins si l'on veut en prévenir la putréfaction.

Le naturel de ces animaux est excessivement irascible. Quand ils sont pris , ils entrent en furie ; ils s'élancent contre les parois du vase dans lequel ils sont enfermés , et ils cherchent à piquer avec leur aiguillon tout ce qui les approche. Maupertuis a mis trois scorpions et une souris ensemble dans le même vase , et à l'instant chacun de ces trois insectes piqua le petit animal sur différentes parties de son corps ; la souris, ainsi assaillie, se tint pendant quelque temps sur la défensive , et à la fin elle les tua tous l'un après l'autre ; elle survécut même aux cruelles blessures qu'elle en avait reçues. Volkamer essaya le courage du scorpion contre une araignée de la grande espèce ; dans cette intention , il plaça dans des bocaux de cristal plusieurs animaux de l'une et de l'autre espèce. D'abord l'araignée essaya d'embarrasser le scorpion dans sa toile , qu'elle fila à la hâte ; mais le scorpion évita le danger en blessant à mort son adversaire ; bientôt après , il lui arracha les pattes , et suça le reste à loisir. Si la peau de ce scorpion n'avait pas été si dure , Volkamer croit que l'araignée l'aurait vaincu , car il avait souvent vu une araignée de cette espèce vaincre et tuer un crapaud.

Telle est la férocité de leur naturel, qu'ils sont l'un contre l'autre les ennemis les plus cruels. Maupertuis en mit environ une centaine dans le même bocal, et à peine s'étaient-ils touchés, que déjà ils commencèrent à exercer toute leur rage pour s'entre-détruire : on ne voyait qu'un carnage universel, et au bout de très-peu de jours, il n'en resta que quatorze, qui avaient tué et dévoré tous les autres.

Mais leur méchanceté dénaturée est encore plus apparente dans leur cruauté envers leurs petits. Le même auteur enferma dans un bocal une femelle de scorpion qui était pleine; il la vit dévorer ses petits à mesure qu'ils venaient au jour; un seul échappa à la destruction générale, en se plaçant sur le dos de sa mère; et celui-ci bientôt après vengea ses frères en lui donnant la mort à son tour. La férocité de cet insecte est si grande, que lorsqu'il est poussé à la dernière extrémité, on assure qu'il se détruit lui-même. Goldsmith fut informé par une personne qui en avait fait l'expérience en Amérique, et dont la véracité lui était connue, qu'un scorpion nouvellement pris ayant été placé au milieu d'un cercle formé de charbons ardens, et mis ainsi dans l'impossibilité de fuir d'aucun côté, on le vit courir d'abord pendant une minute dans l'intérieur du cercle, cherchant de tous côtés une issue pour s'échapper; mais ayant trouvé que c'était impossible, il se piqua lui-même sur le derrière de la tête, et par le moyen de cette blesure faite avec courage, il se fit mourir. Ce récit est, quoique sans bonnes raisons, traité de fable par M. Bingley.

Le mâle et la femelle des scorpions peuvent être facilement distingués, le premier étant plus petit et moins vélu. La femelle met au monde ses petits déjà vivans, et dans leur état parfait. Redi, s'étant procuré une quantité de scorpions, choisit les femelles pour les séparer, et les ayant mises chacune à part dans un bocal de verre, il les garda pendant un petit nombre de jours sans nourriture. Au bout du cinquième, une de ces femelles fut délivrée de trente-huit petits bien formés, de couleur blanc de lait, qui changea tous les jours de plus en plus, et devint couleur de rouille foncée. Une autre femelle en mit au monde vingt-sept de la même couleur, et le jour suivant les petits paraissaient tous fixés sur le dos et le ventre de leur mère. Pendant près d'une quinzaine, tous ces petits continuèrent de vivre assez bien, mais ensuite il en mourut un tous les jours, et au bout d'un mois ils étaient tous morts, à l'exception de deux. Cependant ces animaux, peuvent être conservés vivans pendant un temps considérable. Les vers et les insectes sont leur principale nourriture, et si on leur en donnait suffisamment, leur vie aurait probablement un plus long cours.

En Amérique il y a une espèce de scorpion qui est ovipare. Ses œufs ne sont pas plus gros que la pointe d'une épingle, et ils sont déposés dans une toile que cet insecte forme, comme l'araignée, d'une glu renfermée dans son corps, et qu'il porte avec lui jusqu'à ce que les petits éclosent. Aussitôt que les jeunes ont brisé leur enveloppe, ils montent sur le dos de leur mère, qui étend sa queue au-dessus d'eux, et qui les défend de son aiguillon.

LA PUCE.

Cet insecte, quoiqu'il soit très-incommode, et universellement méprisé, n'est aucunement désagréable à la vue; quand on l'examine au microscope, on peut observer qu'il a une petite tête, de grands yeux, et deux antennes à quatre joints, au milieu desquelles se trouve la trompe. Le corps paraît être de toutes parts curieusement orné d'un harnois fond brun , et très-poli , parfaitement joint , et parsemé d'un grand nombre de piquans , presque semblables à ceux d'un porc-épic. Elle a six pattes dont les articulations sont liées , comme si elle devait les replier les unes sur les autres , et quand elle saute , toutes ses pattes agissent à la fois ; c'est ainsi qu'elle réunit toutes ses forces , pour lancer son corps à une distance très-considérable pour sa taille.

Cette faculté est si grande , qu'elle peut s'élever à une hauteur égale à plus de deux cents fois le volume de tout son corps. Quelques naturalistes l'ont décrite comme aussi rusée qu'agile ; car , disent-ils , la puce se prépare à une attaque avec autant de circonspection , qu'elle emploie d'adresse et de vélocité pour s'échapper. Mais ils ont probablement accordé à cet insecte un instinct plus délicat qu'il n'a en effet ; car quoiqu'il paraisse employer toutes sortes de moyens pour sauver sa vie et sa liberté , il est cependant certain que sa petitesse et l'élasticité de ses membres sont les principaux garans de sa sûreté ; et quant à ses précautions en faisant ses attaques , tout le monde a été à même d'observer que la puce s'approche avec précipitation des corps chauds , et qu'elle attaque de préférence les pores à travers lesquels elle peut plus facilement tirer le sang.

La force de cet animal est aussi très-étonnante pour sa grosseur. Une puce peut traîner une chaîne cent fois plus lourde qu'elle : et pour entretenir cette force, elle mangera en un jour une quantité d'alimens égale à dix fois le poids de son corps.

M. Boverich, horloger habile, qui vivait il y a quelque temps à Londres, fit voir au public une petite chaise d'ivoire ayant quatre roues, et tout son train, avec un homme assis sur le siége, et le tout traîné par une puce. Il fit un autre petit carrosse, qui ouvrait et fermait par des ressorts, il était attelé de six chevaux enharnachés; un cocher était sur le siége, et il avait un chien entre ses jambes; quatre personnes étaient dans le carrosse, deux laquais étaient derrière, et un postillon était monté sur un des chevaux de devant; le tout n'était de même traîné que par une puce.

Il avait encore une chaîne de cuivre d'environ deux pouces de long, formée de deux cents anneaux avec un crochet à l'un des bouts, et à l'autre un cadenas et sa clef; la puce traînait encore cette chaîne avec facilité.

Dans une de ses lettres, madame de Sévigné parle de ces choses curieuses qu'on faisait voir de son temps; et il y a peu d'années que nous avons encore vu de ces puces travailleuses à Paris.

Les puces proviennent d'œufs que les femelles attachent fortement, par une espèce de matière gluante, à la racine du poil des chats, des chiens et d'autres animaux, ainsi qu'à la laine des couvertures de lit et d'autres objets semblables. La femelle dépose dix ou douze de ces œufs en un jour, et pendant plusieurs jours successifs; et ils éclosent dans le même ordre cinq à six jours après avoir été déposés.

On voit sortir de ces œufs, non des puces parfaites, mais de petits vers blanchâtres, tels que les vers qui s'engendrent dans les chairs, dans le fromage ou dans les fruits, et dont les corps ont des divisions annulaires; ils sont couverts de poils longs, mais en petit nombre. Les vers sont adhérens au corps de l'animal sur lequel ils ont été engendrés, et ils se nourrissent des sécrétions et des humeurs de la peau, ainsi que du duvet qui se trouve dans le linge, ou dans les couvertures, etc. Ils ont environ trois lignes de longueur, et n'ont point de pattes; ils sont cependant très-actifs. Quand ils sont troublés, ils se roulent aussitôt dans la forme d'une petite balle. On peut les conserver dans une petite boîte, et les élever avec des mouches mortes, dont ils aiment à se nourrir.

Onze jours après qu'ils sont éclos, ils cessent de manger, et demeurent comme s'ils étaient mourans ; mais si on les examine dans cet état avec un microscope, on les trouvera occupés à façonner autour d'eux une enveloppe soyeuse, dans laquelle ils doivent prendre la forme de chrysalides. Ils restent neuf jours dans cet état, et paraissent d'abord blancs ; on les voit ensuite devenir successivement d'une couleur plus sombre, à mesure qu'ils acquièrent de la consistance et des forces.

Aussitôt qu'ils sont sortis de leur coque, ils deviennent puces parfaites, et sont déjà habiles à sauter.

Les puces se trouvent en abondance dans les climats chauds, et particulièrement dans les provinces méridionales de la France et de l'Italie, et elles incommodent, non-seulement les hommes, mais encore les animaux domestiques, tels que les chiens, les chats, la volaille, etc.

LE POU.

La difformité extérieure de cet insecte, qui est
un des compagnons inséparables de la misère, si
on l'examine au microscope, ne nous inspire que
du dégoût; la forme de la partie antérieure de sa
tête paraît être à-peu-près oblongue, et celle de
derrière arrondie; la peau est dure, et quand elle
est étendue, elle est transparente, et couverte de
quelques poils brillans. Il a sur le devant une petite
trompe, qui est rarement visible : de chaque côté
de la tête sont deux antennes, dont chacune a
cinq articulations, recouvertes d'un poil brillant :
on distingue plusieurs autres vaisseaux blancs à
travers les antennes, derrière lesquelles sont les
yeux, qui semblent ne pas avoir les divisions que
l'on observe dans d'autres insectes, et ils paraissent
environnés d'un peu de poils; le cou est très-court,
et la poitrine est divisée en trois parties ; de chaque côté de la poitrine sont insérés six pieds composés de six articulations, aussi couverts de poils
brillans ; les extrémités des pieds sont armées d'une
petite griffe rude, et d'une autre griffe plus grosse,
qui lui servent de doigt et de pouce, et au moyen
desquels il peut saisir et tenir les objets qui sont

à sa portée. Son corps est terminé par une queue crochue ; les côtés sont couverts de poils ; et le tout ressemble à du parchemin clair. Quand il est fortement pressé , on l'entend craquer avec bruit.

Le pou n'a ni bec, ni dents, ni aucune sorte de bouche. A la place de tous ces organes, il a une trompe, ou un piston creux et pointu, avec lequel il perce la peau, et suce le sang, dont il forme sa seule nourriture.

L'estomac se trouve placé, partie dans la poitrine , et partie dans le dos ; mais la plus grande partie de ce viscère est dans le ventre. Quand il est vide, il n'a pas de couleur ; mais quand il est rempli, on peut facilement le discerner , et ses mouvemens semblent très-extraordinaires. Il paraît alors fortement agile , et ressemble , pour ainsi dire à un animal dans un autre animal. Quelques observateurs superficiels se sont crus autorisés à prendre ces agitations pour les pulsations du cœur ; mais si l'on observe l'animal au moment de la succion , alors on peut voir que la nourriture prend un passage direct de sa trompe à l'estomac , où les restes des anciens alimens se mêlent avec les nouveaux , et causent ses mouvemens dans tous les sens.

Si cet animal est privé de nourriture pendant deux ou trois jours, et ensuite placé sur le revers de la main, ou sur quelque partie tendre du corps, on le verra à l'instant y chercher sa nourriture, qu'il trouvera beaucoup plus promptement, si la partie sur laquelle on le place a été frottée au point de devenir rouge. Alors l'animal penche sa tête, qui est située entre les deux pattes de devant, vers la peau, et cherche quelque pore; quand il l'a trouvé, il y applique sa trompe, et aussitôt, à l'aide du microscope, on peut voir le sang monter rapidement dans la tête.

Le pou peut alors prendre sa nourriture dans toutes les attitudes, même la tête en bas et la queue levée. Si durant cette opération on tend la peau fortement, la trompe se trouve prise, et l'animal est incapable de se dégager ; mais il souffre bien plus fréquemment des suites de sa voracité, parce qu'il se remplit tellement, qu'il suffit alors de la plus légère pression pour le faire crever.

On trouverait difficilement un animal qui se multiplie aussi promptement que cet insecte malsain et dégoûtant. On a dit, pour rire, que le pou devenait grand-père dans l'espace de vingt-quatre heures. Ce fait ne peut être certifié ; mais rien n'est plus vrai que de dire, que du moment où la lente, qui n'est autre chose que l'œuf du pou, a *pu se dégager* de son superflu d'humidité, le nouveau pou brise son enveloppe, et va pondre lui-même à son tour.

Rien ne s'oppose davantage à la multiplication de ce vilain animal, que le froid ou le manque d'humidité. Ses lentes, à moins qu'elles ne soient exposées dans un lieu chaud, ne produisent rien ; et de là il résulte que la plus grande partie des lentes qui sont déposées dans les cheveux pendant la nuit, sont détruites par le froid du jour suivant.

Les pous étaient autrefois si nombreux dans le Mexique, que les anciens rois n'avaient pu trouver d'autre moyen d'en soulager leurs sujets, qu'en les soumettant à fournir, comme un tribut annuel, une certaine quantité de ces insectes. Fernand Cortez trouva dans le palais de Montézuma des sacs qui en étaient remplis.

Cet insecte désagréable est également incommode sur toutes les parties du corps humain, et la maladie appelée par les anciens *phthiriasis* ou *maladie pédiculaire*, était très-répandue ; Antiochus, Hérode, Épiphanes, le poète Alcmar, Phérécydes, Cassandre, Callisthènes, Sylla et plusieurs autres, dit-on, en sont morts. L'usage du mercure, qui était inconnu aux anciens, en a probablement affranchi les modernes.

Cette famille d'insectes est si générale, que l'on trouverait difficilement un animal ou un végétal qui ne soit point tourmenté par un pou qui lui soit particulier. La brebis, le cheval, le pourceau et l'éléphant en sont tous également fatigués; il ne quitte jamais la baleine, le requin, le saumon et les écrevisses de mer, de même que toutes les serres-chaudes et tous les jardins sont infestés de quelques insectes destructeurs.

LE PUCERON.

Cet animal est de la grosseur d'une puce; il est d'un vert brillant ou d'un vert bleuâtre; le corps est presque ovale; son extrémité postérieure est la plus large et la plus bombée. La poitrine est très-petite, et la tête est obtuse et verte; les yeux peuvent être distingués facilement, tant parce qu'ils sont saillans sur le devant de la tête que parce qu'ils sont d'une couleur noire luisante; auprès de ses yeux il y a une raie noire de chaque côté; ses pattes sont très-minces. Ainsi que plusieurs autres insectes, ils changent de peau à quatre épo—

ques différentes : ce qui est très-remarquable en eux, c'est que les mâles ont quatre ailes, tandis que les femelles n'en ont jamais. Ils ont tous de longues pattes, non-seulement propres à les aider à marcher par-dessus le long duvet des plantes et des feuilles, mais aussi pour se transporter d'un arbre à un autre, quand il leur arrive d'en être éloignés. Leur trompe est sous leur poitrine, et ils s'en servent pour pénétrer dans les pores des plantes, afin d'en pomper le suc, car ils ne les mâchent pas, comme font les chenilles; mais ils les sucent si fortement, que les feuilles se couvrent de taches, comme si elles avaient été attaquées d'ulcères : c'est pour cette raison qu'elles se contractent toujours.

Ces pucerons se trouvent ordinairement sur les feuilles de l'arroche et d'autres plantes ; et plus les feuilles et les bourgeons sont délicats, plus leurs essaims y sont nombreux. Quelques plantes en sont entièrement couvertes ; et quoiqu'ils ne soient pas la cause de leur faiblesse, ils en sont du moins les signes, et ils l'augmentent en suçant les feuilles. En général ils empruntent la couleur de la plante sur laquelle ils se tiennent. Ceux qui se nourrissent d'herbes potagères et sur les pruniers, sont de couleur cendrée, avec cette différence seulement qu'ils sont verdâtres quand ils sont jeunes ; ceux qui se tiennent sur l'aune, sur le cerisier, sur les fèves et sur quelques autres plantes sont noirs : ceux qui vivent sur les feuilles des rosiers et des pommiers sont blancs. Mais, comme ils sautent à la manière des sauterelles, quelques - uns les ont placés au nombre des espèces de la puce. La couleur la moins commune est le rougeâtre ; et les pucerons de cette couleur se trouvent sur les feuilles de tanaisie. Quand ces insectes sont froissés dans les mains, ils les teignent d'un rouge qui n'est pas désagréable. Ils vivent tous sur des espèces de plantes particulières ; ils sont souvent engendrés dans la substance même de la feuille.

Ces insectes sont vivipares ; le fœtus, quand il est prêt à paraître au jour, remplit entièrement le corps de la femelle ; la partie antérieure se fait jour d'abord, et ensuite celle de derrière ; les petits ne commencent à se mouvoir que lorsque les cornes ou palpes sont déjà hors du corps de la mère ; et c'est par leur mouvement qu'ils donnent le premier signe de vie, les agitant dans des directions différentes, et faisant jouer toutes leurs articulations.

Quand les palpes et la tête sont dégagées, elles sont suivies des deux pattes de devant, qu'elles font mouvoir avec autant d'agilité, après quoi l'on voit suivre les pattes du milieu, et enfin celles de derrière : cependant les petits continuent encore d'être attachés, comme avec un lien, à leur mère, et seulement par une des extrémités ; ils restent ainsi suspendus en l'air, jusqu'à ce que leurs petits membres, encore mous, se soient assez durcis et fortifiés pour les soutenir. La mère alors se débarrasse de son fardeau ; et en s'éloignant du lieu où elle s'était fixée, elle force ses petits à se tenir sur leurs pattes, et leur laisse le soin de pourvoir à leur nourriture. Comme ils n'ont pas à aller loin, et que leurs provisions sont sous eux, ils continuent, pendant l'été, de manger et de ramper partout avec une grande agilité. Mais comme il appartient à l'espèce des vivipares, et qu'il doit nécessairement se tenir caché quelque part en hiver, il a soin de se procurer une retraite à l'abri du froid auprès des arbres et des plantes qui doivent servir à le nourrir au commencement du printemps. Ils ne se cachent jamais dans la terre, comme font d'autres insectes, parce qu'ils n'ont aucun organe qui puisse les aider à la remuer. Ils ne peuvent pas non plus s'introduire dans les crevasses, attendu que leurs pattes sont trop longues ; leur corps est d'ailleurs si tendre, que la moindre motte de terre pourrait l'endommager. C'est pourquoi ils se glissent dans les fentes profondes de l'écorce, ou dans les cavités des plus fortes tiges, d'où ils s'élancent au-dehors sur les branches et les feuilles, quand la chaleur du soleil commence à se faire sentir. Ni les froids de l'automne, ni le commencement des chaleurs du printemps ne les incommodent jamais ; c'est pourquoi on les voit rarement s'oc-cuper de leur retraite pour l'hiver, avant que les feuilles ne tombent ; et ils sont assez alertes pour profiter des premiers avantages du retour du printemps.

LA CHIQUE.

CET insecte importun est une espèce de petite puce de sable ; il est si petit, qu'il est presque imperceptible. Ses pattes n'ont pas l'élasticité de celles des puces, car si la chique avait reçu de la nature le pouvoir de sauter, il n'y aurait pas un animal vivant, dans les climats où elle abonde, qui n'en fût couvert ; et cette race cachée et presque invisible, suffirait pour détruire les trois quarts du genre humain , par les maux qu'elle seule pourrait produire.

Ces insectes sont communs à Surinam et dans plusieurs parties de l'Amérique ; on les trouve toujours dans la poussière , et particulièrement dans les lieux impurs ; ils se fixent sur les jambes , à la plante des pieds , et même dans les doigts.

La chique pénètre entre la peau et la chair , et généralement sous les ongles des orteils , d'une manière si subtile , qu'au moment où elle y pénètre , il est impossible de s'en apercevoir ; on n'y devient sensible , que lorsqu'elle commence à croître. D'abord il n'est pas difficile de la retirer ; mais lors même qu'elle n'y a encore introduit que la tête , elle s'y fixe si fortement , qu'il faut toujours sacrifier une partie de la peau avant de pouvoir l'en arracher. S'il n'est pas aperçu de bonne heure , l'insecte achève de se loger entièrement , suce le sang , et se forme un nid d'une pellicule blanche et mince , en forme de perle plate. Il s'étend dans cet espace , de manière que la tête et les pieds sont tournés vers le côté extérieur pour faciliter sa nourriture , et le reste du corps dans l'intérieur du cocon , afin qu'il puisse y déposer ses œufs. À mesure qu'il le produit , le petit cocon s'agrandit ; et au bout de quatre ou cinq jours il a au moins deux lignes de diamètre. Il devient alors de la plus grande conséquence de le retirer; car, si l'on néglige cette opération, il crève et répand une infinité de lentes, qui remplissent tout l'espace qu'il occupe et produisent une excessive démangeaison, et il est alors très difficile de les déloger.

Ces insectes pénètrent jusqu'aux os; et, même après que le patient en a été débarrassé, il ressent encore de la douleur, jusqu'à ce que la chair et la peau soient entièrement guéries.

L'opération de leur extirpation, dans laquelle les jeunes négresses sont extrêmement habiles, est longue et douloureuse. Elle consiste à séparer, avec la pointe d'une aiguille, la chair qui couvre la membrane dans laquelle les œufs se trouvent logés, ce qui ne peut guère avoir lieu sans faire crever le cocon. Après avoir séparé même les plus petits ligamens, le nid doit être enlevé. Si malheureusement il crève, on doit prendre un soin extrême d'en extraire les moindres parties, et particulièrement de ne pas y laisser l'insecte lui-même; car il recommencerait à déposer ses œufs avant la guérison de la plaie; et pénétrant beaucoup plus avant dans la chair, il augmenterait la difficulté de l'extraire. Pendant les grandes chaleurs, on doit éviter en outre de mouiller la partie affectée ; sans cette précaution, l'expérience a prouvé que le patient se trouverait exposé à des accidens très-dangereux. On applique des cendres de tabac sur l'ouverture, ce qui guérit le mal en très-peu de temps. Quelques personnes, pour avoir négligé d'extirper totalement cette vermine détestable, ont non-seulement perdu leurs membres par l'amputation, mais la mort même s'en est suivie.

LA PUNAISE COMMUNE.

La punaise commune a le dos plat et les pattes faites pour courir. La trompe qui est recourbée, et les antennes sont plus longues que le corselet. Elle se tient cachée, pendant le jour, dans les crevasses ou autres lieux retirés ; mais la nuit elle court partout avec une très-grande agilité, pour sucer le sang des personnes endormies. Quelquefois cependant elles ne les mordent pas, mais elles les incommodent en marchant sur la figure, ou bien par leur abominable odeur.

Ces animaux puans et désagréables n'ont été ,
nous dit-on, introduits en Angleterre qu'avec les
bois de sapin qui y furent importés lors de la
reconstruction de Londres , après que cette ville
avait été détruite par un grand incendie , car on
dit généralement que les punaises n'étaient pas
connues dans ce pays avant cette époque , et un
grand nombre de ces insectes furent trouvés presque aussitôt après que les nouvelles maisons furent
bâties. Leur nourriture la plus favorite est le sang ,
la pâte séchée, le sapin , le hêtre , l'osier , et quelques autres sortes de bois de charpente , dont ils
sucent la sève. Mais ils ne pourraient pas se nourrir sur le chêne , le noyer , le cèdre ou l'acajou ,
car, d'après l'expérience qui en a été faite , plusieurs de ces insectes , qui avaient été enfermés
dans ces espèces de bois , moururent presque
aussitôt, tandis que ceux qui avaient été gardés
dans les autres , continuèrent de vivre toute l'année.

En général, les femelles déposent environ cinquante œufs à la fois ; ces œufs sont blancs, et
couverts d'une matière visqueuse, qui se durcit
ensuite et les attache fortement sur le lieu où ils
ont été déposés ; ils éclosent ordinairement au bout
de trois semaines. Les époques de leurs pontes sont
dans les mois de mars, de mai, de juillet et de

septembre, de sorte que chaque punaise femelle qui a survécu à la saison, n'a pas produit moins de deux cents petits. Ceux de la première ponte sortent de leurs œufs de bonne heure dans le printemps et souvent même en février. Après avoir brisé leur enveloppe, ils sont pendant quelque temps tout-à-fait blancs, mais ils tournent spécialement en brun au bout de trois semaines. Il leur suffit de onzes semaines pour venir à leur état parfait. Ces animaux sont alors très-vigilans et très-rusés, et si peu attachés à leur propre espèce, qu'on les voit quelquefois s'attaquer avec le plus grand acharnement, et leurs combats cessent rarement, à moins que l'un ou l'autre des combattans, et souvent tous les deux, n'aient été tués. Les araignées en sont avides, et en font souvent leur nourriture.

Les lits qui ont été infestés par les punaises doivent être entièrement défaits de très-bonne heure au commencement de l'année; il en faut laver la garniture, et il faut même la faire bouillir si elle est en toile, et laver à chaud et presser si elle est en étoffe. Le bois de lit doit être entièrement démonté, épousseté et lavé avec de l'esprit de vin ou de thérébentine, dans tous les joints et dans les fentes; car c'est là principalement que les femelles déposent leurs œufs. Après cela, il faut remplir

toutes les cavités avec du savon liquide, mêlé de vert-de-gris et de tabac en poudre. Les petits qui auraient échappé à ce nettoyement se nourriront d'abord de cette composition au moment où ils viendront à éclore, et seront ainsi détruits en même temps que les anciennes punaises qui y se-raient restées.

Ces animaux sont en abondance dans tous les climats chauds ; c'est pourquoi la plupart de nos vaisseaux marchands en sont remplis. On croit que ces insectes ne restent pas tous ensemble dans un état d'engourdissement pendant l'hiver, mais que, dans les temps froids, ils ont moins besoin de nourriture, et c'est pourquoi ils ne sont pas tentés de sortir de leurs retraites aussi souvent que dans les chaleurs.

La punaise singulière que Sparmann a vue au cap de Bonne-Espérance ressemblait, pour la forme et pour la couleur, à une feuille sèche, dont les bords retournés auraient été tout-à-fait mangés par les chenilles, et elle était toute couverte de petits piquans. La nature, en donnant à cet insecte cette forme particulière, a probablement voulu la bien cacher et la bien garantir contre les oiseaux et d'autres ennemis plus petits encore, en lui don-nant une espèce de masque.

LA SCOLOPENDRE.

Cet animal est le plus formidable en apparence de tous ceux qui composent la famille des insectes, le scorpion excepté. Il se trouve dans les deux Indes, et dans différentes parties de l'Afrique, ou il se tient particulièrement dans les bois, et où il se nourrit de différentes espèces de serpens. On le voit quelquefois dans les maisons, et l'on assure qu'il est si commun dans quelques districts particuliers, que les habitans sont obligés de tenir les pieds de leurs lits dans des vases remplis d'eau, pour ne pas être incommodés pendant la nuit par ces horribles insectes. Ils varient beaucoup et pour la couleur et pour la grosseur. Quelques-uns sont d'un brun rougeâtre foncé ; d'autres d'une couleur jaune d'ocre, jaune livide, ou légèrement nuancé de rouge. On en voit, mais rarement, qui ont plus d'un pied de long. Leurs pattes, qui sont très-nombreuses, sont terminées par un crochet ou ongle très-aigu, d'un noir brillant, et d'inégale grandeur. Ils ont huit yeux très-petits, quatre de chaque côté de la tête ; près des antennes. Le nombre des anneaux de leur corps s'accroît avec leur

âge, ce qui rend quelquefois difficile d'en déterminer l'espèce.

Gronovius nous apprend que toutes les pattes
de cet insecte sont envenimées ; mais ses armes
les plus formidables sont deux instrumens en
forme de crochets aigus, qui sont placés sous sa
bouche, et au moyen desquels il détruit sa proie.
A l'extrémité de chacun de ses crochets il y a
une petite ouverture, et delà il étend un tube à
travers lequel on a supposé que le centipède jette
le fluide venimeux dans la plaie qu'il a faite avec
ses griffes. Pour déterminer la nature de ce venin,
Leeuwenhoek mit une grosse mouche à la portée
d'un scolopendre, qui la saisit à l'aide de deux de
ses pattes du milieu, et alors il les passa d'une
paire de pattes à l'autre, jusqu'à ce que la mouche
se soit trouvée sous ses griffes, qu'il lui enfonça
dans le corps, et la mouche mourut à l'instant.
M Bernardin-de-Saint-Pierre dit que, dans l'Ile-
de-France, son chien fut mordu par un de ces insectes, qui avait plus de six pouces de long, et
que la plaie ayant amené un ulcère, l'animal fut
trois semaines à en être guéri. Il s'est beaucoup
diverti en observant un scolopendre vaincu par un
grand nombre de fourmis, qui l'attaquèrent toutes
ensemble, et qui, après l'avoir saisi par toutes ses
pattes, l'emportèrent de la même manière que plu-

sieurs ouvriers transporteraient une longue pièce de charpente. Le venin de cet animal n'est pas plus dangereux que celui d'un scorpion, et il est rare qu'il soit fatal aux grands animaux.

M. Staunton assure que l'horreur excitée dans les esprits de quelques personnes à la suite de lord Macarteney, par la vue de ces animaux en Chine, était telle qu'elles en prirent occasion pour justifier la haine qu'elles avaient conçue contre ce pays.

LA TIQUE.

La bouche de ces insectes incommodes n'est pas armée d'une trompe, mais leur suçoir a une gaîne cylindrique composée de deux valvules. Ils ont deux palpes comprimées aussi longues que le suçoir; ils ont deux yeux, un de chaque côté de la tête, et huit pattes.

La tique vit ordinairement sur d'autres animaux; quelques-unes cependant vivent dans l'eau, et

d'autres sur diverses substances végétales. On les
trouve partout en grand nombre. Les larves et les
chrysalides ont six pattes.

LES MITES.

Les mites, vues à l'œil nu, ne paraissent être
que des atomes animés ; mais quand on les examine au microscope, on trouve que ce sont des
animaux parfaits, et qui exercent régulièrement
les fonctions de l'économie animale. La tête est
petite en proportion du reste du corps. Leurs
pattes sont armées à leur extrémité de petites
griffes, au moyen desquelles elles peuvent s'attacher fortement sur les substances où elles se trouvent. Le corps est couvert d'un long poil, qu'elles
peuvent déprimer, et, par ce moyen, se glisser à
travers les fentes, où elles ne pourraient pas entrer autrement.

Les femelles, que l'on peut distinguer facilement des mâles, sont ovipares. Les œufs sont si
petits, que, d'après un calcul exact, on a trouvé
que quatre-vingt-dix millions de ces œufs ne rem-

pliraient pas la coque d'un œuf de pigeon. Ils
éclosent par un temps chaud au bout d'environ
douze jours ; mais pendant l'hiver ils sont beaucoup plus long-temps à éclore. Au moment où ils
éclosent, les nouveau-nés sont extrêmement petits,
et avant qu'ils aient atteint leur état parfait, ils
changent de peau plusieurs fois.

Ces petits animaux ont la vue très-perçante,
et quand une fois ils ont été touchés avec une
épingle, il est aisé d'apercevoir avec quelle adresse
ils cherchent à éviter une seconde piqûre. Ils sont
extrêmement voraces, et on les a souvent vus se
dévorer les uns les autres. Ils ont une vie si tenace,
qu'on a pu les conserver vivans pendant plusieurs
mois entre deux verres concaves, appliqués au
microscope. Leeuwenhoek plaça une mite femelle
sur la pointe d'une aiguille pour pouvoir l'examiner : elle y resta pendant dix jours, et pendant ce
temps elle déposa deux œufs, qu'elle dévora à défaut
d'autre nourriture.

LA MITE DES CHAMPS.

Cette mite, qui est plus petite que la mite ordinaire, et qu'on peut à peine apercevoir quand elle est posée sur la peau, est de forme arrondie, et d'un rouge brillant ; le ventre est couvert de soies vers son extrémité. Dans le mois d'août et de septembre, elle devient très-importune, et par le moyen de deux petits bras qui sont placés au-dessus des pattes de devant, s'attache si fortement à la peau, qu'il n'est pas facile de l'en détacher. Sur quelque point que cet insecte se fixe, il cause une tumeur grosse à peu près comme un pois, accompagnée d'une très-forte démangeaison. La trompe au moyen de laquelle il prend sa nourriture, est ordinairement cachée.

Ces insectes abondent sur les végétaux, et on est surtout exposé à leur piqûre en marchant dans les jardins à travers les grandes herbes, ou dans les champs de blé. Il y a un si grand nombre de ces insectes, au rapport de M. White, dans les carrières de

craie du Hampshire , que les filets tendus
dans les garennes en sont souvent tout con-
verts , et que les chasseurs en sont quelquefois si cruellement piqués , qu'ils en ont la
fièvre.

CHAPITRE VI.

LE GRILLON.

Le *grillon domestique*, dont le bruit est si bien connu derrière le feu dans les soirées d'hiver, ressemble à la sauterelle par sa forme, son cri et sa manière de sauter, etc. Il en diffère par la couleur, qui est partout d'un brun de rouille ; par sa nourriture, qui est plus variée, et par le lieu de sa retraite qui est le plus souvent dans quelque fente derrière le foyer dans la campagne. La plus petite fente lui sert d'asile, et l'on est sûr qu'il se multipliera dans le lieu où il se sera établi. Il est très-frileux, abandonnant rarement le coin du feu ; et, s'il n'est par chagriné, on le voit sauter de sa retraite pour venir chanter à la vue de la flamme dans la cheminée. Le *grillon champêtre* est le plus timide de tous les animaux ; mais le *grillon domestique*, étant accoutumé au bruit, n'en est pas effrayé.

Le bruit que produit le chant du grillon, autrement appelé *criquet*, est l'effet d'une membrane, qui, en se contractant par le moyen d'un muscle et d'un tendon placés sous ses ailes, retombe sur elle-même à peu près comme un éventail ; cette membrane, par cela même qu'elle est toujours sèche, est la cause du cri aigu et perçant que cet animal fait entendre si souvent. Ce bruit peut aussi être entendu après la mort de l'insecte, si on en fait mouvoir le tendon. On assure que les grillons peuvent vivre et continuer leur bruit habituel, même après qu'on leur a coupé la tête.

Comme le grillon vit ordinairement dans les ténèbres, ses yeux semblent avoir été formés pour l'obscurité de sa demeure ; et ceux qui voudraient le surprendre n'ont besoin que d'allumer subitement une chandelle ; cette lumière l'éblouit, lui fait pousser deux ou trois cris perçans et l'empêche de trouver le chemin de sa retraite. Ces cris d'alarme semblent être le signal donné aux autres pour qu'ils puissent fuir dans les fentes et dans les crevasses, et éviter ainsi le danger.

Le grillon est un petit animal très-vorace ; il se nourrit de pain, de farine, de viande et de

toutes sortes d'alimens ; mais ce qu'il aime le plus
particulièrement, c'est le sucre. Il ne cesse jamais
de chanter, que lorsque le froid le saisit. Ces insectes ne boivent jamais, mais ils se tiennent réunis
ensemble pendant des mois entiers derrière la
cheminée. Cependant M. White dit : « On croirait
volontiers, qu'à cause de l'air brûlant qu'ils respirent, ils doivent être très-altérés, et qu'ils ont
un grand penchant pour les liquides, puisqu'on
les trouve fréquemment noyés dans les pots où
l'on conserve de l'eau, du lait, du bouillon et
d'autres liquides.

Ils aiment, par préférence, tout ce qui est humide ; c'est pourquoi ils font des trous aux bas
de laine et aux tabliers mouillés qui sont étendus
devant le feu. Ces grillons sont, non-seulement
très-avides de boisson, mais encore très-voraces ;
car ils se jettent sur l'écume du pot, sur le le-
vain, le sel et les miettes de pain, les tripes, et sur
les balayures.

Dans l'été, on les a observés pendant leur vol
quand le temps est obscur, hors des fenêtres et sur
les toits des maisons voisines, cet essor inattendu
de leur activité suffit pour expliquer la manière
brusque avec laquelle on les voit quitter leur
asile, ainsi que celle par laquelle ils arrivent
dans les maisons où ils n'étaient pas connus au-

paravant. On a remarqué que plusieurs sortes d'insectes semblent ne jamais faire usage de leurs ailes, que lorsqu'ils veulent changer de quartier et s'établir de nouvelles colonies. Dans l'air, ils se meuvent en lignes courbes ou ondoyantes comme le pivert, ouvrant et fermant leurs ailes à chaque battement, et s'élevant et plongeant ainsi alternativement. Quand ils se multiplient beaucoup, ils deviennent très-incommodes, car ils volent vers la chandelle et se jettent au visage des personnes; mais on peut les éloigner avec de la poudre à tirer que l'on fait éclater dans les crevasses et dans les fentes où ils se tiennent. Ils deviennent alors une vraie peste dans les maisons. Semblables au fléau des grenouilles que Pharaon attira sur l'Égypte, ils remplissent les chambres à coucher, les lits, les fours et les huches.

Les chats mangent les grillons domestiques, et jouent avec ces insectes, comme ils font avec les souris avant de les dévorer.

Les grillons peuvent être détruits, ainsi que les mouches, par des phioles à moitié remplies de bière ou d'autres liquides que l'on place auprès de leurs retraites; car, comme ils sont toujours avides de boire, ils s'y portent en foule, jusqu'à ce que les bouteilles soient pleines.

Un préjugé populaire cependant s'est souvent

opposé à leur destruction; beaucoup de gens sont persuadés que leur présence porte bonheur, et que, si on les éloignait ou si on les tuait, il arriverait infailliblement quelque malheur dans la famille.

Le savant Scaliger se plaisait particulièrement à entendre le chant des grillons, et il conservait, pour son amusement, plusieurs de ces insectes enfermés dans une boîte qu'il plaçait soigneusement dans un endroit chaud. D'autres, au contraire, croient qu'il y a quelque chose de sinistre et de mélancolique dans leur chant; et ils s'efforcent, par tous les moyens, de bannir ces insctes, de leur maison.

Ledel raconte qu'une femme qui était grandement incommodée du chant des grillons, et qui avait essayé, mais en vain, de tous les moyens pour les bannir de sa maison, y réussit enfin par hasard; car ayant un jour invité plusieurs amis à venir chez elle, où il se faisait une noce, afin d'augmenter la joie de cette fête, elle fit venir des tambours et des trompettes; le bruit que l'on faisait avec ces instrumens fut beaucoup plus fort que celui auquel ces animaux étaient accoutumés, de sorte qu'ils abandonnèrent leur retraite, et disparurent tout-à-fait.

LE TAUPE-GRILLON.

Ce petit insecte, qui est une image parfaite de la taupe, a environ deux pouces et demi de long et neuf lignes de large. Ses pattes de devant sont larges et fortes; et dans leur forme, ainsi que dans leur position, elles ont une très-grande ressemblance avec celles de la taupe, et sont précisément destinées au même usage, c'est-à-dire à creuser des trous dans le sol où l'insecte se tient ordinairement; il s'y prend d'une manière si adroite, qu'il y pénètre beaucoup plus vite que la taupe.

Les femelles forment une cellule d'une terre pâteuse, environ de la grandeur d'un œuf de poule, fermée de tous côtés, et dont l'espace intérieur est aussi grand que deux fois celui d'une noisette. Les œufs, au nombre d'environ cent cinquante, sont blancs, et à peu près de la grosseur de carvis confits. Ils sont soigneusement couverts, autant pour les garantir contre les injures du temps, que contre les attaques d'une espèce d'escarbot noir qui les détruit souvent. La femelle se place auprès de l'entrée du nid, et lorsque l'escarbot vient pour saisir sa proie, elle le chasse en le mordant par-derrière. Rien ne peut surpasser les soins que ces animaux prennent pour la conservation de leurs petits. Partout où leur nid est situé, des fortifications et des retranchemens l'environnent ; de nombreux détours y conduisent, et le tout est entouré d'un fossé, qu'il n'est possible qu'à un très-petit nombre d'insectes de franchir.

A l'approche de l'hiver, ils changent leur nid de place, et vont l'établir à une si grande profondeur dans la terre, qu'il est impossible que le froid puisse jamais y pénétrer. Quand la saison se radoucit, ils remontent leur nid à proportion que le temps devient plus favorable, et à la fin ils l'élèvent si près de la surface de la terre, qu'ils le rendent susceptible de recevoir les impressions de l'air et des rayons du soleil ; et lorsque le froid revient, ils le renfoncent de nouveau jusqu'à la profondeur convenable. Cette méthode est parfaitement semblable à celle pratiquée par les fourmis à l'égard de leur nid.

Le taupe-grillon, vers le milieu d'avril, si le temps est beau, et à la nuit tombante, fait entendre un cri étouffé, triste et discordant, et qui diffère très-peu du cri d'un tette-chèvre. Au commencement de mai, les femelles déposent leurs œufs. M. White rapporte qu'un jardinier, dans une maison où il était allé en visite, étant occupé à faucher sur les bords d'un canal, vers le 6 de mai, sa faux frappa trop avant, et il écarta une grosse motte de gazon, qui offrit à ses yeux une scène curieuse d'économie domestique. Il y avait plusieurs cavernes et des passages détournés, qui conduisaient à une espèce de chambre, proprement unie et arrondie, d'environ la grandeur d'une tabatière ordinaire. Dans le secret intérieur de cette espèce de taupinière, étaient déposés près de cent œufs d'un jaune sale, et enveloppés d'nne peau coriace, mais qui n'étaient pas encore assez mûrs pour contenir aucun germe de petit, et remplis seulement d'une substance visqueuse. Les œufs étaient exposés à l'influence du soleil, puisqu'ils n'étaient recouverts que d'un léger afnas de terre fraîchement remuée, et semblable aux monticules formés par les fourmis.

Ces insectes sont très-importuns dans les serres, où ils font un grand ravage, en rongeant et dégradant les racines des plantes à l'aide de leur pattes de devant, dont les extrémités sont armées de dents semblables à celles d'une scie.

M. Gould conserva un taupe-grillon vivant pendant plusieurs mois de l'été. Il parvint à le nourrir avec des larves et des chrysalides de fourmis, que l'insecte saisissait avidement.

LA CIGALE.

La couleur de cet animal est vert de feuille, excepté le dos, qui est rayé de brun, et le ventre derrière les pattes, où l'on voit deux raies d'un vert plus pâle. La tête, le corselet et le ventre forment trois parties séparées. La tête est oblongue, penchée vers la terre, et offre quelque ressemblance avec celle d'un cheval. Sa bouche est couverte par une espèce de bouclier rond, formant saillie à l'entour, et armée de dents couleur brune et à pointes crochues. Dans l'intérieur de la bouche on distingue une grande langue rougeâtre, fixée à la mâchoire inférieure. Les palpes sont très-longues, et se terminent en pointes; les yeux ressemblent à deux petites taches noires un peu saillantes.

Le corselet est élevé, étroit, armé en dessus et en dessous de deux piquans serretés. Le dos est armé d'un bouclier dur, auquel les muscles des pattes tiennent fortement; et autour de ces muscles on voit les vaisseaux à l'aide desquels cet animal respire : ils sont aussi blancs que la neige. Les deux pattes de derrière sont beaucoup plus fortes et plus longues que les deux paires de

pattes de devant; elles sont fortifiées par des muscles épais, et parfaitement appropriées au saut.
Cet insecte a quatre ailes ; celles de devant sont
insérées près des pattes du milieu , et les deux
autres près celles de derrière. Les ailes de derr-
rière sont beaucoup plus fines, et peuvent être
étendues beaucoup plus que celles de devant ;
c'est à leur aide surtout que l'insecte vole. Son
gros ventre est composé de huit anneaux, et il
se termine par une queue fourchue couverte de
duvet, comme celle d'un rat. Quand on examine son intérieur, on trouve, outre le gosier,
un petit estomac ; et derrière celui-ci, un autre
très-volumineux , ridé et sillonné en dedans ;
plus bas il y en a encore un troisième ; de sorte
qu'on a dit, avec raison, que tous les animaux
de ce genre remâchent, puisqu'ils ressemblent
aux animaux ruminans dans leur conformation
intérieure.

Aussitôt que la cigale peut déployer ses ailes,
elle remplit les prairies de ses chants, qui, comme
ceux des oiseaux , sont appelés des chants d'amour.
Il n'y a dans cette famille d'insectes que le mâle
qui ait de la voix ; et si l'on examine les ailes
à leur insertion , on trouvera dans son corps
un petit trou recouvert d'une membrane fine et
transparente. Linnée a pensé que ce trou était

l'instrument avec lequel cet insecte chante ; mais d'autres naturalistes nous assurent que son chant est produit par le frottement des deux pattes de derrière l'une contre l'autre. Quoi qu'il en soit, il est rare que, lorsqu'un mâle se fait entendre, un autre ne lui réponde aussitôt, et après plusieurs provocations réciproques de ce genre, on voit ces deux petits animaux s'attaquer et se battre en désespérés. La femelle est ordinairement la récompense de la victoire ; car, après le combat, le mâle la saisit fortement avec ses dents derrière le cou, et la tient ainsi pendant plusieurs heures.

Vers la fin de l'automne, la femelle se prépare à déposer son fardeau, et l'on voit alors que son corps est fortement enflé par ses œufs, qui sont au nombre de cent cinquante. Afin qu'elle puisse leur faire un logement convenable dans la terre, la nature a placé à sa queue un instrument semblable en quelque sorte à une épée à deux tranchans, qu'elle peut sortir ou remettre dans le fourreau à volonté. C'est avec cet instrument qu'elle perce la terre aussi profondément qu'il est possible, et dans le trou qu'elle a fait, elle dépose ses œufs l'un après l'autre. Après avoir ainsi pourvu à la conservation de sa progéniture, elle ne survit pas long-temps ; mais à mesure que l'hiver s'approche , elle dessèche , semble éprouver les infirmités de l'âge , et meurt enfin de consomption. Cependant quelques naturalistes prétendent qu'elle est tuée par le froid, et d'autres qu'elle est mangée par les vers ; ce qu'il y a de certain , c'est qu'on n'a jamais vu le mâle et la femelle survivre à l'hiver. Mais les œufs se conservent sans éprouver aucune altération , ni par la rigueur de la saison, ni par le retard du printemps. Ils sont blancs , de forme ovale , et gros comme des graines d'anis ; ils ont la consistance de la corne ; ils sont enveloppés dans une couverture parsemée de veines ramifiées , et lorsqu'on les en tire et qu'on les presse entre les doigts , ils craquent. Leur substance intérieure est un fluide transparent, blanchâtre et visqueux. En général , vers le commencement de mai , chaque œuf produit un insecte environ de la grosseur d'une puce. Les petits sont d'abord d'une couleur blanchâtre : au bout de deux ou trois jours ils deviennent noirs , et bientôt après ils sont d'un brun rougeâtre. Ils paraissent dès le commencement semblables à des sauterelles privés d'ailes, et sautent dans l'herbe, aussitôt qu'ils sont éclos, avec une grande agilité. Ces insectes paraissent hors de leurs habitations souterraines vers le coucher du soleil ; mais ils sont si peureux

et si prévoyans, qu'il est très-difficile de les voir ;
car aussitôt qu'ils entendeut quelqu'un s'approcher d'eux, ils s'arrêtent tout court au milieu de
leur chant, et se retirent précipitamment dans
leur terrier, où il se cachent jusqu'à ce que toute
apparence de danger soit passée. M. White, de
Selborne, qui a étudié attentivement leurs mœurs
et leurs habitudes, entreprit d'abord de fouiller leur terrier avec une bêche, mais il n'en obtint pas grand succès ; soit que le fond du trou
fût inaccessible parce qu'il aboutissait sous une
grosse pierre, ou qu'en brisant ainsi la terre ces
pauvres petits animaux furent écrasés par inad-
vertance ; il réussit néanmoins à prendre un grand
nombre de leurs œufs, qu'il trouva dans un terrier
ainsi brisé : ils étaient jaunes, longs et étroits, et
recouverts d'une peau très-coriace. Des moyens
moins violens, qu'il employa ensuite, eurent plus
de succès. Une hampe d'herbes, très souple,
ayant été introduite avec ménagement dans le
terrier, servit à en sonder les détours jusqu'au
fond, et à en faire sortir les insectes.

Quoique ces animaux soient pourvus de longues pattes de derrière, et de cuisses charnues
propres à les faire sauter, cependant, quand on
les a tirés de leur trou, ils ne montrent aucune
activité, mais ils se traînent si lentement, qu'ils

peuvent être facilement pris, et quoiqu'ils soient pourvus d'ailes dont nous avons donné la description, ils ne s'en servent jamais, pas même lorsqu'il semble que ce devrait être pour eux l'occasion la plus favorable. M. White, cependant, qui entreprit ne transplanter une colonie de ces insectes de sa terrasse dans son jardin, croit qu'ils ont fait usage de leurs ailes, car bientôt après ils retournèrent à leur première habitation. Quand on les prend dans la main, ils ne font aucune tentative pour se défendre. Ils se nourrissent indifféremment de toutes les herbes qui croissent à l'entour de l'entrée de leur terrier ; et jamais, pendant le jour, ils ne s'en éloignent de plus de deux ou trois pouces. Assis à l'entrée de leur asile, ils chantent toute la nuit aussi-bien que le jour, depuis la mi-mai jusqu'à la mi-juillet.

Si on les saisit par une patte de derrière, ils se débarrassent à l'instant en l'abandonnant tout-à-fait ; elle ne repousse plus, ainsi que cela arrive aux crabes et aux araignées ; et cette perte les empêche aussi de s'enlever; car, ne pouvant plus s'élancer dans l'air, ils n'ont pas assez de place pour le développement de leurs ailes. Si on les presse rudement avec la main, ils mordent avec une grande fureur ; et quand ils s'envolent, ils font du bruit avec leurs ailes. Ils se tiennent ordinairement dans les terres basses, où l'herbe et les plantes poussent beaucoup de feuilles, et dont le sol est gras et fertile: là ils déposent leurs œufs, et plus particulièrement dans des crevasses formées par la chaleur du soleil.

M. White assure que, si l'on enferme de ces cigales dans une cage de carton, exposée au soleil, et qu'on leur donne des plantes mouillées, elles mangeront et profiteront; elles y deviendront même si gaies, et feront tant de bruit, qu'on ne pourrait les garder dans la chambre sans en être étourdi; mais si les plantes qu'on leur donne ne sont pas mouillées, elles périront.

LA SAUTERELLE.

Cet insecte a environ trois pouces de long; la tête est de couleur brune, ainsi que les deux antennes, qui ont un pouce de longueur: il est bleu à l'entour de la bouche, et à la partie intérieure de ses plus fortes pattes: le bouclier qui couvre le dos est verdâtre, le dessus du corps est brun tacheté de noir, et le dessous est pourpre: les ailes supérieures sont brunes, avec de petites taches plus foncées, et une plus large à leur extrémité ; les ailes inférieures, plus transparentes, sont d'un brun clair mêlé de vert, avec des taches noires vers les extrémités.

Leurs essaims dangereux visitent rarement l'Europe, et cependant dans quelques royaumes du midi ils se redent déjà très-formidables. Ceux de ces insectes qui ont par intervalle paru en Europe, sont, dit-on, venus de l'Afrique, et on les appelle *les grandes sauterelles brunes.*

La quantité de ces insectes est incroyable pour ceux qui n'ont pas vu leurs essaims innombrables ; toute la terre en est souvent couverte dans une étendue de plusieurs lieues. Le bruit qu'ils font en broutant la feuille des arbres, et les herbages, peut être entendu à une grande distance, et ressemble à celui que ferait une armée qui fourragerait en secret. On est tenté de croire que partout où ils se sont montrés, le feu a suivi leurs traces. En quelque lieu que ces myriades se répandent, la verdure de la campagne a disparu, comme un rideau qu'on aurait enlevé : les arbres et les plantes sont dépouillés de leurs feuilles, et réduits à leurs branches et à leur tige, de sorte que l'affreuse image de l'hiver succède en un instant aux scènes riantes du printemps. Quand ces nuées de sauterelles prennent leur volée, pour surmonter quelque obstacle, ou pour traverser plus rapidement un désert stérile, on peut dire, à la lettre, que le ciel en est obscurci. Lorsque les sauterelles se mettent en marche, elles ont à leur tête un chef dont elles observent le vol, et dont elles suivent exactement tous les mouvemens.

Les habitans de la Syrie ont remarqué que les sauterelles sont toujours multipliées lorsque deux hivers très-doux se succèdent, et que ces insectes viennent toujours du désert de l'Arabie. D'après cette observation, il est aisé de concevoir que ces essaims prodigieux proviennent de ce que le froid n'a pas été assez rigoureux pour détruire leurs œufs; et, les herbages venant à leur manquer dans les immenses plaines du désert, des légions innombrables les abandonnent.

Lorsque ces insectes se présentent pour la première fois sur les frontières des pays cultivés, les habitans s'efforcent de les en éloigner, en élevant dans l'air de grands nuages de fumée; mais trop souvent les herbes et la paille mouillée leur manquent. Alors ils ouvrent des tranchées, où un grand nombre de ces animaux sont enterrés : mais les moyens les plus efficaces pour la destruction de ces insectes, sont les vents de sud, et de sud-est, et les grives qui leur donnent la chasse.

Quand ces insectes nuisibles prennent leur volée, ils ressemblent, à quelque distance, à un
nuage noir, qui, à mesure qu'il approche, dé-
robe presque entièrement la lumière du jour. Il
arrive souvent que le laboureur les voit passer au-
dessus de lui sans en avoir reçu de dommage ;
mais, en ce cas, ils ne sont occupés que de s'établir dans quelque pays lointain. En quelque lieu
que ces insectes descendent, ils font un ravage
affreux sur la végétation. Dans les régions situées
entre les tropiques, ils ne causent pas tant de
dégâts que dans les parties méridionales de l'Europe ; car dans les premières la végétation est si
forte et si active, qu'il suffit quelquefois d'un intervalle de peu de jours pour réparer tout le dommage : mais en Europe, leurs ravages ne peuvent
être oubliés que dans l'année suivante. « Une chose
qui m'a toujours surpris, dit M. Adamson dans
son *Voyage au Sénégal,* c'est l'étonnante rapidité
avec laquelle la séve des arbres dans ce pays répare toutes les pertes qu'ils ont éprouvées ; et je
ne fus jamais plus étonné que quand quatre jours
après une terrible invasion faite par les sauterelles, dans laquelle toute la verdure avait été
dévorée, je vis les arbres couverts de nouvelles
feuilles, et qui ne paraissaient pas avoir beaucoup
souffert. Les plantes herbacées portaient un peu

plus long-temps les traces de la dévastation ; mais peu de jours suffisaient pour réparer tout ce malheur. » Par la longueur de leur voyage dans cette partie du monde, elles sont aussi très-affamées, et c'est pourquoi elles se montrent plus voraces dans les lieux où elles descendent.

On assure qu'elles causent autant de dommage sur ce qu'elles touchent que sur ce qu'elles dévorent. On croit que leur morsure souille les plantes, ce qui les détruit, ou affaiblit du moins beaucoup leur végétation.

Quand ces insectes sont morts, ils infectent l'air à un tel degré que la puanteur en est souvent insupportable. Orosius dit que, l'an du monde 3800 l'Afrique fut infestée d'une multitude de sauterelles. Après avoir mangé toute la verdure, elles s'envolèrent, et se noyèrent dans la mer ; elles y causèrent une telle puanteur, que la putréfaction des cadavres de cent mille hommes n'en aurait pu produire une semblable.

Une nuée de sauterelles se porta sur la Russie en 1650 (quelques écrivains disent en 1690), par trois différens endroits, et se répandit sur la Pologne et la Lithuanie, en une quantité si immense, que l'air en fut obscurci, et que la terre en fut toute couverte. En quelques endroits on vit ces insectes étendus morts, entassés les

uns sur les autres à la hauteur de quatre pieds ;
en d'autres lieux, ils couvraient la surface du
sol comme s'il eût été tendu d'un drap noir ;
les arbres étaient courbés sous leur poids ; et le
dommage qu'ils causèrent surpassait tous les calculs.

Leurs essaims sont souvent formidables en Barbarie, et le docteur Shaw, ainsi qu'il le raconte
dans ses Voyages, fut témoin de la dévastation
qu'ils firent dans ce pays en 1724. Elles parurent
pour la première fois vers la fin de mars, et elles
furent amenées par le vent du sud qui soufflait
depuis quelque temps. Au commencement d'avril,
leur nombre s'était tellement accru, que pendant
la chaleur du jour leurs gros essaims paraissaient
comme des nuages et obscurcissaient le soleil. Au
milieu de mai elles commencèrent à disparaître,
en se retirant dans les plaines pour y déposer leurs
œufs. En juin, les jeunes couvées vinrent à éclore,
et formèrent des corps compactes de plusieurs
centaines de mètres carrés, qui, peu de temps
après, se mirent en marche, grimpèrent sur les
arbres, sur les murailles, et sur les maisons, en
dévorant tous les végétaux qui se trouvaient sur
leur passage. Les habitans, pour arrêter leur marche, formèrent, à l'entour de leurs champs et de
leurs jardins, des fossés qu'ils remplirent d'eau.

Quelques-uns y placèrent une immense quantité de bruyères et de chaume , et d'autres matières combustibles, auxquelles ils mirent le feu à l'approche des sauterelles. Cependant ces précautions demeurèrent sans succès , car les fossés furent promptement remplis , et le feu fut éteint par les essaims immenses qui se succédèrent. Un jour ou deux après celui où ces insectes s'étaient mis en mouvement , d'autres qui venaient d'éclore glanèrent après les premiers , rongeant les jeunes branches, et jusqu'à l'écorce des arbres. Au bout d'un mois , ils parvinrent à leur grosseur naturelle , et quittèrent leur état de larve en se dépouillant de leur peau. Pour se préparer à ce changement, ils fixèrent la partie inférieure de leur corps sur quelque arbrisseau ou buisson , ou sur une jeune branche , ou bien encore sur le coin d'une pierre ; et, après un mouvement d'ondulation , leur tête parut la première hors de la dépouille , et ensuite tout le reste de leur corps. La transformation totale se fit en sept ou huit minutes ; après quoi ces insectes restèrent pendant quelque temps dans un véritable état de faiblesse ; mais aussitôt que l'air et le soleil eurent donné de la consistance à leurs ailes, et séché l'humidité qui leur était restée après avoir quitté leur première enveloppe, ils se livrèrent à leur voracité avec de nouvelles forces. Mais ils ne restèrent pas long-temps dans cet état, car ils furent promptement dispersés. Après avoir déposé leurs œufs, ils dirigèrent leur course vers le nord, et il est présumable qu'ils périrent dans la mer.

M. Barrow dit que, dans l'Afrique méridionale, qu'il parcourut en 1797, sur une étendue de près de sept cents lieues carrées, toute la surface du sol en fut absolument couverte. Les eaux des rivières les plus larges étaient à peine visibles à cause du grand nombre de carcasses flottantes de ces insectes, qui s'étaient noyés en cherchant à dévorer les roseaux qui y croissent. Ils avaient dévoré toutes les feuilles des herbes, et en général toute la verdure, les roseaux exceptés. Cependant ils ne sont pas indifférens sur le choix de leur nourriture. Quand ils attaquent un champ de blé dont les épis viennent de se former, au rapport de cet auteur, les sauterelles montent d'abord à l'épi, et en dévorent tous les grains avant de toucher aux feuilles et à la tige. Ces insectes semblent être toujours en action, et ils ont constamment quelque objet en vue. Quand les larves, car elles sont plus voraces que l'insecte parfait, sont en marche pendant le jour, il est absolument impossible de changer la direction de cette troupe, qui suit généralement celle du vent. Vers le coucher du soleil, la marche est suspendue : alors la troupe se divise par groupes, qui environnent les petits arbrisseaux, les touffes d'herbes, et les fourmilières, et qui sont si épais, qu'ils ressemblent à autant d'essaims d'abeilles ; ils restent ainsi jusqu'au lever du soleil. C'est alors que les fermiers peuvent facilement en détruire une quantité immense, en conduisant sur les lieux qu'ils occupent un troupeau de deux ou trois mille moutons, qui les écrasent par millions sous leurs pieds. Cette année (1797) fut la troisième de leur séjour dans le pays de Sneuwberg ; et leur accroissement, d'après le récit de M. Barrow, avait de beaucoup surpassé la progression géométrique dont la racine est un million. Ce district, pendant les dix années qui avaient précédé cette visite, en avait été entièrement affranchi. Leur première sortie avait eu quelque chose de singulier. Toutes les sauterelles qui étaient parvenues à leur grosseur naturelle furent chassées dans la mer par un vent de tempête du nord-ouest, et bientôt après rejetées sur le rivage, où l'on dit qu'elles formèrent un banc de trois ou quatre pieds de hauteur, qui s'étendit à une distance d'environ dix-sept lieues de France ; et l'on a assuré que, lorsque cette masse entra en putréfaction, et que le vent eut tourné au sud-est, la puanteur se fit fortement sentir dans plusieurs parties du pays de Sneuwberg, qui en était éloigné de plus de cinquante lieues.

Il n'y a point d'animal, dans toute la création, qui se multiplie aussi vite que ces insectes, quand le soleil est chaud, et que le sol sur lequel leurs œufs sont déposés est sec. Mais les climats humides sont si contraires à leur nature, que loin de pouvoir s'y multiplier, ils peuvent à peine s'y conserver. Lorsque la femelle veut déposer ses œufs, qui sont ordinairement au nombre de quarante, et d'environ la grosseur du carvi confit, elle se retire dans un lieu solitaire au-dessous de la surface du sol, où ils sont à l'abri des intempéries de l'air, et du danger d'être écrasés par la charrue ou la bêche, dont un seul coup pourrait détruire toute une génération. On assure que les trous dans lesquels ces animaux déposent leurs œufs en forme de grappes, sont à quatre pieds au-dessous de la surface du sol.

Dans quelques parties du monde, les habitans ont fait tourner à leur propre avantage ce qui semblait être une peste. Les sauterelles sont mangées par les naturels dans plusieurs royaumes de l'orient, et on les prend dans de petits filets préparés à cet effet. Ils font rôtir ces insectes sur le feu dans un poêlon de terre ; quand leurs ailes et leurs pattes sont tombées, elles deviennent rouges, et semblables à des crevettes bouillies. Dampier dit qu'il en a mangé ainsi préparées, et qu'elles formaient un assez bon mets. Les habitans de la Barbarie les mangent aussi frites avec du sel, et l'on dit qu'elles ont le goût des écrevisses.

Vaillant rapporte, dans ses Voyages dans l'intérieur de l'Afrique, en 1781, que ses domestiques hottentots montrèrent une grande joie à l'apparition d'un essaim de sauterelles, qui ressemblait à un nuage; lorsque ces insectes passèrent au-dessus de leurs têtes, ils en prirent un grand nombre, et les mangèrent avec avidité; ils l'invitèrent à en faire autant, mais il dit qu'il n'en voulut rien faire.

Dans le Tonquin il y a une espèce de sauterelle qui est de la grosseur d'un doigt, et aussi longue que la phalange. Elle dépose ses œufs dans la terre et dans les lieux bas; et dans les mois de janvier et de février, des essaims immenses de ces insectes sortent de terre. Ils peuvent d'abord à peine voler, de sorte qu'un grand nombre tombe dans les rivières, où les Tonquinois les pêchent dans de petits filets; ils les mangent, ou frais ou grillés, ou ils les salent pour les conserver. Ils passent dans cette partie du monde, chez les riches et les pauvres, pour un mets très-délicat. Dans les pays où on les mange, on les apporte régulièrement au marché, où on les vend comme des alouettes et des cailles en Europe. Elles doivent avoir servi de nourriture ordinaire aux Juifs, car Moïse, dans le Lévitique, leur permet de manger quatre espèces de ces insectes qu'il a pris soin de spécifier.

La *grande Sauterelle des Indes occidentales*, considérée individuellement, est la plus formidable de cette famille nuisible ; elle est environ de la grosseur d'une plume d'oie, et son corps est divisé par neuf ou dix joints, qui forment en tout une longueur d'environ six à sept pouces ; elle a deux petits yeux saillans comme ceux des crabes, et deux antennes semblables à de longs cheveux. Tout le corps est couvert d'excroissances qui ne sont pas plus grosses que des têtes d'épingles. Le corps, qui est arrondi, diminue vers la queue, qui est fourchue, et qui forme deux cornes, entre lesquelles est une espèce de fourreau qui renferme un aiguillon dangereux. Si quelqu'un touche la sauterelle, il est sûr d'en être piqué, et un frisson, un tremblement se répand sur tout son corps ; mais en frottant l'endroit piqué avec de l'huile de palmier, on peut arrêter aussitôt ces symptômes.

LES SCARABÉES.

Il y en a plusieurs espèces , qui cependant se ressemblent toutes dans un point de leur confor- mation extérieure ; car elles ont toutes deux fourreaux pour leurs ailes , qui leur sont très- utiles , puisqu'ils vivent souvent dans des trous qu'ils savent se creuser dans la terre ; ces étuis garantissent leurs ailes nues de toutes les atteintes que pourraient leur porter les parois de leurs asiles. Quoique ces étuis ne les aident point dans leur vol , cependant ils conservent l'intérieur des ailes propre et uni , et produisent une espèce de bourdonnement lorsque l'animal s'élève dans l'air. Outre la différence qu'on observe dans la forme et dans la couleur de ces animaux , on en trouve encore un très-sensible dans leur gran- deur; car il y en a qui ne sont pas plus grands que la tête d'une épingle , tandis que d'autres , tels que le scarabée éléphant , sont aussi gros que le poing. Mais la plus grande différence qui existe entre eux , consiste en ce que les uns éclosent en un mois , et passent par toutes leurs métamorphoses dans le cours d'une seule sai- son , tandis que d'autres emploient près de quatre ans pour parvenir à leur état parfait ; et qu'ils vivent un an de plus comme insectes ailés.

Le *Fossoyeur*, qui habite les déserts de la Tartarie, et plusieurs autres parties du continent, se tient ordinairement sous les carcasses des animaux qui ont séché au soleil. Les étuis de ses ailes sont de couleur noire, rayés, pointillés et un peu raboteux.

M. Gleditsch, qui, à différentes reprises, avait observé que des taupes qui avaient été laissées mortes sur le sol avaient disparu, sans qu'il sût comment, résolut de faire une expérience pour découvrir, s'il était possible, quelle pouvait être la cause de ces disparitions singulières. En conséquence, il se procura, au mois de mai, une taupe morte, qu'il posa sur un sol léger et humide dans son jardin, et au bout de deux jours il la trouva enfoncée à la profondeur de quatre doigts dans la terre ; elle était dans la même position qu'il lui avait donnée, et sa fosse correspondait exactement à la mesure de son corps. Le jour suivant, cette fosse était à moitié remplie ; il en retira, avec précaution, la taupe, qui exhalait déjà une odeur fétide, et il trouva immédiatement au-dessous d'elle de petits trous dans lesquels il y avait quatre fossoyeurs. Ne découvrant aucune autre chose que ces fossoyeurs, il les remit dans les trous, et ils se cachèrent promptement dans la terre. Alors il replaça aussi la taupe comme il l'avait trouvée, et ayant répandu un peu de terre légère, il la laissa, sans la regarder, pendant l'espace de six jours.

Au bout d'environ trois semaines, il releva la même carcasse, et la trouva dans un état de corruption très-avancé ; il y vit un essaim nombreux de vers blanchâtres, qui lui parurent être la progéniture du fossoyeur. Cette circonstance le porta à croire que ces fossoyeurs avaient ainsi enterré la taupe pour y loger leurs petits. Alors notre auteur prit une cucurbite de verre, et la remplit à moitié d'une terre humide ; il y mit aussi les quatre fossoyeurs avec leurs petits, qui se cachèrent aussitôt dans la terre. Ce bocal, couvert d'un drap, fut placé en pleine terre ; et dans l'espace de cinquante jours, les quatre fossoyeurs avaient enterré les carcasses de *quatre* grenouilles, de *trois* petits oiseaux, de *deux* cigales et d'*une* taupe ; plus, les entrailles d'un poisson, et deux petites portions du poumon d'un bœuf.

Nous allons voir comment ces insectes exécutèrent cette singulière opération. Une linotte, qui était morte depuis six heures de temps, fut placée au milieu de la cucurbite ; peu d'instans après, les fossoyeurs quittèrent leurs trous, et parcoururent la carcasse. Au bont de quelques heures, un couple seulement se fit voir autour de l'oiseau, et l'on pensa que le plus gros devait être la femelle. Ils commencèrent leur ouvrage en creusant la terre au dessous de l'oiseau. Ils disposèrent une cavité de la grandeur de l'oiseau, en poussant dehors, tout autour de son corps, comme un rempart, la terre qu'ils avaient remuée. Pour réussir dans ces efforts, ils s'appuyaient fortement sur leur cou; en courbant leur tête vers la terre. L'ouvrage étant fini, et l'oiseau étant tombé dans le trou, ils le couvrirent de terre et fermèrent le tombeau. On aurait dit que l'oiseau faisait mouvoir alternativement sa tête, sa queue, ses ailes ou ses pieds. Toute les fois que l'on observait quelques-uns de ses mouvemens, on pouvait remarquer les efforts que les fossoyeurs faisaient pour tirer le corps dans la fosse, qui était presque achevée; car ils se mettaient alors tous à le tirer en bas par ses plumes. Cette opération dura deux heures, lorsque le plus petit, ou le fossoyeur mâle, chassa la femelle hors de la fosse, et ne voulut pas lui permettre de pénétrer dans le trou aussi souvent qu'elle essayait d'y entrer.

L'insecte continua seul cet onvrage pendant

près de cinq henres, et l'on vit avec étonnement la grande quantité de terre qu'il avait remuée pendant ce court espace de temps ; mais la surprise de notre auteur fut bien plus grande, quand il vit le petit animal roidir son cou, et employer toutes ses forces pour lever l'oiseau, le changer de place, le tourner, et, en quelque façon, l'arranger dans la fosse qu'il lui avait préparée ; elle était si spacieuse et si nettoyée, que M. Gleditsch pouvait exactement distinguer au-dessous de l'oiseau tous les mouvemens et toutes les actions du fossoyeur. De temps en temps, celui-ci sortait de son trou, montait sur l'oiseau ; et paraissait le fouler ; alors, redescendant dans la fosse, il tirait l'oiseau de plus en plus dans la terre, jusqu'à ce qu'il fût enfoncé à une profondeur considérable. Ce travail, non interrompu, le fossoyeur parut être fatigué, car il étendit sa tête sur la terre, et resta dans cette attitude pendant près d'une heure sans mouvement, après quoi il se retira tout-à-fait sous terre. Le lendemain matin, de bonne heure, le corps était entièrement enfoncé dans la terre, à la profondeur de deux doigts, dans la même position qu'il lui avait fait prendre en l'y mettant ; de sorte que le corps de la linotte paraissait avoir été mis dans une bière, où l'on voyait une petite levée de terre ou un rempart à l'entour, destinée à le couvrir. Dans la soirée, l'oiseau se trouva plus enfoncé d'un demi-doigt de profondeur dans la terre, et cette opération fut continuée encore pendant deux jours, jusqu'à ce que l'ouvrage se trouvât enfin terminé.

Un seul fossoyeur fut placé dans une cucurbite de verre, avec le corps d'une taupe ; elle avait été couverte, comme la première, d'un linge, Vers sept heures du matin, le fossoyeur avait tiré la tête de la taupe en bas, et en poussant la terre par-derrière, il avait formé un rempart assez haut tout autour de la carcasse. L'enterrement fut achevé vers les quatre heures de l'après-midi, espace de temps si court, que l'on aurait pu difficilement s'imaginer que cela fût possible à un si petit animal, sans aucun secours, en considérant surtout que le corps de la taupe était au moins trente fois plus gros et plus lourd que le sien.

Les fossoyeurs s'occupent communément de ces enterremens, depuis les premiers jours d'avril jusqu'à la fin d'octobre. Ils les entreprennent moins pour se procurer leur nourriture, que pour préparer un nid bien commode à leurs œufs, ainsi que la nourriture des larves qui en proviennent.

Les *Hannetons* ont , ainsi que tout le reste de cette famille d'insectes, une paire d'étuis par-dessus leurs ailes ; ces étuis sont d'un brun rougeâtre , et couverts d'une poussière blanchâtre qui se détache facilement ; dans quelques-uns le cou est couvert d'une plaque rouge, et d'autres d'une plaque noire. Les pattes de devant sont très-courtes , et propres à fouiller le sol où cet insecte établit sa retraite. Le hanneton est bien connu par son bourdonnement qui amuse l'enfance ; mais il est beaucoup plus connu des laboureurs et des jardiniers , comme un insecte très-nuisible; car , dans quelques saisons , ces insectes paraissent en si grand nombre , qu'ils suffisent pour dévorer toutes les productions végétales.

Les larves de cette espèce sont plus voraces et plus dangereuses pour la végétation , que celles de presque tous les autres insectes. Les œufs sont déposés dans la terre par le hanneton. De chacun de ces œufs on voit éclore , en peu de temps, un ver blanchâtre , qui a six pattes , la tête rouge et de fortes griffes ; ils ont environ un pouce et demi de long, et sont destinés à vivre dans la terre, sous cette forme, pendant quatre années , dans le cours desquelles ils changent plusieurs fois de peau , jusqu'au moment où ils prennent la forme de chrysalides.

Ces vers, pendant leur séjour sous terre, se nourrissent des racines des arbres et des plantes, et commettent souvent les plus grands ravages. On les voit travailler quelquefois en quantité immense entre le gazon et le sol des plus riches prairies ; ils dévorent les racines des herbes, au point que le gazon s'écroule avec autant de facilité que s'il avait été coupé avec une bêche ; et jusqu'à un pouce de profondeur, la terre qui est au-dessous, paraît changée en un terreau aussi léger que celui des couches dans les jardins. C'est dans ce terreau que se trouvent les larves renversées sur le dos, tenant la tête et la queue élevées au-dessus, et le reste du corps enfoncé dans cette terre légère.

A l'expiration de la quatrième année, ils se préparent à subir leur métamorphose ; en conséquence ils fouillent profondément dans la terre, quelquefois à cinq et six pieds de profondeur ; ils s'y filent une coque molle, dans laquelle ils se changent en chrysalides ; dans cet état ils passent l'hiver jusqu'au mois de février, temps auquel ils deviennent de parfaits scarabées, mais leur corps est tout-à-fait mou et blanc. Au mois de mai leurs membres se sont fortifiés, et alors on les voit sortir de terre ; voilà pourquoi on trouve quelquefois les hannetons parfaits dans cet élément.

Les hannetons voltigent le soir vers le coucher du soleil, particulièrement dans les lieux où il y a des arbres. Ils mangent les feuilles du syco-more, du tilleul, du hêtre, du saule, et des ar-bres fruitiers. Dans son état de scarabée, cet insecte ne montre pas moins de voracité qu'il n'en avait montré quand il n'était encore que dans l'état de larve et vivait dans la terre ; car leur avidité est quelquefois si grande et leur nombre si immense, qu'ils causent des ravages considé-rables dans certains cantons.

On lit dans les Transactions philosophiques pour l'année 1662, que les hannetons parurent sur les haies et sur les arbres de la côte sud-ouest de Galloway, en Irlande, par pelottes de plusieurs milliers, se tenant sur le dos les uns des autres, à la manière des abeilles qui se forment en es-saims. Dans le jour, ils restaient en repos ; mais vers le coucher du soleil, ils étaient tous en mouvement, et le bourdonnement de leurs ailes ressemblait au bruit de tambours éloignés. Leur nombre était si grand, que, dans un espace d'en-viron une lieue carrée, l'air en était entièrement obscurci. Les personnes qui voyageaient sur les routes, ou qui se trouvaient dans les champs, avaient beaucoup de difficulté à retrouver leur chemin, car les hannetons ne cessaient de les mordre au visage, et de leur causer de grandes douleurs. En très-peu de temps, les arbres furent dépouillés de leurs feuilles dans un espace de quelques lieues, laissant toute la contrée, quoiqu'on fût alors au milieu de l'été, aussi nue et aussi dévastée que si on avait été au fort de l'hiver. Le bruit que firent ces immenses essaims, en saisissant les feuilles et en les dévorant, était si fort, qu'on pourrait le comparer au bruit éloigné des scieurs de long. Les porcs et la volaille en détruisirent une grande quantité. Ils se tenaient sous les arbres où ces insectes tombaient par pelottes, et en mangèrent tant qu'ils en devinrent très-gras. Les Irlandais eux-mêmes, considérant que ces insectes ne se nourrissent que des produits de la terre, inventèrent une manière de les apprêter, et s'en régalèrent; et vers la fin de l'été ces insectes disparurent si promptement, qu'en peu de jours il n'en restait plus un seul.

Les fermiers ont souvent éprouvé des dommages considérables causés par ces insectes; mais heureusement le grole et la mouette dévorent un nombre immense de leurs larves. La seule occupation des groles, au printemps, consiste à chercher ces insectes pour en faire leur nourriture.

Quelques fermiers retournent la terre, afin d'exposer les larves à la vue des oiseaux, d'autres pren-

nent la peine de fouiller plus profondément dans
les lieux où les groles essaient, à l'aide de leur bec,
de les faire sortir. Le meilleur moyen de détruire
ces insectes est de secouer les arbres à minuit, heure
à laquelle les hannetons sont ou endormis ou dans
un état d'engourdissement, et de les ramasser avec
soin.

Le *Verdet* est le plus beau de tous les scarabées.
Les parties supérieures du corps de la femelle
sont d'un vert brillant, qui varie selon le jour dans
lequel il est observé, et les étuis de ses ailes sont
marqués de quelques lignes transversales, blanches et jaunâtres. Le mâle est de couleur de cuivre
bruni, avec une nuance de vert. Ces insectes ont
environ un pouce de long, et quelquefois plus.
On les trouve sur les fleurs, et particulièrement
sur la rose et la pivoine, et quelquefois sur les
fourmilières. Quand on les touche, ils répandent une humeur fétide, qui est probablement
un moyen de défense contre les attaques de leurs
ennemis.

Les larves des verdets se nourrissent, sous la
terre, des racines des arbres; et ne paraissent
jamais à sa surface, à moins qu'elles ne soient
troublées par des fouilles ou par quelque autre
accident. On les regarde comme causant beaucoup de dommages aux jardiniers, parce qu'elles

dévorent les racines des plantes et des arbres. La femelle dépose ses œufs vers la mi-juin. A cet effet, elle choisit un terreau léger pour y creuser à ses larves un nid commode. Quand l'opération est finie, elle retourne à la surface, et prend son vol : mais elle vit rarement plus de deux mois après. Les larves éclosent au bout d'environ quinze jours, et trouvent ausittôt leur nourriture, que les vieux ont eu soin de placer près de leurs œufs. Aussitôt qu'elles ont acquis une force suffisante, les jeunes larves se séparent, et cherchent sur des chemins différens les racines dont elles se nourrissent. Elles restent quatre ans dans cet état, changeant annuellement de peau, jusqu'à ce qu'elles soient parvenues à l'époque de leur métamorphose : elles sont alors couleur de crème, la tête et les pattes exceptées, qui sont brunes. Pendant l'hiver elles mangent très-peu ou point du tout, et se retirent assez profondément dans la terre, pour éviter les effets du froid.

A la fin de la quatrième année, vers le mois de mars, la larve se forme une coque assez près de la surface de la terre, d'environ la grosseur d'une noix, dans laquelle elle devient chrysalide. Elle demeure dans cet état jusques au commencement de mai; alors elle crève sa coque, et paraît sous la forme d'un scarabée, qui est d'abord d'un vert léger; mais il acquiert bientôt de la force et de la consistance.

Les verdets sont appelés par quelques-uns *rois des scarabées :* ils sont cependant aussi actifs et aussi laborieux qu'aucun des autres de la famille, et on les trouve ordinairement travaillant avec eux.

Le *bousier* a un peu plus d'un pouce de long ; et sa couleur est d'un noir foncé, quelquefois verdâtre par-dessus, et par-dessous d'un bleu ou d'un vert très-brillant. Les étuis des ailes et le corselet sont très-lisses. Les premiers sont marqués de plusieurs raies longitudinales ; et son corselet, qui est rond, a une bordure en forme de cadre, et une légère rainure dans le milieu.

Cet insecte se trouve également en Europe et en Amérique, et, dans sa manière de vivre, il est un des plus remarquables de la famille des scarabées. Il sort de sa chrysalide en avril, et se montre jusque vers le mois de septembre, où il disparaît. Ses occupations les plus constantes, et dans lesquelles il est infatigable, sont les travaux différens qu'exige le soin de sa propagation.

Il prépare des nids commodes pour ses œufs, en formant de petites pelottes de fumier, au milieu de chacune desquelles il dépose un œuf. En septembre il les enfonce à trois pieds de la terre, où elles restent jusqu'à l'approche du printemps; les larves brisent alors ces enveloppes, et remontent à la surface du sol. Ils sont très-industrieux, et s'entr'aident à rouler ces boulettes de l'endroit où ils les ont faites à celui où ils veulent les enfoncer dans la terre, c'est-à-dire l'espace d'environ quelques mètres. Ils effectuent ce transport en levant leur ventre, et en traînant les pelottes au moyen de leurs pattes de derrière. Deux ou trois d'entre eux se mettent quelquefois après une seule pelotte, qu'ils sont mêmes souvent obligés d'abandonner si le terrain est trop inégal; d'autres les remplacent alors avec succès, à moins qu'elle ne soit tombée dans un trou, ou dans une fente profonde, d'où ils ne peuvent la retirer. Il paraît qu'ils ne font point de distinction entre les pelottes, et qu'ils ont le même soin pour toutes. Ils les forment pendant que le fumier est humide, et les laissent sécher au soleil avant de les transporter. On les voit souvent dégringoler eux et leurs boulettes des petites éminences qu'ils ont à franchir. Mais ils ne se laissent pas aisément décourager, et renouvelant plusieurs fois leurs efforts, ils surmontent ordinairement tous les obstacles.

On dit que ces insectes sont si forts et si actifs,

qu'ils remuent sans peine des corps beaucoup plus pesans qu'eux. Un soir que le docteur Brickell soupa dans la maison d'un colon de la Caroline septentrionale , on mit deux ou trois de ces escarbots sous les chandeliers ; on frappa quelques coups sur la table , et à son grand étonnement les chandeliers commencèrent à mouvoir sans qu'il pût apercevoir par quel ressort ; sa surprise ne fut pas moins grande quand, en soulevant un des chandeliers , il vit que ce n'était qu'un escarbot qui l'avait mis en mouvement.

Le *Scarabée musqué* prend son nom de son odeur de musc. Les larves ressemblent à des vers très-déliés et très-mous ; elles ont six pattes forts ; elles sout ordinairement blanches , et pénètrent dans la partie intérieure des arbres , à l'effet de s'y procurer leur nourriture , et une retraite quand elles sont transformées en nymphes. Aussitôt que le dernier changement s'est opéré , on aperçoit le *capricorne* ailé sortir du creux des arbres , et il peut être alors facilement pris. Il s'exhale de plusieurs de ces scarabées une odeur qui se fait sentir à une distance considérable ; et , quand on les tient , ils produisent un son que l'on peut supposer être occasionné par le frottement du corselet et de l'abdomen.

Le *grand Scarabée musqué* est un très-grand

et très-bel insecte, d'une couleur lustrée et brillante vert bleuâtre, avec une nuance resplendissante de jaune doré. La partie supérieure de son corps est bleue, et les ailes cachées sous les gaînes sont noires. Les pattes sont d'un même vert bleuâtre, mais un peu plus pâle. Chaque côté du corselet est armé d'une protubérance pointue; entre ces points sont trois petits tubercules près des ailes, et trois autres du côté de la tête. Les étuis des ailes sont oblongs, et ils ont trois raies un peu élevées en longitudinales. Les antennes sont aussi longues que le corps, et composées d'un grand nombre de petites articulations qui se rapetissent vers les extrémités. Il se tient sur les feuilles du saule, et il a une odeur de musc agréable.

Le *Cerf-volant* est ainsi appelé, d'après la forme singulière de ses grandes mâchoires mobiles, qui ressemblent aux cornes d'un cerf. Ces instrumens se prolongent à partir de la tête, environ au tiers de la longueur du corps de l'insecte, et ils sont larges et aplatis. Dans le milieu, vers la partie intérieure, ils ont une petite branche, dont les extrémités sont fourchues. Ces cornes singulières se trouvent placées sur une tête courte, large et irrégulière; le corselet est plus étroit que la tête et le ventre; il est bordé d'une dentelure. La couleur générale de l'animal est brun foncé ; ses étuis sont parfaitement unis, sans aucune raie, ni sillon.

La femelle du cerf-volant se distingue, parce que ses cornes ont à peine en grandeur la moitié de celles du mâle. Cependant ils sont l'un et l'autre armés au côté antérieur de petites dents, dans toute leur longueur. Dans les deux sexes, les cornes sont quelquefois aussi rouges que le corail, ce qui leur donne une très-belle apparence.

Dans quelques parties de l'Angleterre, ces animaux sont très-rares ; le chêne est l'arbre dans lequel ils se tiennent ordinairement. Quoiqu'ils croissent à une telle grandeur que dans nos climats il passent pour être les plus grands de tous les insectes de la classe des coléoptères, cependant dans les pays chauds, et où les forêts sont plus étendues, ils parviennent à un volume beaucoup plus grand, et ils acquièrent une vigueur et une force peu communes. Dans ces pays, leurs cornes deviennent une arme offensive, très-formidable, et leur morsure est redoutée par ceux qui en ont éprouvé les effets.

Le *Scarabée-éléphant* ressemble au cerf-volant, et se trouve dans l'Amérique méridionale, particulièrement à la Guiane, à Surinam et sur les rives de l'Orénoque. Il est de couleur noire, et

tout son corps est couvert d'une écaille très-dure,
aussi épaisse et aussi forte que celle d'un petit
crabe. La longueur, à partir de derrière ses yeux,
est presque de cinq pouces. Le diamètre de son
corps est de deux pouces quelques lignes, et la
largeur de chaque étui est d'un pouce trois lignes.
Les antennes sont de la nature de la corne ; c'est
la raison pour laquelle la trompe est mobile à
son insertion dans la tête, et semble suppléer
aux antennes. Les cornes sont longues de neuf
lignes, et terminées en pointe. La trompe est de
quinze lignes de long, et retournée en haut, formant une ligne courbe, et se terminant par deux
cornes, longues chacune d'environ trois lignes ;
mais elles ne sont pas percées au bout, ainsi que
l'est la trompe des autres insectes. Environ trois
ou quatre lignes au-dessous de la bouche, est une
saillie, en petite corne, qui, si le reste du tronc
était supprimé, ressemblerait à la corne d'un
rhinocéros. Il y a, à la vérité, un scarabée ainsi
appelé, mais la corne n'est pas fourchue au
bout.

Le *Scarabée-capucin* dépose ses œufs dans la
terre, ou dans de vieux arbres, où les larves restent jusqu'au moment de leur transformation. Dans
l'état de chenille, ces insectes causent dans les
jardins un dommage inappréciable. Leur vora-

cité n'est pas cependant bornée aux productions
végétales ; mais tous les insectes que le hasard
ou la supériorité de forces ont soumis à leur puissance tombent victimes de leur disposition vorace et tyrannique.

Le *Carabe violet* est un très-bel insecte, d'une
forme oblongue, et dont la couleur est violet
foncé. Les bords des étuis de ses ailes et le corselet sont violets, avec une nuance de pourpre.
Les premiers n'ont ni points, ni raies, mais des
rides longitudinales et profondes. Cet insecte est
très-commun dans le bois pourri.

La tête, les antennes, le corselet et les pattes
du *Bombardier* sont d'un rouge brunâtre ; les
yeux sont noirs, et l'abdomen, ainsi que les étuis
des ailes, est bleu, bordé de noir : ces dernières
sont marquées de sillons larges, mais peu pro-
fonds. Cet insecte se trouve quelquefois en Angleterre : il se tient toujours caché parmi les pierres ,
et semble faire peu d'usage de ses ailes. Quand
il marche, c'est par une sorte de saut, et quand
on le touche, on est surpris d'entendre un bruit semblable à la décharge d'un très-petit pistolet ; pendant cette détonation, on aperçoit une fumée
bleue qui sort de ses extrémités. On peut dans
tous les temps faire jouer l'artillerie de cet insecte, en lui égratignant le dos avec une aiguille.

Rolander, qui le premier fit ces observations, dit qu'il peut fournir vingt décharges successives. Une vessie placée à la partie postérieure de son corps, est l'arsenal qui contient cette force intérieure : cette vessie devient sa plus grande défense contre ses ennemis ; et la vapeur ou le fluide qui en provient est d'une nature si acide, que s'il arrivait que l'animal le déchargeât dans les yeux , il causerait une douleur aussi vive que si l'on y avait jeté de l'eau-de-vie. Il y a un autre insecte de cette famille , mais qui a trois ou quatre fois sa grosseur, et qui est le principal ennemi du bombardier. Quand il est poursuivi et fatigué, le bombardier se repose dans le chemin de son adversaire, qui s'avance la bouche ouverte pour s'en saisir; mais à la décharge de l'artillerie, l'ennemi se retire soudain en arrière, et demeure confus pendant quelque temps ; le bombardier en profite pour se cacher dans quelque crevasse du voisinage ; mais s'il n'est pas assez heureux pour en trouver, l'autre retourne à l'attaque, prend l'insecte par la tête, et le déchire.

LE VER–LUISANT.

La femelle du *ver-luisant* est plus grosse que le mâle ; leur tête, de la même forme, est également cachée sous la plaque du corselet. La différence principale entre les sexes, c'est que l'abdomen du mâle est couvert de gaînes brunes, plus longues que cette partie, qui imite le chagrin, et sont marquées de deux lignes longitudinales. La femelle est sans ailes. L'un et l'autre répandent une lueur, mais dans le mâle cette lueur est moins brillante, et ne jaillit que de quatre points, dont deux sont situés de chaque côté des deux derniers anneaux de l'abdomen. Dans les chemins tortueux, dans toutes les haies, le ver-luisant fait briller ses diamans, et répand au milieu des ténèbres des rayons mouvans.

On rencontre fréquemment ces insectes durant les soirées du mois de juin, dans les bois, dans les prairies, et sous les haies vives. On pense que l'utilité de la brillante lumière des femelles consiste à attirer l'attention des mâles. Ces insectes deviennent toujours plus lucides quand ils se mettent en mouvement. Ceci n'indiquerait-il pas que leur lumière est due à leur respiration ? Il est probable que l'acide phosphorique est produit par la combinaison du gaze oxigène avec quelques parties du sang, et qu'une lumière est portée au dehors à travers leur corps transparent, par cette combustion lente et intérieure. En se contractant, l'insecte a la faculté de faire entièrement disparaître cette lueur ; quand il est en repos, on ne voit que très-peu de lumière. M. Templer, qui a fait plusieurs observations sur ces insectes, dit, qu'il n'a jamais vu un ver-luisant répandre sa lumière sans un mouvement très-sensible du corps ou des pattes. Cet observateur ajoute que, quand la lumière était la plus brillante, elle jetait au-dehors une chaleur sensible.

Si on écrase l'insecte, et qu'on s'en frotte la tête et les mains, ces parties deviennent luisantes comme si on les avait frottées avec du phosphore. Quand un ver-luisant est placé dans une fiole, si on plonge la fiole dans l'eau, on verra l'eau rayonner de lumière.

LE PERCE-OREILLE.

Les antennes de cet insecte sont en forme de
scie ; les palpes sont inégaux , et semblables à
des fils. Il a des ailes qui sont tout à la fois
grandes et élégantes, quoique peut-être bien du
monde ne les ait encore remarquées. L'une de
ces ailes, quand elle est étendue , peut presque
couvrir l'insecte dans son entier. Les étuis des
ailes sont courts ; ils ne s'étendent pas dans
toute la longueur du corps , et couvrent à peine
le corselet. Les ailes sont repliées sous ces étuis ;
elles sont , en quelque façon , de forme ovale ,
et quand elles sont étendues , neuf ou dix fois
aussi grandes que les étuis. Il y a une très-grande
élégance dans la manière avec laquelle l'insecte
plie ses ailes. Elles sont d'abord fermées dans
leur longueur par un mouvement qui part du
centre , près de leur insertion , semblable à celui d'un évantail ; elles sont ensuite pliées en
travers, d'abord vers le milieu de la membrane ,
et le second pli vers le centre , d'où le premier
pli a pris naissance. Par ce moyen , le ailes sont
réduites à une moindre étendue , et propor-

tionnées à la grandeur de l'étui destiné à les contenir.

Le perce-oreille ordinaire est facile à distinguer de tous les scarabées, par les pinces qui se trouvent au bout de sa queue. Il provient d'un œuf, et les larves diffèrent très-peu en apparence de l'insecte complet, excepté qu'il n'a encore dans cet état ni étuis ni ailes, et que le cou et le corselet ne peuvent être distingués l'un de l'autre. Dans cet état, c'est un petit animal très-vif, courant avec une grande agilité, même dès l'instant où il sort de l'œuf. Au moment de sa métamorphose en insecte parfait, une partie de son corps crève par-derrière, et donne un plein essor à ses ailes.

Une singularité qui distingue cette espèce de la plupart des autres insectes, est que les œufs sont couvés et les petits perce-oreilles élevés par les vieux. M. de Geer a trouvé sous une pierre un perce-oreille femelle, accompagné de plusieurs petits insectes, qui paraissaient évidemment être sa progéniture. Ils en étaient inséparables, et se plaçaient souvent sous son ventre, ainsi que de petits poussins sous les ailes de leur mère. Il mit la femelle et les petits dans une boîte remplie de terre nouvelle; ils n'entrèrent pas dans la terre, mais il était plaisant d'observer de quelle manière ils se poussaient l'un l'autre sous le corps et entre les pattes de leur mère, qui restait très-tranquille, et les souffrait dans cette position souvent une heure ou deux de suite. Pour les nourrir, M. de Geer leur donna un morceau de pomme très-mûre ; en un instant la mère y courut, et en mangea avec bon appétit ; les petits mangèrent aussi un peu, mais probablement avec moins de délices. Au bout d'une semaine, il remarqua que les petits perce-oreilles avaient changé de peau, et il trouva aussi les dépouilles qu'ils avaient quittées. Cette mue produisit un léger changement dans leur forme, mais elle les rapprocha de leur état parfait.

Sous une autre pierre, ce même naturaliste trouva un perce-oreille femelle, couché sur un tas d'œufs, dont il prenait tous les soins imaginables, et qu'il ne quittait jamais. Il prit la femelle et les œufs, et les mit dans une boîte à moitié remplie de terre nouvelle, sur et dans laquelle il dispersa ces œufs. Mais bientôt la femelle les rassembla, en les transportant l'un après l'autre dans ses mâchoires ; et au bout de peu de jours, il vit qu'elle en avait formé un seul petit tas sur la surface de la terre, et qu'elle restait toujours sur le tas, et ne le quittait pas même un instant, de sorte qu'elle semblait en effet couver ses œufs. Les petits parurent au bout de cinq semaines. Ils ressemblaient aux précédens ; mais au moment où ils sortirent des œufs, ils étaient tout blancs, excepté à la queue, où l'on pouvait apercevoir une matière jaune à travers la peau ; leurs yeux et leurs dents étaient rougeâtres. Il les conserva dans la boîte avec la mère, en les nourrissant de temps en temps de morceaux de pomme ; il les vit profiter tous les jours, et changer plusieurs fois de peau. La mère mourut, et ses petits dévorèrent presque toute sa carcasse ; les plus petits d'entre eux, qui périrent également, subirent le même sort. Mais M. de Geer a pensé que ce n'était que faute d'autre nourriture, puisqu'il les avait négligés. Au bout de deux mois, il n'en resta plus qu'un en vie ; il avait atteint son entière croissance, et passa ensuite à l'état de chrysalide.

Cet insecte cause de grands ravages dans les jardins ; il vit sur les fleurs et les détruit souvent, et lorsqu'un fruit a été entamé par les mouches, il vient en prendre sa part. Pendant la nuit, ils se tiennent en immense quantité sur les laitues et autres légumes ; ils y commettent ces déprédations que l'on attribue souvent à la limace ou à l'escargot. C'est pourquoi la meilleure manière de les détruire semble devoir être de se rendre dans le jardin pendant la nuit de temps en temps, et de les saisir lorsqu'ils prennent leur nourriture. La manière ordinaire de les prendre est d'attacher des tuyaux de pipes et des pinces d'écrevisse aux baguettes qui supportent les fleurs ; car pendant le jour ils se glissent dans les trous et dans les lieux obscurs ; et encore, de placer des roseaux derrière les tiges des arbres en espaliers. Ces deux moyens réussissent ordinairement, pourvu qu'on ait soin de les examiner et de les nettoyer tous les matins.

On a cru que cet insecte pouvait s'introduire dans l'oreille, pénétrer ainsi jusque dans le cerveau et donner la mort. M. Bingley a regardé cette idée comme très-erronée ; quelques insectes cependant, tels que la mouche, la puce, etc. peuvent entrer dans l'oreille, mais ils chercheront aussitôt à en sortir ; de la même manière, un perce-oreille peut pénétrer dans l'oreille d'une personne couchée sur le sol ou sur le gazon ; l'éditeur lui-même s'est trouvé dans ce cas, mais sans éprouver la moindre suite fâcheuse.

LA VRILLETTE.

Cet insecte est d'une couleur obscure ; il est en quelque sorte velu , avec des taches brunes irrégulières , et il a environ trois lignes de long. Nonobstant sa petitesse , cet animal est souvent la cause de sérieuses alarmes parmi la basse classe du peuple , par le bruit qu'il fait dans un certain temps de l'année , et qui l'a fait surnommer *horloge de la mort ;* car on croit alors qu'il est de mauvais présage pour quelques personnes de la maison dans laquelle on l'entend.

C'est surtout vers la fin du printemps que ces insectes commencent leur bruit , qui n'est autre chose qu'un cri ou un signal par lequel ils s'attirent l'un l'autre ; ce bruit n'est pas le son de la voix de la vrillette , mais le battement que fait l'iusecte sur une substance dure , avec le bouclier ou la partie supérieure de la tête. Communément le nombre des coups distinctifs et successifs est de neuf ou de onze. Ils se suivent rapidement , et sont répétés à des intervalles indéterminés ; dans les vieilles maisons où les insectes sont en général nombreux , on peut les entendre , si le temps est chaud , dans toutes les heures du jour. Le

bruit ressemble exactement à celui qu'on fait en
frappant avec un clou sur une table. L'insecte
est difficile à découvrir, parce que sa couleur est
d'un brun grisâtre foncé ; et comme elle approche
beaucoup de celle du bois pourri, il n'est pas toujours facile d'indiquer le point d'où provient ce
bruit.

M. Stackhouse, ainsi qu'il est rapporté dans
les Transactions philosophiques, volume 33, a
observé soigneusement l'espèce de ce battement.
Il dit que l'insecte se dresse sur ses pattes de derrière, et que, en inclinant un peu le corps, il
frappe de la tête avec agilité et une grande force
contre le lieu où il se tient. Un de ces insectes, qui
était sur une chaise, donua des coups si forts, qu'ils
étaient imprimés et visibles sur le fond du jonc,
dans un espace grand comme une pièce de trente
sous. M. Stackhouse prit cet insecte, et le plaça
dans une boîte. Le lendemain il ouvrit la boîte
et l'exposa au soleil. Il paraissait très-éveillé, et
il rampait avec une grande activité sur le jonc et
sur le bois pourri, jusqu'à ce qu'enfin se trouvant au bout de ces morceaux de bois, il étendit
ses ailes et allait s'envoler ; alors M. Stackhouse
remit le couvercle, et l'insecte plia ses ailes et demeura tranquille ; il le conserva environ quinze
jours.

Tout étrange que cela pourra paraître, ce petit animal est susceptible d'être apprivoisé. Le docteur Derham a conservé un mâle et une femelle dans une boîte pendant environ trois semaines ; il imitait leur bruit en frappant avec son ongle ou avec la pointe d'une plume sur une table, et les portait ainsi à se faire entendre aussi souvent qu'il lui plaisait ; non-seulement ils lui répondaient chaqne fois, mais ils continuaient encore leurs battemens aussi long-temps qu'il l'exigeait. Au bout de trois semaines l'un d'eux mourut ; et bientôt après, l'autre rongea la boîte, et disparut.

LE TERMES ou POU DE BOIS.

Cet insecte, que l'on a quelquefois, par erreur, confondu avec la vrillette, ci-dessus mentionnée, est d'un genre différent ; sa longueur est d'environ une ligne. Au premier coup-d'œil, il ressemble beaucoup a un pou : sa bouche cependant, si on l'observe avec une loupe, est rougeâtre, et ses yeux sont jaunes. Les antennes sont terminées en pointes et assez longues. On a quelquefois observé, quoique très-rarement, qu'il avait des ailes.

Le termès se trouve communément dans le bois pourri, dans les vieux meubles, dans les musées, et dans les livres qui ont été négligés. Le mâle et la femelle peuvent faire un bruit de tic-tac, peu différent de celui d'une montre, pour s'attirer l'un vers l'autre. La femelle dépose ses œufs dans un lieu sec et poudreux, où elle suppose qu'ils seront en sûreté : ils sont excessivement petits, et presque semblables aux lentes ou œufs des poux ; ils éclosent généralement vers le commencement de mars, ou un peu plus tard, suivant le temps. En sortant de l'œuf, ces animaux sont si petits, qu'il n'est pas possible de les discerner sans le secours d'un verre. Ils restent, dans l'état de larve assez ressemblante aux mites de fromage, pendant environ deux mois, après lesquels ils subissent leur métamorphose. Ils se nourrissent de mouches et d'autres insectes morts ; et leur nombre, ainsi que leur voracité, ont souvent causé de grands dégâts dans les cabinets d'histoire naturelle. Ils vivent aussi sur toutes sortes de substances, et on peut fréquemment les observer, occupés à chercher des parcelles de nourriture, dans la poussière où ils se trouvent, en la retournant avec leur tête, à peu près à la manière des porcs.

Plusieurs de ces insectes passent aussi l'hiver ;

mais pendant cette saison, afin d'éviter les inconvéniens du froid, ils s'enfoncent profondément dans la poussière.

Ces petits animaux sont en nombre considérable pendant les mois de l'été; mais quand ils sont troublés, ils courent avec tant d'agilité pour se cacher, qu'on a beaucoup de peine à les apercevoir. Ils font alors rarement entendre leur tic-tac; mais si on parvient à les observer sans les alarmer et sans troubler la place où ils sont, non-seulement ils le battront librement, mais encore ils répondront à une personne qui frappera avec son ongle. A chaque coup, leur corps éprouve une secousse, et il semble affecté comme par un élan soudain, et ces élans ou sauts se succèdent l'un à l'autre si promptement, qu'ils exigent une attention très-suivie pour pouvoir distinguer, à l'œil nu, que le corps a quelque mouvement. On entend rarement leur tic-tac avant le mois de juillet, et jamais plus tard que le 16 août. Il paraît étrange qu'un animal si petit soit capable de faire un bruit aussi fort, et aussi fréquent que le battement d'une montre. Le docteur Derham, qui a le premier examiné et décrit cette espèce, dit qu'il a souvent entendu ce bruit, et qu'en remontant à sa cause, il n'a trouvé que ces insectes, qu'il ne supposait pas capables de le produire; mais

un jour, ayant observé que ce bruit se faisait entendre dans un paquet de papiers négligemment
pliés, et qui se trouvaient placés dans un jour
favorable auprès de la fenêtre de son cabinet, il
les examina attentivement, et s'étant muni d'un
microscope, à son grand étonnement, il aperçut
un de ces insectes dans l'action de son battement.
Il y a des années dans lesquelles ils sont plus nombreux que dans d'autres, et leur tic-tac est parfois
plus fréquemment entendu : le même naturaliste
nous apprend que, pendant le mois de juillet, il
cesse rarement de se faire entendre, soit le jour,
soit la nuit.

CHAPITRE VII.

LA FOURMI.

Les *fourmis communes* de l'Europe sont de deux ou trois sortes; il y en a des rouges et des noires; quelques-unes ont un aiguillon, et d'autres n'en ont pas. Celles qui ont un aiguillon s'en servent pour blesser à la manière ordinaire; celles qui sont privées de cette arme de défense ont le pouvoir de faire jaillir de la partie inférieure de leur corps un fluide acide qui, en tombant sur la peau, l'enflamme et la brûle comme ferait une piqûre d'ortie.

Le corps de cet insecte est ainsi divisé en trois : la tête, le corselet et le ventre. Dans la tête sont placés les yeux, qui sont entièrement noirs, et au-dessous des yeux deux petites antennes composées de douze articulations recouvertes de soies fines. La bouche est armée de deux mâchoires crochues, saillantes, et garnies d'une espèce de dents incisives.

Le corselet est couvert d'un fin duvet de soie, du milieu duquel sortent six pattes, qui sont assez longues et également recouvertes d'un duvet; elles sont armées, à leurs extrémités, de deux petites griffes, dont l'animal se sert pour grimper.

Le ventre est plus rouge que le reste du corps, qui est de couleur de noisette brune, brillant comme une glace, et couvert d'un duvet extrêmement fin. D'après une telle conformation, cet animal semble plus hardi et plus actif, en raison de sa grosseur, qu'aucun autre de la famille des insectes; et il ne craint pas d'attaquer des animaux d'un volume dix fois plus gros que le sien.

Les fourmis vivent en communautés, qui se composent de mâles, de femelles et de neutres; ces derniers seules sont les ouvrières. Elles forment dans la terre un nid oblong, dans lequel se trouvent plusieurs passages et appartemens. Dans la formation de ce nid chacune a sa part au travail: quelques-unes sont occupées à élever des fondemens solides avec un mélange de terre et une espèce de glu qui suinte de leur corps: d'autres rassemblent de petits brins de jeunes branches ou de rejetons qu'elles font servir de chevrons et de soliveaux pour pratiquer des passages ; d'autres encore étendent de petites pièces de bois en travers de ces piliers, et les recouvrent de joncs, de mauvaises herbes et d'herbes sèches, qu'elles rendent aussi compactes que possible, pour mettre leurs magasins à l'abri des eaux.

Ces petits animaux, en rassemblant leurs provisions, peuvent être toujours observés travaillant sans cesse, un d'eux chargé d'un grain de blé, un autre portant une mouche morte, et plusieurs ensemble occupés à transporter le corps de quelque insecte plus gros. Toutes les fois qu'il leur arrive de rencontrer quelque nourriture trop considérable pour qu'ils puissent la traîner et la changer de lieu, ils la dévorent sur le lieu même jusqu'à ce que cet objet soit réduit à un volume assez petit pour qu'ils puissent le transporter. Dans toutes leurs excursions elles ont quelque objet en vue ; et il est bien rare qu'elles retournent à la fourmilière sans être chargées de quelque butin, ou sans la nouvelle qu'elles ont découvert quelque objet utile, pour le transport duquel un secours est nécessaire. Si l'une d'elles vient annoncer qu'elle a découvert un morceau de sucre ou de pain, ou quelque fruit, même dans l'état le plus élevé d'une maison, elles se rangent toutes sur une ligne, et suivent leur conductrice jusque sur les lieux.

Le docteur Franklin, s'étant persuadé que ces petits animaux avaient quelques moyens de se communiquer leurs pensées ou leurs désirs les uns aux autres, eut recours à plusieurs expériences, dont le résultat tendait en général à le confirmer dans cette opinion; mais une seule lui semble plus concluante que toutes les autres. Il lança un petit pot de terre, contenant un peu de thériaque, dans un cabinet; un grand nombre de fourmis s'y réunirent, et dévorèrent promptement la thériaque. Mais lorsqu'il s'en aperçut, il secoua le pot et les en chassa; ensuite il attacha le pot avec une petite ficelle à un clou qu'il avait enfoncé dans le plafond de son cabinet. Une seule fourmi, par hasard, était restée dans le pot : cette fourmi mangea jusqu'à ce qu'elle fut repue; mais quand elle voulut en sortir, elle ne sut pendant quelque temps comment s'y prendre; elle parcourut tout l'intérieur du pot, mais en vain : à la fin elle trouva, après plusieurs tentatives, le moyen d'arriver jusqu'au plafond, en montant tout le long de la corde; aussitôt qu'elle y fut arrivée, elle gagna le mur, et de là elle descendit. Environ une demi-heure après, il vit un essaim considérable de fourmis monter au plafond et ramper tout le long de la corde jusque dans le pot, où elles se mirent à manger encore. Elles continuèrent ainsi jusqu'à ce que la thériaque fût entièrement dévorée : il y avait un essaim qui descendait le long de la corde, tandis qu'un autre montait.

Assez ordinairement les fourmis entassent une quantité considérable de différentes espèces de grains ; mais, pour les empêcher de germer, et pour les garantir de l'humidité de leurs cellules , leur instinct les porte à mordre la partie du grain d'où sort la tige.

Les larves qui proviennent de leurs œufs, et qui ressemblent à des vers dénués de pattes, sont bientôt transformées en chrysalides blanches. Ces dernières sont connues généralement sous le nom d'œufs de fourmis, et on en fait souvent usage pour nourrir les petits des faisans , des perdrix et des rossignols. Quand un nid est dérangé, les fourmis rassemblent avec un grand soin tous les petits qui sont restés intacts, et leur forment un autre nid. Dans cette confusion, elles transportent les œufs et les larves pêle-mêle ; mais aussitôt que la tranquillité est rétablie parmi ces insectes, les œufs et les larves sont soigneusement séparés, et les uns et les autres sont logés dans des cases particulières.

Tous les matins, pendant la saison chaude de l'année, les fourmis sortent les petits vers, et les

s approchent de la surface de leur asile : de sorte
p que, depuis dix heures du matin jusqu'à environ
cinq heures de l'après-midi, on peut toujours les
trouver couchés presque à fleur de terre. Si l'on
examine leur fourmilière vers les huit heures du
matin, on trouvera que ces petits vers ont tous
été transportés au fond; mais si l'on est déjà dans
le temps des pluies, il sera alors nécessaire de
fouiller un pied ou deux plus profondément que
de coutume, avant de pouvoir les découvrir.

Dans sa dernière métamorphose, le petit animal
déchire son enveloppe transparente, et alors il
devient insecte parfait, privé d'ailes, s'il est neu-
tre, et ailé, s'il est de l'un ou de l'autre sexe.
Les fourmis ailées sont aussi connues par une petite écaille dressée, et placée sur le fil qui lie le
corps au corselet.

Les mâles sont beaucoup plus petits que les
femelles, et rarement ils fréquentent l'habitation
commune. L'unique occupation des femelles consiste à déposer des œufs; et il arrive souvent que
la rigueur du froid les détruit. Les neutres, ou les
fourmis ouvrières, qui seules peuvent supporter le
froid, passent cette saison dans un état d'engourdissement : elles y restent jusqu'à ce que le printemps leur rende leur activité habituelle. C'est
pourquoi, n'ayant pas besoin de provisions pour

leur consommation, elles ne forment point de magasins pour l'hiver. Les femelles et les neutres sont armées d'un aiguillon. Les mâles, outre qu'ils sont plus petits que les femelles, s'en distinguent encore par la grandeur de·leurs yeux.

.Les ouvrières montrent les plus grandes attentions envers les femelles. M. Gould nous apprend, dans son *Traité des fourmis de l'Angleterre*, qu'il avait placé une femelle, appelée reine, de l'espèce des petites fourmis noires, dans une boîte, dans le couvercle à charnière de laquelle il y avait une ouverture assez grande pour que les ouvrières pussent entrer et sortir, mais trop petite pour la reine. Une partie des ouvrières était constamment de service auprès d'elle, et l'environnait, tandis que les autres allaient à la recherche des provisions. Mais par un accident la reine mourut. Les fourmis, comme si elles eussent ignoré sa mort, continuèrent leurs assiduités, la changèrent même de place, et la traitèrent avec les mêmes égards que si elle eût encore vécu. Ceci dura environ deux mois, à la fin desquels le couvercle ayant été ôté, elles abandonnèrent la boîte, et emportèrent le corps mort de la reine.

Ces insectes grimpent fréquemment sur les arbres, où l'on dit qu'ils font beaucoup de dégâts. Cependant, en Suisse, on les regarde comme très-utiles , et on les force à rester sur les arbres , afin qu'ils y détruisent les chenilles , ce qui se fait en suspendant à un arbre un sac rempli de fourmis , et la racine de cet arbre est enduite d'une argile mouillée , ou de poix , afin de les empêcher de se sauver , et , en conséquence de cette opération , elles sont bientôt forcées par la faim de se jeter sur les chenilles , et de les dévorer.

On obtient , dit-on , un acide très-agréable par la distillation des fourmis. M. Consett , se promenant avec un jeune homme dans un bois près de Gothembourg , en Suède , observa une personne qui était assise auprès d'une fourmilière , et qui avalait ces insectes avec un très-grand plaisir , après leur avoir arraché la tête et les ailes ; d'après son dire , leur goût était à peu près celui du jus de citron , mais bien plus agréable.

On assure que les fourmis de l'Afrique ne s'engourdissent jamais , mais qu'elles construisent leurs nids , et qu'elles forment des provisions avec beaucoup plus d'adresse que celles d'Europe , et qu'elles suivent en cela des règlemens tout-à-fait différens. Elles sont à tous égards d'une race plus formidable , et il y en a trois espèces : les *rouges* , les *vertes* et les *noires*.

Leur aiguillon cause une douleur insupportable, et leurs dégâts sont immenses. Les moutons, les poules, et même les rats, en approchant trop près de leurs habitations sont souvent tués par elles. La grande fourmi noire de l'Amérique méridionale, pique d'une manière aussi dangereuse que le scorpion ; et après celle-ci, la piqûre de la petite fourmi jaune est la plus douloureuse ; car cette douleur est égale à celle que cause une étincelle de feu ; et ces insectes sont en si grand nombre sur les branches dans quelques endroits, que l'on peut en être entièrement couvert avant de les avoir aperçus. Ces fourmis ont leurs nids sur de grands arbres, au haut du tronc, entre les branches ; quelquefois leurs nids sont aussi gros qu'une barrique de deux cent quarante pintes. Ces nids sont leurs habitations d'hiver ; car, dans la saison des pluies, elles retournent toutes dans leurs villes souterraines, où elles conservent leurs œufs. Quand dans la saison sèche elles abandonnent leurs nids, elles rôdent partout dans les bois ; car elles ne se montrent jamais dans les savanes ; on peut facilement distinguer dans les bois un grand sentier tracé par ces insectes, de la largeur de trois à quatre pouces : ils s'en vont à vide, mais ils rapportent à la fourmilière, sur leur dos, des charges pesantes, toutes de la même nature et grandeur.

On a observé trois sortes différentes de fourmis à la Nouvelle Galles méridionale. Quelques-unes sont vertes comme les feuilles : elles vivent sur les arbres où elles établissent leurs nids, dont la grosseur diffère depuis celle de la tête d'un homme jusqu'à celle de ses poignets. Ces nids sont d'une construction très-curieuse : elles les forment en ployant plusieurs feuilles, aussi larges que la main, et en fixant les pointes de ces feuilles ensemble, de manière à en former une bourse. La matière visqueuse dont elles font usage pour cet effet, provient d'un fluide que la nature leur a denné.

La seconde espèce de fourmis est entièrement noire, et leurs travaux, ainsi que leur manière de vivre, ne sont pas moins extraordinaires. Leurs habitations sont établies dans l'intérieur des branches d'un arbre qu'elles se sont occupées à creuser en en faisant sortir la moëlle presque jusqu'aux extrémités des plus petites branches ; et cependant l'arbre fleurit comme s'il n'avait point des habitans qui le creusent jusqu'à la moëlle. Ces fourmis ont un aiguillon dangereux.

La troisième espèce de fourmis fut observée dans la racine d'une plante qui croît sur l'écorce des arbres, à la manière du gui. Cette racine est ordinairement d'un volume aussi cousidérable qu'un navet, et quelquefois beaucoup plus grosses. Quoique remplie de ces insectes, la végétation de la plante ne paraît pas avoir été gênée; car ces fourmis sont presque moitié plus petites que les fourmis rouges communes. Elles ont des aiguillons, mais elles n'ont pas assez de force pour les faire sentir : cependant elles peuvent tourmenter autant, et plus même que les fourmis communes; car à l'instant même où la racine dans laquelle elles sont logées se trouve saisie avec la main, elles sortent par d'innombrables trous; et courant de tous côtés sur les parties du corps qui ne sont pas couvertes, ces insectes occasionnent une démangeaison plus insupportable que la douleur, à moins qu'elle ne devienne très-violente.

La *fourmi de sucre*, qui prend son nom des ravages qu'elle cause sur la canne à sucre, parut, pour la première fois, à l'île de la Grenade, il y a plus de quarante ans, sur une sucrerie au petit Havre, baie qui est distante de deux à trois lieues de la ville de Saint-Georges. De là elles se répandirent de tous les côtés pendant plusieurs années, et elles détruisirent successivement toutes les plantations de cannes à sucre qui se trouvent situées entre la ville de Saint-Georges et celle de

Saint-Jean, dans un espace d'environ quatre lieues. En même temps on découvrit des colonies de ces insectes dans d'autres parties de l'île. Ces fourmis sont d'une moyenne grosseur, et d'un rouge foncé. Elles ne font leur nid qu'à l'abri de certains arbres et plantes, tels que la canne à sucre, le tilleul, le citronnier et l'oranger, où elles se trouvent protégées contre les vents et la pluie; et le dommage qu'elles causent ne consiste pas seulement en ce qu'elles dévorent les plantes, mais encore en ce qu'elles établissent un logement à leur racine. Ainsi les racines de cannes à sucre sont, d'une manière ou de l'autre, ravagées par ces insectes, de sorte qu'elles ne peuvent plus alimenter les plantes; c'est pourquoi elles deviennent languissantes et rabougries, et par conséquent ne peuvent plus donner le suc propre à faire le sucre, soit pour la quantité, soit pour la qualité.

Les planteurs s'étant efforcés en vain de mettre des bornes aux ravages causés par ces insectes, il fut promis par l'assemblée législative une récompense de vingt mille livres sterling, payables par le trésorier de l'île, à celui qui découvrirait un moyen de détruire les fourmis, tellement complet dans ses heureux effets, qu'on pût cultiver les cannes à sucre comme auparavant.

A cette occasion, il se présenta plusieurs concurrens : mais ils étaient bien loin d'avoir aucun droit légitime à cette récompense. Cependant des sommes d'argent considérables furent accordées en considération du travail et des frais nécessités par les expériences. Leur destruction fut entreprise, en majeure partie, par le moyen du feu et du poison. Un mélange de substances animales avec du sublimé corrosif et de l'arsenic fut dévoré par elles avec avidité. Des myriades se trouvèrent détruites, et, en outre, elles devinrent si furieuses à la suite de l'application de ces moyens, qu'elles se détruisirent les unes les autres ; et cependant on trouva qu'il était impossible de se procurer de ces poisons en une quantité suffisante, pour en donner seulement à la cent millième partie de ces insectes. Le moyen du feu fut suivi de quelque succès. Quand le bois était brûlé, et réduit en charbon ardent et sans flamme, et qu'on le sortait du feu, pour le placer sur leur passage ils s'y amoncelaient en nombre si prodigieux, qu'ils finissaient par l'éteindre en sacrifiant plusieurs milliers de victimes. En conséquence on creusa des trous de distance en distance, et l'on y alluma des feux. Néanmoins les fourmis reparurent encore aussi nombreuses que jamais.

Enfin cette calamité, qui avait résisté aux plus

grands efforts des planteurs, fut éloignée par une autre : l'ouragan arrivé dans l'île de la Grenade, en 1780, qui avait été si désastreux pour les autres îles des Indes occidentales, devint sous quelques rapports, un grand bienfait pour la Grenade. Sans cet ouragan, il est probable que la culture de la canne à sucre, dans les parties les plus fertiles de cette île, aurait été, sinon entièrement, au moins pour quelque temps négligée.

Voici une histoire racontée par un de nos contemporains : « Les fourmis étaient en hostilité ouverte avec moi pour mon sucre, dont je ne suis guère moins friand qu'elles, dit M. Dupont de Nemours, dans ses mémoires. J'avais placé le sucrier dans une île, c'est-à-dire, au milieu d'une jatte d'eau. Il fallut imaginer de forcer ma forteresse, et voici le parti que prirent mes petites adversaires. Elles montèrent le long du mur jusqu'au plafond, bien perpendiculairement au-dessus du sucrier, et de là, il s'en laissa tomber un assez grand nombre dans la place. Mais, le plancher étant élevé, le moindre courant d'air pouvait les faire dévier, et plusieurs tombèrent à côté du sucrier, dans la jatte. Celles qui étaient les plus proches de la tour au sucre, y arrivèrent à la nage; d'autres se noyèrent; d'autres gagnèrent le bord extérieur, après avoir été témoins du malheur de leurs compagnes. Elles auraient bien voulu leur rendre service, mais elles n'osaient. Quelques-unes se tenant par une patte de derrière au rivage, s'allongeaient autant qu'elles pouvaient vers celles qui nageaient encore, mais elles craignaient de se remettre à l'eau sur un aussi grand lac; elles en amenaient d'autres de la même taille, qui tentaient la même manœuvre, avec le même zèle et la même timidité. Enfin, quelques-unes s'avisèrent de retourner à leur ville. Elles amenèrent une petite escouade de huit grenadières, qui se jetèrent à l'eau sans balancer, et nageant vigoureusement, saisirent dans leurs pinces et rapportèrent à bord tous les noyés.

« Là, quel fut mon étonnement de les voir, grandes et petites, donner à ces noyés à peu près les mêmes secours qui servent à rappeler les nôtres à la vie. Elles les roulèrent dans la poussière; elles les frottèrent; elles s'étendirent dessus pour les réchauffer; elles les roulèrent et les frottèrent encore. Plusieurs concouraient au travail pour chaque noyé. Sur onze fourmis qui avaient perdu connaissance, et qui seraient mortes si on ne leur avait porté secours, elles en ranimèrent quatre parfaitement, et en emportèrent une malade, mais qui remuait un peu les pattes et les antennes. Elles emportèrent de même les six autres qui ne donnaient aucun signe de vie. »

Les *fourmis blanches* se trouvent dans les Indes orientales et dans plusieurs parties de l'Afrique et de l'Amérique méridionale, où les dégâts qu'elles causent sont très-redoutés par les habitans. M. Smeathman dit, dans les Transactions philosophiques, qu'elles se divisent en trois ordres ; 1°. les fourmis ouvrières ; 2°. les combattans ou les soldats, qui ne remplissent aucune autre fonction que celle de défendre la fourmilière en cas de besoin ; 3°. les fourmis ailées, ou fourmis parfaites, qui sont les mâles et les femelles, et qui propagent bien leur espèce. Il désigne ces dernières sous le nom de noblesse ou de haute bourgeoisie, parce qu'elles ne combattent jamais, et qu'elles sont exemptes de travailler. Dans leurs nids ou fourmilières, dit-il, car elles les établissent sur la surface de la terre, les fourmis ouvrières sont toujours les plus nombreuses. Elles sont au moins cent ouvrières contre une de celles qui sont destinées à la guerre, ou soldats. Elles sont longues d'environ trois lignes, ainsi un peu plus petites que les nôtres.

« Le second ordre, celui des soldats, diffère, pour la figure, des ouvrières. Ces fourmis ressemblent aux insectes qui n'ont subi que la première de leurs métamorphoses, c'est-à-dire à des larves. Elles sont longues d'environ six lignes, et égales, pour la grosseur, à environ quinze des fourmis ouvrières. La forme de la tête est aussi très-différente : dans les ouvrières, la bouche est évidemment formée pour ronger ou pour porter ; mais dans les soldats, les mâchoires étant de forme semblable à deux alènes très-aiguës, et un peu dentelées, sont destinées seulement à percer ou à blesser, ce à quoi elles sont bien appropriées, étant aussi dures que les pinces d'un crabe, et placées sur une tête qui est composée d'une substance aussi forte que la corne, et qui est plus grosse que le reste du corps.

« La fourmi du troisième ordre, ou la fourmi parfaite, est encore plus remarquable. La tête, le corselet et le ventre diffèrent presque entièrement des mêmes parties dans les ouvrières et dans les soldats, en outre, l'animal est alors fourni de quatre grandes ailes brunes et transparentes, au moyen desquelles il est habile, dans la saison convenable, à émigrer et à former de nouveaux établissemens. Il a alors aussi éprouvé un très-grand changement dans sa grosseur et dans sa forme, et il a acquis la faculté de propager son espèce.

« Le corps de l'insecte, dans ce nouvel état,

a environ neufs lignes de longueur; ses ailes, d'une
extrémité à l'autre, ont un peu plus de deux pouces et demi, et leur volume est égal à celui de
trente ouvrières ou de deux soldats. Ces fourmis,
au lieu d'actives, d'industrieuses, de voraces
qu'elles étaient auparavant, deviennent, dans leur
état parfait, paisibles, percluses et poltronnes.
Leur nombre est grand, mais celui de leurs ennemis est plus grand encore. Elles sont dévorées
par les oiseaux, par toutes les espèces de fourmis,
par les reptiles carnivores, et même par les habitans de plusieurs contées de l'Afrique. D'après
cela, il semblerait surprenant que même un seul
couple pût leur échapper. Quelques-unes de ces
fourmis sont assez heureuses pour être rencontrées
par quelques fourmis ouvrières, qui courant sans
cesse deçà et delà sur la surface du globe, sous
leurs galeries couvertes, les prennent pour leurs
rois et reines, et fondent pour ainsi dire de nouveaux états. Toutes celles qui ne sont pas ainsi
élues et mises à la tête des nouvelles colonies périssent inévitablement.

« La manière spéciale dont ces ouvrières protè-
gent le couple heureux contre ses innombrables
ennemis, non seulement le jour du massacre de
toute la race, mais encore long-temps après, con-

tinue M. Smeathman, justifiera l'usage que j'ai fait du mot élection.

« Ces petits industrieux animaux les placent aussitôt dans une petite chambre fait d'argile, appropriée à leur grosseur, dans laquelle il n'y a d'abord qu'une seule entrée, assez large pour eux-mêmes et pour les soldats, mais beaucoup trop petite pour l'usage de l'un ou de l'autre du couple royal; et quand la nécessité les oblige de faire un plus grand nombre d'entrées, elles ne sont jamais plus grandes; de sorte que, par ce moyen, les sujets volontaires se chargent de pourvoir aux besoins de la postérité de leurs souverains, aussi bien que de travailler et de combattre pour eux, jusqu'à ce qu'ils aient élevé des descendans capables au moins de partager la tâche avec eux. »

La reine, vers ce temps-là, éprouve un changement très-extraordinaire. L'abdomen commence à s'étendre et à s'élargir à un degré si énorme. que l'on a quelquefois vu le ventre d'une vieille reine grossir au point d'égaler près de deux mille fois le volume du reste de son corps. La peau entre les anneaux de l'abdomen s'étend dans tous les sens, et à la fin ces anneaux sont écartés à la distance d'un demi-pouce l'un de l'autre, quoique primitivement la longueur totale de l'ab-

domen ne fût pas d'un demi-pouce. Quand la
fourmi a au-delà de deux ans, le ventre devient
long de trois pouces, et quelquefois même du
double de cette longueur. Il est alors d'une forme
oblongue, irrégulière, et il est devenu une vaste
matrice pleine d'œufs, à travers et entre lesquels
une quantité innombrable de très-petits vaisseaux
circulent en serpentant. Quand les œufs sont parfaitement mûrs, ils commencent à paraître, et
ils sortent si promptement, que la reine en dépose
environ soixante dans une minute, ou plus de
quatre-vingt mille dans l'espace de vingt-quatre
heures. Ces œufs sont à l'instant emportés par les
serviteurs, et placés dans les cellules, où ils sont
couvés et où ils éclosent. Les petits sont servis et
pourvus de toutes choses nécessaires, jusqu'à ce
qu'ils soient habiles à se pourvoir par eux-mêmes,
et qu'ils prennent part aux travaux de la communauté.

Les fourmilières, car leurs nids sont ainsi dé-
nommés, sont souvent élevées de dix à douze
pieds au-dessus de la surface de la terre, et à
peu près de forme conique; quelquefois elles sont
si nombreuses, que, si on les regarde à une petite
distance, elles ont l'apparence d'un village habité par des nègres. Jobson, dans son *histoire
de Gambie*, assure que quelques-unes de ces

fourmilières ont vingt pieds de hauteur, et que lui et ses compagnons se sont souvent cachés derrière pour y chasser la bête fauve et d'autres animaux sauvages. Chacune d'elles est composée d'une partie extérieure et d'une partie intérieure. L'extérieur est couverte d'une enveloppe d'argile, en forme de dôme, d'une grandeur et d'une force suffisantes pour protéger les bâtimens intérieurs contre les injures du temps, et défendre ses nombreux habitans des accidens naturels et de l'attaque de leurs ennemis. Ces monticules paraissent d'abord en forme de tourelles coniques, de la hauteur d'environ un pied. En peu de temps les insectes élèvent à une petite distance d'autres tourelles, et continuent ainsi d'accroître leur nombre en élargissant leur base, jusqu'à ce que leur ouvrage souterrain en soit entièrement couvert; que ces insectes ont toujours soin de les élever plus haut vers le milieu du monticule; et remplissant peu à peu les intervalles entre toutes ces tourelles, ils les rassemblent enfin dans un grand dôme.

La chambre royale, ainsi que l'a nommée M. Smeathman, est toujours située aussi près que possible du centre de l'édifice, et elle est généralement de niveau avec la surface ordinaire

de la terre. Sa forme est à peu près semblable à
la moitié d'un œuf, ou d'un ovale obtus pour l'intérieur, et l'on peut dire qu'elle représente un
long four. Dans l'enfance de la colonie, cette chambre n'a pas plus d'un pouce en longueur; mais
avec le temps on l'agrandit de six à sept pouces,
et quelquefois de plus, étant toujours en proportion avec la grosseur de la reine qui, augmentant de volume à mesure qu'elle prend de l'âge,
nécessite à la fois une chambre d'une aussi grande
dimension.

Comme l'entrée de la chambre royale n'ad-
met point d'animaux plus gros que les fourmis
ouvrières ou les soldats, le roi et la reine ne peuvent jamais en sortir. Cette chambre est environnée d'une quantité innombrable d'autres chambres, différant entre elles de grandeur, de forme
et de dimensions; elles sont toutes voûtées, soit
en forme circulaire, soit en forme elliptique. Ces
chambres s'ouvrent l'une dans l'autre, ou bien
elles ont du moins des passages de communication, qui, restant toujours vides, sont évidemment
destinés pour le service des soldats ou des serviteurs, dont le grand nombre est nécessaire. Les
derniers appartemens tiennent aux magasins et
aux cellules des œufs.

Les magasins, comme M. Smeathman les ap-

pelle, ne sont autre chose que des cavités ou des
chambres d'argile, et abondent en tout temps en
provisions, qui, à l'œil nu, semblent ne consis-
ter que dans des râpures de bois et de plantes ;
mais, quand on les examine au microscope, on
trouve qu'elles consistent pour la majeure partie,
en gommes, ou en substances coagulées, provenant du suc des plantes, jetées ensemble en
petites masses irrégulières. Quelques-unes de ces
masses sont d'une qualité supérieure à celle des autres, et ressemblent à la matière sucrée qui entoure les
fruits confits ; d'autres sont comme des gouttes de
gomme, ou entièrement transparentes, ou à moitié
opaques comme de l'ambre, ou brunes, ou tout-à-
fait opaques.

Les cellules des œufs sont toujours entremêlées
avec les magasins, et sont des bâtimens totalement différens du reste de l'édifice. Elles sont
composées entièrement de matériaux en bois, qui
semblent avoir été cimentés avec de la gomme.
Elles sont invariablement occupées par les œufs
et par les petits, qui paraissent d'abord sous la forme des fourmis ouvrières. Ces bâtimens sont très-
compactes, et divisés en un grand nombre de petites loges irrégulières, et dont aucune n'a plus de
six lignes de large. Elles sont toutes placées en
rond, et le plus près possible de l'appartement

royal. Quand une fourmilière ne commence qu'à
se former , ces cellules touchent à l'appartement
royal. Mais, comme avec le temps le corps de la
reine devient plus gros , il est nécessaire alors ,
pour sa commodité , d'élargir sa chambre. Et
comme elle dépose alors un nombre plus considérable d'œufs , il lui faut aussi plus de serviteurs ; les dimensions et le nombre des appartemens adjacens doivent donc être augmentés. A
cet effet , les petites cellules qui avaient été éri-
gées en premier, sont reconstruites un peu plus
loin, sur une plus grande largeur et en plus
grand nombre. Ainsi , ces animaux sont continuellement occupés à démolir ou à réparer et à
relever leurs appartemens ; et ils effectuent ces
opérations avec une sagacité , une régularité et
une prévoyance merveilleuses. Les cellules des
œufs sont entourées de chambres d'argile , semblables à celles qui contiennent les provisions ,
mais beaucoup plus grandes. Au commencement
de l'établissement du nid , ces chambres ne sont
pas plus grandes qu'une noisette ; mais dans les
grandes fourmilières elles sont souvent de quatre
ou cinq pouces de diamètre.

La chambre royale est environnée de tous
côtés , même au - dessus et au - dessous , par les
appartemens royaux , comme les appelle notre

auteur ; ces appartemens royaux renferment seulement les ouvriers et les soldats qui ne sont
employés qu'à la garde et au service de leurs
parens communs, de la sûreté et du bonheur
desquels dépend probablement l'existence de
toute la communauté. Ils composent un labyrinthe, qui s'étend à un pied de distance et souvent au-delà, autour de la chambre royale. Là
commencent les cellules des œufs et les magasins
de provisions ; ils sont séparés par de petites
chambres vides et par des galeries qui les entourent, et qui communiquent les unes avec les
autres, et sont distribués sur toutes les parois inférieures de la couverture, jusqu'aux deux tiers,
et même aux trois quarts de toute la hauteur,
laissant ouverte, dans le milieu, sous le dôme,
une aire qui ressemble à la nef d'une cathédrale
gothique. Cette aire, près du front, est environnée
de grandes voûtes, qui sont quelquefois hautes
de deux ou trois pieds ; mais elles diminuent rapidement au fur et à mesure qu'elles s'en éloignent, semblables à des voûtes élevées que l'on
voit en perspective, et se perdent bientôt parmi
les chambres innombrables et les cellules qui se
trouvent derrière. Toutes ces chambres et ces
galeries sont voûtées, et se soutiennent l'une
l'autre. Les bâtimens inférieurs ou l'ensemble des

les cellules, des chambres et des galeries, sont couverts d'un toit plat sans aucun jour. Au moyen de cette disposition, si, par accident, l'eau venait à pénétrer le dôme extérieur, les appartemens qui sont au-dessous sont à l'abri de toutes dégradations. L'aire a aussi un plancher aplati, posé sur la chambre royale; il est pareillement à l'épreuve de l'eau, et construit de manière que, si elle pénètre dans l'aire, elle s'écoule par des conduits souterrains qui sont cylindriques, et dont quelques-uns ont jusqu'à treize pouces de diamètre. Ces conduits souterrains sont fortement revêtus de la même espèce d'argile que celle dont le monticule est composé : ils montent dans l'intérieur du dôme, en forme de spirale; ils tournent tout autour de l'édifice jusqu'en haut, et communiquent à différentes hauteurs. De toutes les parties de ces grandes galeries, un nombre de petits couloirs conduisent aux différens appartemens de cette vaste habitation. Il y a, en outre, un grand nombre de petits conduits qui se dirigent en bas par une descente oblique, à trois ou quatre pieds au-dessous du sol, à travers le gravier; les fourmis ouvrières cherchent les parties les plus fines de ce gravier, les préparent dans leur bouche et leur donnent la consistance du mortier, qui se change ensuite en argile ou en pierres solides, avec lesquelles leurs dômes et tous les appartemens de leur habitation, excepté les cellules des œufs, sont construits. D'autres galeries conduisent horizontalement et dans toutes les directions au dehors, et elles se prolongent à de grandes distances, mais près de la surface du sol, pour faciliter à ces insectes les moyens de fourrager au dehors.

Aussitôt qu'une brèche est faite à l'un de leurs monticules par une hache ou par quelque autre instrument, [le premier objet qui attire l'attention est la conduite des soldats ou des fourmis guerrières. Aussitôt que le coup a été donné, un soldat paraît dehors, marche autour de la brèche, et semble examiner quel est l'ennemi, ou quelle est la cause de l'attaque. Alors il rentre dans le monticule, il y porte l'alarme, et en très-peu de temps un corps considérable s'élance au dehors aussi promptement que la brèche peut le permettre. Il n'est pas facile de décrire la furie dont ces combattans sont aussitôt animés. Dans leur impétueuse ardeur à repousser l'ennemi, ils tombent fréquemment du haut en bas sur les côtés du monticule ; mais ils se remettent promptement, et mordent tous les objets qu'ils rencontrent. Cette rage de mordre, jointe à ce qu'ils frappent de leurs pinces sur les bâtimens,

font un craquement ou bruit de vibration,
qui est quelquefois plus vif et plus perçant que
le battement d'une montre ; il peut être entendu
à la distance de plusieurs pieds. Aussi long-temps
que dure l'attaque, ils sont dans la plus grande
agitation, et font le plus de bruit. S'ils parviennent à s'accrocher à quelque partie du corps de
l'homme, ils y font à l'instant une blessure qui
cause quelque douleur. Si ces fourmis mordent
un homme à la jambe, la tache de sang qui tra-
verse le bas, s'étend à plus d'un pouce. Elles fixent
leurs mâchoires crochues au premier coup, et ne
quittent jamais la blessure ; elles se laissent arracher
un membre après l'autre plutôt que de chercher à
se sauver. Mais si on se tient éloigné de la portée
de ces insectes, et que l'on cesse entièrement de
les troubler, en moins d'une demi-heure elles se
retirent toutes dans le nid, comme si elles étaient
persuadées que l'ennemi qui a endommagé leur
habitation a pris la fuite. Avant que tous les soldats soient rentrés, les ouvrières sont toutes en
mouvement, et courent à la brèche, chacune
d'elles ayant une certaine quantité de mortier
préparé dans sa bouche. Elles appliquent ce mortier sur la brèche à mesure qu'elles arrivent, et
continuent cette opération, malgré leur hâte,
avec tant de facilité, que nonobstant l'immensité

de leur nombre elles ne s'embarrassent pas les unes
les autres. Pendant cette scène de désordre et de
confusion apparens, le spectateur est agréablement surpris quand il aperçoit un rempart régulier s'élever peu à peu et remplir les vides.

Pendant que les ouvrières sont ainsi occupées
à réparer la brèche, tous les soldats restent en
dedans, excepté quelques-uns qui rôdent parmi
six cents ou mille ouvrières, sans jamais toucher
au mortier. Cependant un de ces soldats se poste
toujours près de la brèche que les ouvrières remplissent. Il se retourne de tous les côtés, et, à des
intervalles d'une minute ou de deux, il lève la
tête et frappe avec ses pinces sur la bâtisse, ce qui
produit la vibration dont nous venons de parler.
Un sifflement assez fort se fait alors entendre dans
l'intérieur du dôme et des appartemens; il paraît
que ce sont les fourmis ouvrières qui émettent ce
bruit, car à chaque signal semblable elles redou-
blent d'efforts et de promptitude. Mais une nouvelle attaque change tout-à-coup la scène. Au
premier coup, elles entrent dans les nombreuses
galeries qui traversent l'édifice, avec tant de hâte,
qu'on dirait qu'elles disparaissent, car dans peu
de secondes il n'y en a plus, et les soldats s'élancent hors du dôme en aussi grand nombre et avec
autant de fureur que la première fois. S'ils ne

trouvent point d'ennemi, ils rentrent aussitôt, et
bientôt après les ouvrières reparaissent, chargées
et aussi actives qu'auparavant ; parmi elles se trouvent encore par-ci par-là quelques soldats qui
donnent le même signal pour les animer au travail.
On peut ainsi renouveler le plaisir de les voir sortir de leur fourmilière, pour combattre ou pour
travailler, aussi souvent qu'on veut.

Ce n'est pas sans éprouver beaucoup de difficultés que l'on peut parvenir à explorer les parties intérieures d'une fourmilière ; car les appartemens qui environnent la chambre royale et les
cellules des œufs, et, en général, toutes les parties de l'édifice, sont tellement liés entre eux
que, si l'on détruit une seule arche, on en voit à
l'instant tomber deux ou trois ; ajoutons à cette
considération le grand dévouement des soldats
qui combattent jusqu'au dernier, et qui disputent
si bien chaque pouce de terrain, qu'il leur arrive
souvent d'écarter les nègres qui n'ont pas de
chaussure, et de faire saigner les blancs à travers leurs bas d'une manière douloureuse. Encore moins serait-il possible de conserver le bâtiment entier pour en observer l'architecture intérieure dans toutes ses parties ; car, tandis que
les soldats sont occupés à défendre les ouvrages
extérieurs, les ouvrières ont soin de barricader

tous les passages contre l'ennemi, et elles fer—
ment exactement les galeries et les couloirs qui
conduisent dans les différens appartemens, par—
ticulièrement dans la chambre royale, dont toutes
les entrées sont bouchées avec tant d'art, qu'il
n'est pas possible de les distinguer, tant qu'elles
restent humides ; et extérieurement, la chambre
royale n'a d'autre apparence que celle d'une masse
informe d'argile. Cependant il est facile de la dis—
tinguer, d'après sa situation, d'avec les autres
parties du bâtiment, ainsi que par la multitude
d'ouvrières et de soldats qui l'environnent, et qui
font preuve de fidélité envers le couple royal, en
se dévouant pour eux à la mort sous leurs mu—
railles.

La chambre royale, dans un grand nid, a une
capacité suffisante pour contenir plusieurs centaines de serviteurs, outre le couple royal ; et
on les y trouve toujours en aussi grand nombre
qu'elle peut en contenir. Ces fidèles sujets n'abandonnent jamais leur emploi, même dans la plus
grande détresse ; car aussi souvent que notre auteur enleva l'appartement royal pour le conserver
pendant quelque temps dans un grand bocal de
verre, tous les serviteurs ne cessaient de courrir
dans la même direction autour du roi et de la
reine avec la plus grande sollicitude ; quelques-

uns d'entre eux touchaient même la reine à la
tête, comme s'ils lui donnaient quelque chose.
Ils emportaient ses œufs et les entassaient avec
soin dans quelque coin de la chambre ou dans le
bocal, derrière ou sous quelques débris d'argile,
dont la disposition leur paraissait propre à leur
donner de l'abri.

Fénélon a dit : « Jusque dans le vol d'une
» abeille, jusque dans la marche d'une fourmi,
» on reconnaît la volonté toute puissante de
» Dieu. » Ce que nous venons d'écrire prouve en
effet combien est admirable cette toute puissance !

LE FOURMI-LION.

Le fourmi-lion est la larve d'un insecte assez
ressemblant à la demoiselle ; et ce nom lui a été
donné parce qu'il vit principalement de fourmis.
Dans la manière de se saisir de sa proie, et dans
la figure de son corps, il ne diffère pas beaucoup
de l'araignée. Son corps est composé de plusieurs
anneaux, et sa couleur est d'un gris sale, marqué
de taches noires. La tête est petite et plate, et il

en sort deux cornes, chacune d'environ deux
lignes de longueur ; elles sont dures , creuses et
crochues par le bout. Les mâchoires sont creuses
et servent à pomper la substance des insectes
dont il se nourrit ; car dans la tête il n'y a point
de bouche , ni aucun autre organe qui puisse en
remplir les fonctions. Ces cornes sont tellement
nécessaires à son existence, que la nature a pourvu
à leur rétablissement en cas d'accident ; car, si on
les coupe elles repoussent.

Le fourmi-lion , quoiqu'on ait dit qu'il se trouve
dans nos climats , n'y a été vu que très-rarement
dans son état parfait ; mais si on le rencontre
quelquefois , c'est dans les lieux sablonneux et
auprès des ruisseaux.

Cet animal, dans son état de larve, n'obtient
sa nourriture que par stratagème. Son habitation
ordinaire est un sol sec et sablonneux, sous quelque vieille muraille , ou à l'abri du vent. Là il
se forme un trou en forme d'entonnoir ; et si ce
puits est trop petit, l'animal se pousse en arrière
assez profondément, et jette dehors avec adresse
le sable léger qui était tombé sur lui de l'embouchure de son trou ; et alors il se tient caché au
fond. S'il veut élargir le trou , il commence d'abord
par tracer sur le sable un cercle d'une grandeur
moyenne , destiné à former la base. Alors il s'en

enfonce sous le sable, en partant de la circonférence du cercle, et procédant à reculons dans
une ligne spirale, et jette avec soin tous les grains
de sable qui tombent sur lui, hors de la circonférence du cercle; ce qu'il continue jusqu'à ce
qu'il arrive à l'extrémité du cône qu'il a ainsi
formé. Il se sert de son long cou et de sa tête plate
comme d'une bêche, et la force de ces organes est
si grande, qu'il peut jeter au dehors une quantité considérable de sable à la fois, à la distance
de six pouces. Lorsque sa retraite est achevée, il
se place lui-même sous le sable, et ne laisse paraître que ses cônes. Il y attend patiemment sa
proie.

Quand une fourmi ou quelque autre petit insecte marche sur les bords de son trou, il fait
nécessairement tomber quelques grains de sable
qui avertissent le fourmi-lion de sa présence.
Aussitôt il lance en l'air le sable qui couvre sa
tête pour en accabler l'insecte, ce qu'il continue
de faire jusqu'à ce que l'insecte soit tombé entre
ses cornes. L'insecte qui aurait marché sans précaution sur les bords de cet entonnoir, s'efforce-
rait en vain de s'en retirer; il ne pourrait réussir
à grimper par le côté, puisque le sable trompeur
fuirait toujours sous ses pas, et que chaque ef-
fort qu'il tenterait le précipiterait encore plus bas

Quand sa proie est à sa portée, le fourmi-lion lui plonge les pointes de ses cornes dans le corps, et après en avoir sucé toute la substance, il jette la carcasse vide à quelque distance, afin que les insectes, qui viendraient à sa caverne ne soient pas effrayés par la vue des carcasses des leurs. Il monte ensuite sur les bords de son entonnoir, et répare les petits dommages qu'il aurait pu souffrir; puis il descend au foud, et s'y tient caché comme auparavant.

Cet insecte n'ayant aucun autre moyen de surprendre sa proie que par son entonnoir, qui ne lui procure cependant que très-peu de nourriture, ses mouvemens sont très-lents; c'est pourquoi quelques personnes ont pensé que, quand il prenait ainsi de temps en temps des fourmis, c'était plutôt pour se divertir que par besoin. Mais quoique le fourmi-lion puisse vivre long-temps sans manger, et que même il puisse subir toutes ses métamorphoses quand il est enfermé dans une boîte, cependant cet insecte est toujours disposé à manger quand on lui offre de la nourriture. Il paraît toujours très-affamé quand il est ainsi conservé, et si on lui présente une mouche, il en suce la substance avec tant de dextérité, que la dépouille qu'il en laisse tombe en poussière si on la froisse dans les doigts. On a observé que, pendant que l'animal dévore sa proie , son corps enfle considérablement.

M. Poupart ayant placé un fourmi-lion dans une boîte de bois, avec un peu de sable, dans l'intention de faire une expérience, il le couvrit ensuite d'un verre, de telle manière qu'aucun autre insecte ne pouvait en approcher. L'insecte y forma son cône, et fit le guet comme de coutume pour obtenir sa proie ; ce fut en vain. M. Poupart le conserva ainsi pendant plusieurs mois, tandis que dans une autre boîte peu éloignée il en conservait un second, auquel il avait soin de donner très-régulièrement pour nourriture des fourmis et des mouches. Il ne put s'apercevoir d'aucune différence entre les mouvemens et les actions de ces deux insectes ; mais quand il les fit sortir de leur retraite, il trouva que le ventre de celui qui n'avait pas eu de nourriture, était considérablement diminué, tandis que celui de l'autre avait conservé sa grosseur naturelle.

Si le fourmi-lion façonne son entonnoir dans une couche de sable pur, son travail est aisé ; mais il trouve de grandes difficultés dans un sable mêlé d'autres substances. Si , par exemple, après l'avoir formé à moitié, il rencontre une pierre qui n'est pas trop grande, il n'abandonne point pour cela son ouvrage, mais il cherche à éloigner cet obstacle. Quand l'entonnoir est terminé, il rampe à reculons le long du côté où est la pierre; puis il passe sa queue dessous, et se donne toutes les peines imaginables pour la mettre dans une position convenable, et la traîne ainsi vers le bord de l'entonnoir pour débarrasser son passage. Il n'est pas rare de voir un fourmi-lion ainsi occupé après une pierre quatre fois plus grosse que lui; et comme il ne peut se mouvoir qu'à reculons, et que le fardeau est difficile à retenir sur un terrain aussi mouvant que le sable, la pierre roule souvent, lors même qu'elle est déjà près du bord extérieur, jusqu'au fond de l'entonnoir. Dans ce cas l'insecte recommence son opération, et ne se laisse quelquefois pas décourager par cinq ou six accidens semblables. Il ne laisse pas même la pierre sur le bord de son trou, mais il la roule beaucoup plus loin pour en tenir les approches libres aux fourmis.

Quand cet insecte a vécu un certain temps dans l'état de larve, il abandonne son trou et s'enfonce dans le sable. Là, il s'enveloppe d'une toile fine, dans laquelle il doit passer le temps nécessaire pour sa transformation en insecte ailé. Cette toile est faite d'une sorte de soie que l'animal file à la manière des araignées, et d'une quantité de grains de sable cimentés ensemble par une liqueur gluante

p qui suinte de ses pores. Cependant cette coque serait trop dure et trop rude pour le corps de cet
animal ; c'est pourquoi elle ne sert que d'enveloppe extérieure pour défendre l'insecte des injures de l'air ; le fourmi-lion file dans l'intérieur
de la coque une toile d'une soie incomparable-
ment plus fine et plus pure que la première, d'une
couleur de perle très-belle, et qui couvre tout son
corps. Après avoir resté quelque temps dans cette
coque il quitte sa peau extérieure, et devient une
nymphe oblongue, à travers laquelle l'œil de l'observateur peut distinguer la forme de la mouche
en laquelle l'insecte sera transformé. La mouche
ne sort d'abord qu'à moitié de son enveloppe ,
et demeure dans cette situation jusqu'à ce qu'un
mouvement de vie plus avancé et plus parfait
ait achevé de rompre sa prison ; et c'est alors
que l'on voit sortir l'insecte dans l'état de mouche
parfaite.

LE CHARANÇON.

Quelques espèces de charançons vivent sur les arbres et arbrisseaux, en introduisant leur trompe dans les plus tendres branches, et en suçant ainsi la séve; d'autres se nourrissent seulement d'herbages; plusieurs vivent de grains, de bois et sur quelques espèces de champignons; un petit nombre sous terre.

Le charançon du blé est d'un brun noirâtre : il a rarement deux lignes de longueur. Sa bouche est longue et petite; le corselet est pointillé, et presque aussi long que le ventre.

Cet insecte dépose ses œofs dans les grains de blé, et probablement dans chaque grain. Quand ils sont éclos, les larves continuent d'y vivre pendant quelque temps, et il est très-difficile de les découvrir, parce qu'elles se cachent dans l'intérieur du grain. Elles augmentent en volume, en même temps que le lieu de leur résidence, aux dépens de la partie intérieure ou de la farine du grain. Les granges sont souvent dévastées par ces vers, dont le nombre est quelquefois assez grand pour dévorer la totalité des blés qu'elles contiennent. Quand les vers ont at-

J teint toute leur grosseur , ils restent encore dans
J le grain caché sous la cosse vide : ils s'y chan-
J gent en nymphes , et ce n'est que quand ils
J sont devenus insectes parfaits qu'ils en échap-
J pent. Comme les grains qui sont ainsi attaqués
J ne diminuent point , et paraissent toujours rem-
plis , il n'est pas facile de les distinguer au pre-
mier coup-d'œil ; si cependant ils sont jetés
dans l'eau , leur légèreté les fait aussitôt dé-
couvrir.

Afin de débarrasser les greniers de ces insectes
destructeurs , les fermiers ont soin , dit-on , d'é-
tendre leurs blés au soleil, ce qui, à leur dire ,
fait sortir les charançons des grains, et les chasse
entièrement. On assure aussi que l'on peut les détruire en plaçant des branches de sureau ou de
jusquiame au milieu du grain. Mais un moyen
plus efficace de les écarter, est celui adopté par
un propriétaire de Paris. Vers le mois de juin, où
ses greniers et ses granges , qui avaient été grandement infestés par les charançons se trouvaient
vides, il fit ramasser plusieurs fourmilières dans
des sacs , et les fit placer ensuite en différens endroits de ses greniers et de ses granges. Aussitôt les
fourmis attaquèrent les charançons , qui se trouvaient sur les murs , et partout ailleurs , et les détruisirent si complètement, qu'en très-peu de temps

on n'en vit plus un seul; depuis cette époque, ils n'ont plus reparu.

Le *charançon des noisettes* provient d'une larve ou ver blanc que l'on trouve souvent plein de vie dans l'intérieur de la noisette. L'histoire de sa croissance et de ses métamorphoses est aussi intéressante que singulière.

La larve provient d'un très-petit œuf brun, que l'insecte a déposé sur la partie extérieure de la noisette, lorsqu'elle était encore tendre. Quand la chaleur de la saison a mûri ce petit ver, il se fait jour hors de l'œuf, et pénètre à travers la coque dans la noisette, sans y laisser aucune trace apparente de son passage. Sa nourriture se compose de l'enveloppe de la noisette, jusqu'à ce qu'elle soit devenue trop dure ou trop sèche pour le nourrir. Alors il commence à manger le noyau qui est devenu assez gros pour pouvoir l'alimenter. Tandis qu'il se nourrit de ce noyau, il se tient constamment dans le trou par lequel il est entré, rongeant toujours les côtés, de manière à les rendre lisses et ronds; car ce trou, non-seulement lui procure l'air suffisant, et donne passage à ses excrémens, mais c'est aussi à travers cette ouverture que le charançon se retire quand il est repu, et qu'il est près de subir sa métamorphose.

Vers le mois de septembre, quelquefois un peu plus tard, la noisette commence à mûrir et tombe sur la terre. A la même époque cet iusecte est généralement préparé pour son changement , et il travaille lui-même à élargir le trou, ce qui l'occupe assez long-temps ; car sa circonférence est moins grande que celle de son corps. Il s'enfonce alors dans la terre ; peu de temps après il devient nymphe, et demeure dans cet état jusqu'au printemps suivant ; vers le commencement de mai il paraît sous la forme d'un escarbot. Il a alors environ trois lignes de longueur, et sa cou - leur est un brun grisâtre. Le corps est en quelque sorte de forme ovale ; l'extrémité postérieure n'est pas arrondie, mais terminée en pointe ; la trompe est rouge et aussi longue que le corps.

LE CAPRICORNE.

Cet animal est très-nuisible au bois ; son corps est d'un violet foncé , un peu velu et ponctué. Le corselet est arrondi et cotonneux , et les antennes sont presque aussi longues que le corps. Les étuis des ailes sont étroits, arrondis vers la pointe, et tronqués à la base. La tête et le corselet sont quelquefois verdâtres. Les mâchoires sont merveilleusement conformées pour percer le bois. Elles sont grandes, épaisses, et elles forment chacune la section solide d'un cône divisé longitudinalement, et dans l'acte de la mastication, les surfaces planes de leur côté intérieur s'appliquent l'une contre l'autre, de manière qu'elles broient la nourriture comme deux meules. La longueur du corps est depuis quatre lignes et demie jusqu'à sept lignes et demie.

Le capricorne, comme larve et comme insecte parfait, trouve principalement sa nourriture sur le bois de sapin qui a été coupé depuis quelque temps, et qui n'a pas encore été dépouillé de son écorce ; mais on le trouve aussi souvent sur d'autres bois. Quoique cet insecte soit devenu maintenant très-commun en Angleterre, on ne croit pas qu'il en soit originaire.

La femelle a, à l'extrémité postérieure de son corps, un tube plat, qu'elle peut allonger ou raccourcir à volonté. Elle l'enfonce entre l'écorce et le bois à la profondeur de trois lignes, et y dépose un de ses œufs. En dépouillant l'écorce, il est aisé de suivre la marche de la larve, à partir du point où l'œuf est éclos jusqu'à celui où elle a atteint toute sa grosseur. Elle s'avance d'abord en serpentant, et emplit l'espace qu'elle a tracé avec ses excrémens, qui ressemblent à de la sciure de bois, et qui défendent l'entrée aux ennemis du dehors. Ensuite elle forme une espèce de labyrinthe, rongeant en avant et en arrière, ce qui élargit beaucoup son sentier.

La trace de ses pas offre à l'observateur qui l'examine attentivement un spectacle curieux dans l'infinité de ses ramifications. Quand l'insecte approche du moment où il doit devenir nymphe, il s'enfonce obliquement dans la partie solide du bois, quelquefois à la profondeur de trois pouces, et jamais ou rarement moins de deux. Son trou est de forme à peu près semi-cylindrique, et imite exactement celle de la larve.

Les larves n'ont point de pattes; elles sont pâles, pliées et recouvertes d'un duvet, convexes par-dessus, et divisées en treize anneaux; leur tête est grande et convexe. Quelques-unes éclosent en octobre, et l'on suppose que, vers le commencement de mars, elles deviennent nymphes. A l'endroit de l'écorce qui fait face à l'ouverture par laquelle la larve a pénétré dans le bois, l'insecte parfait perce un trou pour pouvoir sortir de sa retraite, ce qui arrive ordinairement vers le milieu du mois de mai et de juin.

On assure que ces insectes ne prennent leur vol que pendant la nuit ; pendant le jour on les trouve ordinairement retirés dans les bois d'où ils ont pris leur essor.

Toutes les espèces de cette famille peuvent être rangées au nombre des plus beaux insectes. Plusieurs parmi elles exhalent une odeur très-forte, et qui se fait sentir à une grande distance, mais rarement elle est désagréable. Quelques-uns de ces insectes, quand on les saisit, font entendre une espèce de cri produit par le frottement du corselet, ou la partie supérieure de l'abdomen contre les étuis des ailes.

CHAPITRE VIII.

L'ABEILLE DOMESTIQUE
ou DE RUCHE,

La première et la plus remarquable partie que l'on doive considérer dans la structure de l'abeille ouvrière-domestique est la trompe dont elle se sert pour extraire le suc des fleurs. Elle n'est pas formée, comme celle des autres mouches, en forme de tube, par lequel le fluide peut être aspiré ; mais elle est semblable à un balai propre à balayer, ou à une langue propre à lécher. L'insecte a aussi des dents dont il se sert pour former la cire qu'il retire des fleurs, avec le miel. Dans les cuisses des pattes de derrière il y a deux cavités bordées de poil, et dans lesquelles, comme dans un panier, l'animal dépose les pelottes. L'abeille vole de fleur en fleur, augmentant sa provision jusqu'à ce que la cavité de chaque cuisse devienne aussi grosse qu'un grain de poivre. Après s'être procuré un poids suffisant, l'abeille retourne à la hâte vers la ruche. Son ventre est divisé en six anneaux, qui raccourcissent le corps en glissant les uns sur les autres. Il contient dans son intérieur, outre les intestins, le sac à miel, celui à venin et l'aiguillon. Le sac à miel est aussi transparent que le cristal; il renferme le miel que l'abeille a ramassé sur les fleurs, et dont la plus grande partie est portée à la ruche, et versée dans les cellules du rayon, tandis que le surplus sert pour la nourriture de l'abeille; car, pendant l'été, elle ne touche jamais à ce qui a été mis à part pour l'hiver.

L'aiguillon qui sert de défense à ce petit animal contre ses ennemis, est composé de trois parties, du fourreau et de deux dards, qui sont extrêmement petits et pointus. Les deux dards ont plusieurs petites pointes semblables à celles d'un hameçon, qui rendent la piqûre plus douloureuse, et qui font que le dard reste dans la plaie et la putréfie; et cependant cet instrument serait peu dangereux, si l'abeille n'empoisonnait pas la blessure. Quelquefois le fourreau s'enfonce tellement dans la plaie, que l'animal est obligé de le laisser derrière lui; dans ce cas,

il meurt bientôt après, et la blessure alors s'enflamme considérablement. Il paraîtrait d'abord
à désirer pour le genre humain que l'abeille fût
sans aiguillon; mais en y réfléchissant on re-
connaîtra que ce petit animal aurait un trop
grand nombre de rivaux qui partageraient les
fruits de son industrie. Cent autres insectes paresseux, affamés de miel et haïssant le travail,
usurperaient les richesses de la ruche, et le trésor
serait emporté faute de gardiens armés pour le
protéger.

Il y a trois différentes espèces d'abeilles dans
chaque ruche; les abeilles ouvrières, qui composent le plus grand nombre, et que l'on croit n'être
ni mâles ni femelles, mais seulement nées pour se
livrer au travail, et entretenir les petits en leur
fournissant toutes les provisions nécessaires pendant qu'ils sont encore sans défense. Il y a aussi
les bourdons, qui sont d'une couleur plus foncée,
plus longs et plus épais d'un tiers que les ouvrières;
on pense que ce sont les mâles, et ils ne sont pas
au nombre de plus d'un cent dans une ruche de
sept à huit mille mouches. La troisième espèce est
appelée reines-abeilles, qui, dit-on, déposent tous
les œufs d'où doit éclore dans la saison un essaim
entier. Elles sont encore plus grosses que les bourdons, et moins nombreuses. Quelques naturalistes

ont assuré qu'il n'y en avait pas plus d'une dans chaque essaim ; mais les derniers observateurs ont affirmé qu'il y avait souvent cinq à six reines dans une même ruche.

Ces insectes vivent en communauté ; ils sont soumis à des lois, actifs, vigilans, laborieux et désintéressés. Toutes les provisions sont amassées pour la communauté, et toute leur industrie pour la construction des cellules a pour objet l'avantage de la progéniture. La cire est la substance avec laquelle les abeilles construisent leurs cellules ; elles la façonnent en appartemens commodes pour elles et pour leurs petits.

Quand elles commencent à travailler dans leurs ruches, elles se divisent en quatre compagnies, dont l'une va courir dans les champs à la recherche des matériaux ; une autre s'occupe de la disposition du fond de la ruche et de la répartition de ses cellules ; une troisième est employée à adoucir les angles intérieurs des cellules ; et la quatrième troupe apporte de quoi nourrir les autres, ou soulage celles qui arrivent avec des charges, et qui retournent à leurs occupations respectives. Mais elles ne sont pas toujours attachées au même emploi, et changent souvent la tâche qui leur est assignée ; celles qui ont été à l'ouvrage obtiennent la permission d'aller au de-

hors, et celles qui ont déja été aux champs prennent leur place.

Leur ardeur pour le travail et leur application
sont si grandes, que, dans l'espace d'un jour,
elles peuvent faire les cellules qui reposent les unes
au-dessus des autres, en nombre suffisant pour
contenir trois mille mouches. Ces cellules sont
formées dans la plus exacte proportion. Pappus,
ancien géomètre, a dit que de toutes les figures
l'hexagone était la plus convenable; car quand
elles sont placées en se touchant l'une l'autre,
l'espace le plus convenable est donné en même
temps qu'il y a moins d'espace perdu. Les cellules des abeilles sont des hexagones parfaits;
les alvéoles qui contiennent les rayons de miel
sont doubles, et fermées par le bas. Les bases se
composent de panneaux triangulaires, qui, lorsqu'ils sont réunis, se terminent en pointes, et
reposent exactement sur les extrémités des autres
panneaux de la même forme des cellules oppo-
sées.

Ces logemens ont des passages semblables à des
rues assez larges pour remplir l'objet ci-après
mentionné, et cependant assez étroits pour y conserver la chaleur nécessaire. L'entrée de chaque
cellule est défendue par une bordure, de manière
qu'elle est un peu moins grande que l'intérieur de

la cellule ; cette bordure sert encore à fortifier le tout. Les cellules servent à différentes destinations, soit pour y déposer les petits , soit pour y placer la cire , soit enfin pour y conserver le miel , qui est leur principale nourriture.

Comme l'habitation des abeilles a besoin d'être très-éclose, ce qui manque à leurs ruches par la négligence ou l'ignorance des ouvriers qui les fabriquent , est suppléé par la propre industrie de ces animaux : de sorte que leur principal soin , quand ils sont établis dans la ruche , est d'en boucher toutes les fentes. A cet effet, ils font usage d'une gomme plus ferme que la cire , et qui en diffère beaucoup : c'est ce que les anciens avaient appelé *propolis*. Cette gomme· devient très-dure en juin, quoique, en quelque façon, elle s'adoucisse par l'effet de la chaleur ; et on la trouve souvent différente en consistance , en couleur et en odeur. Elle a ordinairement une odeur aromatique agréable quand on la fait chauffer , et elle est considérée par quelques personnes comme un parfum délicieux. Quand les abeilles commencent à s'en servir , elle est douce, mais elle acquiert tous les jours plus de consistance , jusqu'à ce qu'enfin elle ait pris la couleur brune , et soit devenue plus dure que la cire. Les abeilles la portent sur leurs pattes de derrière ; quelques

q personnes pensent qu'elles prennent cette gomme
sur le bouleau , sur le saule , ainsi que sur le
peuplier.

Si on examine ces insectes à travers une ruche
de verre, à en juger par le désordre dans lequel
tout l'essaim se trouve, on ne distinguera d'abord
que les apparences de l'anarchie et de la confusion : mais le spectateur trouve bientôt que chaque animal est employé avec utilité , et qu'il poursuit son objet avec constance. Leurs dents sont
les instrumens dont elles se servent pour modeler et façonner leurs diverses bâtisse , et leur
donner la perfection et la symétrie. Elles commencent par le sommet de la ruche ; et plusieurs
d'entre elles travaillent en même temps aux cellules qui ont deux faces. Si elles sont préférées ,
elles ne donnent aux nouvelles cellules que la
moitié de la profondeur qu'elles auraient dû
avoir , et elles les laissent imparfaites jusqu'à ce
qu'elles aient esquissé les cellules nécessaires pour
leurs besoins présens. La construction de leurs
rayons leur coûte beaucoup de travail : elles ne
les fabriquent que par des additions presque in-
sensibles ; il est difficile de s'apercevoir , même
à travers la ruche de verre, de la manière dont elles
opèrent dans la construction de leurs cellules.
Elles sont si empressées à se donner une assistance

mutuelle, et pour cet effet, elles sont groupées
ensemble en si grand nombre, et se succèdent
avec tant de promptitude les unes aux autres,
que leurs opérations individuelles peuvent très-rarement être distinguées. Cependant on est parvenu
à découvrir que leurs mâchoires sont les seuls instrumens qu'elles emploient pour polir et modeler
la cire. Avec un peu de patience et d'attention on
peut apercevoir le commencement des cellules;
on remarquera encore la vitesse avec laquelle l'a-
beille fait mouvoir ses dents contre une petite portion de la cellule. L'insecte, par des coups répétés qu'il donne de chaque côté sur la portion de
la cellule, l'adoucit, la rend compacte, et l'amin-
cit. Tandis que quelques abeilles sont occupées
du prolongement de leurs tubes hexagones, d'autres posent les fondations de nouvelles cellules.
Quand une abeille enfonce la tête un peu dans la
cellule, on la verra aisément occupée à ratisser les
parois avec la pointe de ses dents, afin d'en détacher les parties inutiles ou irrégulières qui auraient
pu être laissées dans l'ouvrage. L'abeille forme de
ces parties une balle de la grosseur d'à peu près
une tête d'épingle; elle sort de la cellule, et
porte cette cire sur une partie de l'ouvrage où
elle manquait. A peine a-t-elle quitté la cellule,
qu'elle y est remplacée par une autre abeille qui

remplit les mêmes fonctions; et par ce moyen l'ouvrage est continué jusqu'à ce que la cellule soit entièrement polie.

La manière avec laquelle ces insectes se livrent au travail, et la distribution qu'ils en font entre eux au moment où on les place dans une ruche vide, sont des preuves de leur intelligence : ils commencent d'abord par établir les fondations de leurs rayons; ce qu'ils exécutent avec une gaîté et une vitesse surprenantes. Bientôt après, ils élèvent l'un des rayons, et ils se divisent en troupes ainsi qu'on l'a déjà observé. Chacune de ces troupes est occupée aux mêmes opérations dans les diverses parties de la ruche. Par cette division du travail, un grand nombre d'abeilles peuvent être employées en même temps, et par conséquent le travail commun est fini plus promptement.

Les rayons sont généralement disposés parallèlement les uns aux autres. Il y a toujours un intervalle ou une rue entre les rayons. Afin que les abeilles puissent passer librement d'un rayon à l'autre, ces rues ont une largeur suffisante pour que deux abeilles puissent y passer à côté l'une de l'autre. Outre ces rues parallèles, pour abréger le chemin quand elles travaillent, elles laissent plusieurs passages qui les traversent, et qui sont toujours couverts. Les cellules pour les jeunes abeilles sont formées plus soigneusement ; celles destinées à loger les bourdons sont plus grandes que les autres ; et la cellule de la reine-abeille est la plus grande de toutes.

Le miel n'est pas la seule substance dont les abeilles se nourrissent. La poussière séminale des fleurs, de laquelle leur cire est formée, est un de leurs mets favoris ; c'est ce qui les fait subsister pendant tout l'été, et dont elles font une ample provision pour l'hiver. La cire avec laquelle leurs rayons sont formés leur sert également d'aliment, et elles en font une pâte. Quand les fleurs sur lesquelles les abeilles se nourrissent ordinairement ne sont pas entièrement épanouies, et qu'ainsi elles ne leur offrent pas une quantité de poussière suffisante, les abeilles pincent avec leurs dents les anthères des étamines qui la renferment, et hâtent ainsi les progrès de la végétation. Dans les mois d'avril et de mai, elles sont occupées du matin jusqu'au soir à récolter cette poussière ; mais quand le temps devient trop chaud, vers le milieu de l'été, elles ne travaillent que le matin.

Cet insecte est pourvu de deux estomacs, l'un pour la cire, et l'autre pour le miel. Dans le premier de ces deux estomacs, la poussière des fleurs est changée, digérée et réduite en cire ; elle est la rejetée par le même passage par lequel elle était arrivée dans l'estomac. Chaque rayon nouvellement construit est blanc ; mais il devient jaune en vieillissant, est presque noir quand il est gardé trop long temps dans la ruche. Outre la cire ainsi digérée, il y a une portion assez considérable de poussière pétrie dans chaque ruche, et on la conserve dans des cellules séparées pour la provision d'hiver ; c'est ce qu'on appelle le pain des abeilles, et qui contribue, dans cette saison rigoureuse, à entretenir la santé et la force de ces insectes.

La propolis et les matériaux dont ils forment la cire ne sont pas les seules substances dont se composent les richesses de ces insectes industrieux. Comme, outre les longs hivers, il y a plusieurs jours dans l'été où le mauvais temps les empêche d'aller au dehors chercher des provisions, elles sont obligées d'amasser, dans des celludes destinées à cet effet, une grande quantité de miel. Ce miel est extrait par le moyen de leur trompe, comme on l'a déjà observé, des nectaires des fleurs. Après en avoir tiré quelques petites gouttes de miel, l'abeille les porte à sa bouche et les avale ; du gosier elles passent dans le premier estomac, qui est plus ou moins enflé, en raison de la quantité de miel qu'il contient. Quand il est vide, il a l'apparence d'un fil blanc très-fin ; mais quand il est rempli de miel, il prend la figure d'une vessie oblongue, dont la membrane est si fixe et si transparente, qu'on peut facilement distinguer la couleur du liquide qu'elle contient. Cette vessie est bien connue des enfans qui vivent à la campagne : ils se font un jeu cruel, en prenant des abeilles, de les mettre en deux pour en sucer le miel.

Les abeilles sont obligées de voler d'une fleur à l'autre, jusqu'à ce qu'elles aient rempli leur premier estomac. Quand elles l'ont rempli, elles retournent directement à la ruche, où elles dégorgent dans une cellule tout le miel qu'elles ont ramassé. Cependant il arrive, mais rarement, qu'en revenant à la ruche, l'abeille est accostée par une abeille affamée. La manière par laquelle cette dernière communique à l'autre sa provision n'a point encore été découverte ; mais il est de fait que dans ce cas les deux abeilles s'arrêtent, et que celle dont l'estomac est rempli de miel étend sa trompe, ouvre sa bouche, et, semblable à un animal ruminant, retire le miel de son estomac ; l'abeille affamée, avec sa trompe pompe le miel dans la bouche de l'autre. Quand elle n'est pas arrêtée dans sa route, l'abeille se rend droit à la ruche, et offre son miel à celles qui sont à l'ouvrage, pour qu'elles ne soient point obligées de quitter le travail afin d'aller chercher leur nourriture. Dans le mauvais temps, les abeilles se nourrissent du miel déposé dans les cellules ouvertes; mais elles ne touchent jamais à leur réservoir pendant tout le temps que leurs compagnes peuvent les nourrir avec le miel nouveau qu'elles rapportent des champs. L'entrée des cellules qui sont destinées à conserver le miel pendant l'hiver est toujours fermée avec de la cire.

Quelque nombreuses que paraissent les abeilles d'un même essaim, elles proviennent toutes d'une seule mère. Il est vraiment étonnant qu'un aussi petit insecte puisse en peu de mois donner naissance à un aussi grand nombre de petits; mais Réaumur dit que, si on ouvre le corps d'une abeille à une certaine époque de l'année, on trouvera qu'il contient plusieurs milliers d'œufs; il en a trouvé lui-même cinq mille.

La reine des abeilles est aisément distinguée des autres par la grandeur et la force de son corps. La prospérité de toute la communauté dépend d'elle; et par l'attention que l'on donne à tous ses mouvemens, il est aisé de voir que tout dépend de sa sûreté. On la voit de temps en temps, avec un nombreux cortège, aller de cellule en cellule, plonger l'extrémité de son corps, et laisser tomber un œuf dans chacune : un jour ou deux après qu'ils y ont été déposés, la larve sort de l'enveloppe sous la forme d'un petit ver roulé sur lui-même, et reposant doucement sur un lit de gelée blanche, sur laquelle il commence à se nourrir : alors les abeilles communes en prennent soin avec une sollicitude et une tendresse étonnantes. Elles lui fournissent la nourriture, et veillent autour de lui avec une assiduité qui ne connaît point de repos. Au bout d'environ six jours, la larve atteint toute sa croissance ; alors les serviteurs affectionnés ferment l'entrée de sa cellule avec de la cire, afin de la garantir de toute injure. Ainsi renfermée, la larve commence bientôt à doubler les parois de sa cellule avec une tapisserie de soie, dans laquelle elle éprouve sa dernière transformation. Quand elle commence à se montrer dans l'état d'insecte ailé, il est très-faible et très-indolent ; mais au bout d'un petit nombre d'heures, il acquiert assez de force pour prendre son vol et aller au travail. Au moment où l'insecte sort de la cellule, les abeilles ouvrières se rendent en foule autour de lui, et lèchent les parties humides de son corps avec leur langue. Quelques-unes lui apportent du miel pour le nourrir, et d'autres sont employées à nettoyer la cellule, à en faire sortir les impuretés, et à la préparer pour un nouvel habitant.

Les abeilles neutres dans une ruche sont au nombre de seize à dix-huit mille, elles sont armées d'aiguillons; les bourdons n'en ont pas, et sont toujours tués par les neutres vers le mois de septembre.

Il y a un si grand degré d'attachement entre les abeilles ouvrières et leur reine, que, si par quelque accident elle venait à mourir, les travaux de la communauté cesseraient tout-à-coup, et les autres abeilles abandonneraient leur ruche et se disperseraient. Si cependant on leur donne une autre reine, la joie renaît à l'instant; elles se pressent en foule autour d'elle; l'espérance même d'avoir une reine les ranime : ceci a été prouvé en donnant à une abeille qui avait perdu sa propre reine, la nymphe d'une autre. Si une reine-abeille est retirée d'une ruche et gardée séparément des abeilles ouvrières, elle refusera de manger, et dans le cours de quatre à cinq jours elle mourra de faim.

Le moindre degré de froid engourdit ces insectes; dans l'hiver, à moins qu'elles ne soient pressées l'une contre l'autre, elles périssent. Leurs ennemis sont les guêpes et les frélons, lesquels, avec leurs dents, les fendent en deux pour sucer le miel qui est dans leur vessie. On a aussi vu des moineaux en emporter une dans leur bec, et une dans chacune de leurs serres.

L'ingénieux M. Widham possédait un secret à l'aide duquel il pouvait faire en sorte que les essaims d'abeilles s'attachaient à sa tête, à ses épaules ou à son corps d'une manière très-surprenante. On l'a vu boire un verre de vin, ayant des abeilles tout à l'entour de sa tête et de son visage, sur plus d'un pouce d'épaisseur. Plusieurs tombaient dans son verre : mais elles le connaissaient trop bien pour le piquer avec leur aiguillon. Il pouvait même, à leur égard, remplir les fonctions d'un général, en les rangeant comme en bataille sur une grande table. Là il les divisait en régimens, en bataillons et en compagnies ; selon les règles de la discipline militaire, elles attendaient la parole du commandant. Au moment où il prononçait le mot *marche !* elles avançaient d'une manière très-régulière en rangs et par files comme des soldats. Il les avait même apprivoisées au point qu'elles ne piquaient jamais personne des nombreuses sociétés qui venaient souvent le voir pour admirer ce singulier spectacle.

On a souvent employé sérieusement les abeilles dans des affaires de guerre. Orosius rapporte que

les habitans de Tanli, en Afrique, disposèrent
des ruches sur leurs murailles et les jetèrent sur
les Portugais, au moment où ceux-ci tentaient
l'assaut de cette ville. Les abeilles s'attachèrent
au visage des soldats, qui lâchèrent pied aussitôt. Les Suédois furent de même repoussés devant Andernach par les essaims de trois ruches,
qui leur furent lancées du haut du rempart. Le
roi Alphonse assiégeant Vicaro, repoussa les habitans jusqu'au château-fort. Ceux-ci ayant trouvé plusieurs ruches de mouches à miel, les jetèrent sur les assiégeans, qui se retirèrent avec
plus de précipitation qu'ils n'en avaient mise à
avancer. Enfin, dans un fort gardé par des Hol-
landais, un boulet ayant passé par une embrâ-
sure, renversa une ruche qui se trouvait loin de
là dans la même direction. La petite garnison assaillie par les abeilles, abandonna le fort, où
les assiégeans n'osèrent entrer que lorsque les
abeilles furent appaisées.

L'*abeille mineuse* est grosse comme la première phalange du doigt du milieu. On les voit
dans tous les champs et sur toutes les fleurs. Elles
construisent leurs nids dans des trous sous terre,
de feuilles sèches, de cire et de duvet, et les couvrent avec de la mousse pour les garantir contre
les injures du temps. Chacune d'elles bâtit son nid

à part, à peu près de la grosseur d'une noix mus-
cade ; il est rond et creux ; le miel est renfermé
dans une espèce de sac. Plusieurs de ces cellules
sont réunies en forme de grappes de raisin. Les
femelles, qui ressemblent aux guêpes, sont en
très-petit nombre ; elles déposent leurs œufs dans
les cellules, que les mâles recouvrent bientôt avec
de la cire. On ne sait si elles ont une reine ou non;
mais il y en a du moins une qui est beaucoup plns
grande que toutes les autres, qui n'a point d'ailes
ni de duvet sur son corps, et qui est toute noire
et luisante comme du bois d'ébène poli. Celle-ci
visite de temps en temps l'ouvrage des autres, et
entre dans les cellules, comme si elle était chargée d'examiner si tout est fait dans l'ordre. Le
matin les jeunes abeilles de cette espèce sont
très-paresseuses, et ne paraissent point être disposées au travail, jusqu'à ce que l'une des plus
grandes se montre vers sept heures à mi-corps
hors d'un trou destiné à cet usage et placé au
sommet du nid, et agite ses ailes pendant vingt
minutes en bourdonnant continuellement, jusqu'à ce que toute la colonie soit mise en mouvement. Ces abeilles font aussi du miel, mais il n'est
ni aussi fin ni d'un aussi bon goût que celui des
abeilles communes, et leur cire n'est ni aussi
claire ni aussi fondante.

LES ABEILLES CARDEUSES.

Presque toutes les abeilles cardeuses périssent pendant l'hiver ; un petit nombre de femelles leur survivent. Celles-ci paraissent ordinairement de très-bonne heure dans le printemps. Aussitôt que les chatons des aules commencent à fleurir, on les voit alors occupées à la cueillette du miel, sur les chatons des femelles et du pollen des mâles.

Les neutres ne paraissent pas avant que le printemps ne soit un peu avancé ; et les mâles sont plus communs en automne, quand les chardons sont prêts à fleurir ; c'est sur leurs fleurs que ces abeilles sont le plus abondantes ; elles y paraissent quelquefois endormies ou comme engourdies, et d'autres fois elles agissent comme si elles étaient enivrées des douceurs dont elles se sont abreuvées.

Leurs nids sont ordinairement formés dans les prairies et dans les pâturages, quelquefois dans les bocages et sous les haies ; dans les lieux où le sol est embarrassé de racines ; mais assez souvent on les trouve parmi des monceaux de pierres. Quand elles ne trouvent pas quelque cavité toute

faite , elles s'en creusent une avec grande peine.
Elles la couvrent avec une voûte épaisse de
mousse , et quelquefois elles en garnissent l'intérieur avec une espèce de cire commune pour
en écarter l'humidité. A la partie inférieure de
leurs nids , il y a une ouverture par laquelle ces
abeilles vont au dehors et en reviennent. Souvent
une longue galerie ou un chemin couvert , d'un
pied et au-delà de long , mène à cette entrée pour
mieux cacher les nids. La manière dont elles
transportent la mousse dans leurs nids est singulière. Quand elles ont découvert un peu de mousse
propre à leur objet et située convenablement,
elles se placent sur une ligne ayant le dos tourné
vers le nid. La première en tient une partie entre
ses mâchoires et la détache petit à petit avec
ses pattes de devant. Quand elle est parvenue à
l'arracher , elle la jette avec ses pattes sous son
ventre, et aussi loin que possible, vers la seconde
abeille ; celle-ci la pousse jusqu'à la troisième , et
ainsi de suite. Par ce moyen, de petits amas de
mousse préparée sont transportés aux nids par
une file de quatre à cinq insectes ; cette mousse est
ensuite travaillée et entrelacée avec une grande
dextérité par les abeilles qui étaient restées dans
l'intérieur du nid. Les nids ont souvent six à sept
pouces de diamètre, et ils s'élèvent de quatre à

cinq pouces au-dessus de la surface de la terre. Si l'on retire la couverture de mousse, on découvre d'abord un rayon irrégulier, composé d'un assemblage de corps ovales disposés l'un contre l'autre. Quelquefois il y a deux ou trois rayons placés l'un sur l'autre, mais non réunis.

Ces rayons diffèrent en grandeur : ils consistent en un nombre de cellules oblongues ou de cocons d'une substance soyeuse, attachés ensemble, et qui ont été filés par les larves avant qu'elles aient subi leur première métamorphose, car les abeilles *cardeuses* ne forment point de cellules en cire pour leurs petits. Les alvéoles sont de trois dimensions proportionnées à celles des trois sexes. L'espace vide entre les cellules est rempli par une masse de pâte brune, faite avec de la grosse cire, ou de pollen préparé et de miel. Outre ces masses elles attachent à chaque rayon, particulièrement aux supérieurs, trois ou quatre cellules faites de cire commune dans la forme de gobelets ouverts par le haut, qu'elles remplissent d'un liquide et d'un miel très-doux.

La première chose dont ces insectes s'occupent en approvisionnant leurs nids, est de former une masse de pâte brune, et l'un de ces réservoirs de miel. Les masses de pâte sont destinées à la nourriture des larves, et c'est dans cette pâte que les œufs sont déposés. Leur nombre varie; on en trouve depuis trois jusqu'à trente dans une pelote ; mais ils ne sont pas tous dans la même cavité. Les nids contiennent rarement plus de cinquante ou soixante habitans, parmi lesquels les femelles, dout il y a plusieurs dans un nid, sont les plus grosses. Les mâles, ainsi que les ouvrières ou une partie des neutres, sont de grandeur moyenne; les autres neutres sont plus petites et pas plus grosses que l'abeille de ruche. Il est très-probable que ces deux sortes de neutres sont destinées à des travaux différens ; les plus grosses sont plus fortes, et les autres plus vives, plus actives et plus rusées. Dans cette communauté, on voit les mâles et les femelles agir de concert avec les neutres, pour construire ou réparer leurs habitations.

Les nids des abeilles cardeuses sont exposés aux ravages de plusieurs ennemis, dont les plus formidables sont les souris des champs et les putois.

Les larves sont semblables à celles des abeilles des ruches; mais leurs côtés sont marqués par des taches noires, transversales et irrégulières. Ces larves, après qu'elles sont écloses, mangent chacune la pâte qui l'environne. Le réservoir de miel peut être considéré comme devant suppléer à la pâte qui aurait pris de l'humidité pendant les réparations. La nymphe est placée dans sa cellule, la tête tournée vers le fond, par où elle sort.

Quand ces animaux, quel que soit leur sexe, marchent sur la terre, si on agite un doigt auprès d'eux, ils lèvent aussitôt trois pattes d'un côté pour se défendre ; ce qui leur donne un air très-grotesque.

L'abeille couleur d'orange est une des plus grandes de celles d'Angleterre ; mais sa grandeur varie, ayant quelquefois un demi-pouce et même un pouce de long ; son corps est noir ou d'un brun foncé ; il est velu, et les extrémités de l'abdomen sont de couleur orange brillant. Les ailes sont d'un brun clair.

Ces insectes construisent des nids d'une forme très-élégante ; ils sont ovales, et composés de brins de mousse de la grande espèce, étroitement et proprement unis ensemble. Elles pratiquent d'un côté un petit trou rond qui sert d'entrée. Ces nids ont environ quatre pouces de diamètre, et sont généralement formés dans des lieux secs et à l'ombre, dans les bois, dans les chemins étroits, ou dans les prés. La nourriture destinée pour les larves consiste en une espèce de miel de couleur brune, disposée en tas ou masses de forme irrégulière ; car ces abeilles ne forment point de cellules alvéoles régulières, ainsi que font les autres.

L'abeille des pavots est une petite abeille noire, d'environ trois lignes de longueur. Sa tête et sa trompe sont couvertes d'un duvet épais de couleur gris sale, et le dessous de son corps est couvert de poils gris. L'abdomen est à peu près conique, noir et brillant, mais ses anneaux sont frangés d'un poil blanc. Le mâle est presque aussi long que la femelle, mais un peu plus mince et plus velu ; son abdomen est recourbé et moins velu par-dessous que par-dessus. Le dernier anneau se termine en deux pointes garnies de dents obtuses ; et de chaque côté de sa base est une épine aiguë.

L'abeille des pavots établit son nid dans la terre ; elle s'y enfonce à la profondeur d'environ trois pouces. Au fond de son nid elle forme une grande cavité à peu près hémisphérique, qui, après avoir été parfaitement polie de chaque côté, est soigneusement doublée d'une tapisserie resplendissante et composée des pétales écarlates des pavots sauvages. C'est de ces fleurs qu'elle coupe, avec beaucoup d'adresse, des morceaux d'une forme et d'une grandeur convenables, qu'elle transporte à sa cellule ; et commençant par le bas, elle en revêt tout l'intérieur de l'habitation de sa future pro—

géniture. Ce revêtement s'étend même quelquefois par-dessus le bord de l'entrée. Le fond est
maintenu chaud par trois ou quatre couches de
ces fleurs, et les côtés en ont au moins deux.
Quand cet insecte a achevé son appartement, elle
le remplit de la pâte faite de pollen et de miel, à
la hauteur de sept ou huit lignes; et après avoir
déposé un œuf, elle fait tomber le revêtement de
pavots, jusqu'à ce qu'il couvre complétement la
cellule, et alors elle en ferme l'entrée avec de la
terre d'une manière si parfaite, qu'il est difficile
de distinguer la place de son nid d'avec le sol qui
l'environne.

Les *abeilles coupeuses* construisent leurs nids en
forme cylindrique, des feuilles de rosier et d'autres
arbres ; ces nids sont quelquefois longs de six
pouces, et se composent généralement de six ou
sept cellules à peu près semblables à des dés; elles
sont formées de manière que la partie convexe de
l'une entre dans l'ouverture de l'autre. Les parties
de feuilles avec lesquelles elles sont faites ne sont
point retenues ensemble par de la glu ; elles ne
sont pas non plus autrement attachées que par la
délicatesse avec laquelle elles sont ajustées l'une à
l'autre, et cependant le miel liquide ne peut couler
au travers.

Le revêtement intérieur de cette cellule con-

siste en trois pièces de feuilles d'une égal grandeur, étroites à une extrémité, mais s'élargissant
graduellement vers l'autre, dont la largeur est
égale à la moitié de la longueur. Un côté de chacune de ces pièces est le bord serreté de la feuille
d'où elle a été coupée. Ces pièces de feuilles sont
disposées de manière à se recouvrir à moitié
l'une l'autre, le côté serreté étant toujours tourné
en dehors. A l'extrémité fermée ou à la partie
étroite de la cellule, les feuilles sont courbées vers
le bas.

Quand une cellule est formée, le premier soin
de l'abeille est de la remplir de miel et de pollen,
lesquels, étant recueillis principalement sur les
chardons, forment une pâte couleur de rose. La
cellule, est ainsi remplie dans son intérieur jusqu'à
environ une demi-ligne de l'entrée : alors elle y
dépose un œuf, et la ferme ensuite avec trois
morceaux de feuilles circulaires parfaitement dé-
coupés, qui répondent si parfaitement aux parois
de la cellule cylindrique, qu'ils se soutiennent
sans le secours de la glu. Quand cette couverture
est adaptée : il reste encore une cavité destinée
à recevoir l'extrémité convexe de la cellule suivante. De cette manière, l'insecte infatigable continue son cylindre, qu'il compose de six ou sept
cellules. Elles sont, dit-on, ordinairement for-

mées sous la surface de la terre, ou bien, ainsi que Kirby le rapporte, dans les trous des murailles, ou dans le bois pourri, en forme de tubes étroites, et entièrement remplies, excepté à leur entrée. Si par quelque accident le travail de ces insectes est interrompu ou que leur édifice soit dérangé, ils montrent une étonnante persévérance à le rétablir tel qu'auparavant. Cette manière de former un nid n'est pas propre à la seule espèce dont nous parlons; plusieurs autres insectes emploient des moyens absolument semblables; mais ils prennent à cet effet les feuilles de différens arbres, tels que le marronnier sauvage, l'orme, etc.

Quand une de ces abeilles choisit un rosier dans la vue d'y couper des feuilles, elle vole à l'entour, où elle se cache à peu de distance pour quelques secondes, comme pour examiner les feuilles les plus propres à son objet. Quand elle en a choisi une, elle se repose quelquefois sur son revers, ou à cheval sur ses bords. Elle commence son attaque à l'instant à la côte, tournant la tête vers la pointe de la feuille. Aussitôt qu'elle a commencé à couper, elle n'est occupée que de son travail, et elle n'y renonce pas avant de l'avoir terminé; ce qu'elle fait à l'aide de ses fortes mâchoires aussi vite que nous pourrions le faire avec une paire de ciseaux.

A mesure qu'elle coupe la feuille, elle prend la partie détachée entre ses pattes, de manière qu'elle ne l'embrasse point. Elle coupe en ligne courbe près de la côte de la feuille ; mais parvenue à une certaine distance, elle se rapproche de son bord, et continue ensuite sa ligne courbe. Quand elle est prête à détacher le morceau, elle étend ses petites ailes et se prépare au vol, de peur que le fardeau ne l'entraîne à terre ; et, au moment où elle prend sa volée, elle recourbe son abdomen en dessous, et tient sa feuille entre ses pattes perpendiculairement à son corps.

Les larves de ces insectes ne diffèrent pas en apparence de celles des abeilles des ruches. Quand elles sont arrivées à leur entière croissance, elles filent un cocon de soie épais et solide qu'elles attachent aux parois intérieures de leur cellule. Celles de ces abeilles qui paraissent au jour les premières, sont le produit des premiers œufs ; de sorte que, lorsqu'elles s'élancent dans l'air en passant à travers le fond de leurs cellules, elles n'interrompent pas les autres dans leurs travaux. Ces larves sont exposées aux attaques d'autres insectes qui pénètrent dans leurs cellules, et y déposent leurs œufs.

L'*Abeille maçonne* est aussi une des espèces solitaires ; elle a environ neuf lignes de long. Son corps est noir, et il est revêtu d'un duvet de même couleur et très-épais. Les mâchoires sont très-grandes et saillantes ; elles se terminent en deux dents émoussées. Les ailes sont noires, avec une nuance de violet. L'abdomen est un tant soit peu conique, et il a en dessous une touffe de duvet couleur orange. Les dernières articulations des pattes sont rougeâtres. Le mâle est couvert de poils rouges.

Cette abeille prend son nom de la manière dont elle fait son nid, avec du limon ou du mortier : ce nid a si peu l'apparence d'un corps régulier, qu'il est généralement regardé comme une poignée de boue jetée par hasard contre la muraille. Mais dans son intérieur il offre des cellules régulières, dont chacune peut servir de logement convenable à une larve assez semblable à celle de l'abeille de ruche. En construisant ce nid, qui est le fruit de beaucoup d'art et d'un grand travail, la femelle opère seule, et ne reçoit aucun secours du mâle. Après s'être arrêtée à une cavité sur le côté d'un mur qui est exposé au midi, ou bien sur quelque objet dont la surface est rude, elle se livre à la recherche des matériaux nécessaires. Son nid doit être construit d'une espèce de mortier dont le sable forme la base. Elle est très-difficile dans le choix de ce sable, qu'elle trie avec ses mâchoires grain à grain. Pour abréger son travail, avant qu'elle ne les transporte pour s'en servir, elle lie ensemble, à l'aide d'une matière gluante qui sort de son corps, autant de grains qu'elle en peut porter. Ces grains forment une petite masse de la grosseur d'une cendre de plomb ; la prenant ensuite entre ses gencives, elle la porte à l'endroit qu'elle a choisi pour établir sa retraite. Elle travaille ensuite sans relâche jusqu'à ce que tout l'ouvrage soit achevé ; ce qui l'occupe ordinairement cinq à six jours. Le nombre de cellules, dans chaque nid, est depuis trois jusqu'à quinze ; ils sont tous semblables et presque égaux en dimension, chacun étant environ d'un pouce de hauteur sur un pouce de diamètre ; et avant que l'entrée soit fermée, il ressemble pour la forme à un dé.

Quand une cellule est élevée à peu près à la moitié de sa hauteur, l'abeille maçonne y dépose en abondance du pollen, mêlé avec du miel ; pour la nourriture de ses futurs habitans ; après quoi elle dépose son œuf, achève et couvre sa cellule ; puis elle s'occupe d'une seconde qu'elle approvisionne, et finit de la même manière, et ainsi de suite jusqu'à ce que l'ouvrage soit complété. Ces

cellules ne sont pas placées dans un ordre régulier : quelques-unes sont parallèles à la muraille,
d'autres lui sont perpendiculaires, et d'autres sont
inclinées vers la muraille sous différens angles.
Ceci occasionne entre les cellules plusieurs espaces
vides, que ces insectes laborieux remplissent avec
le même ciment; ils répandent sur le tout une couverture de sable plus gros; de sorte qu'à la fin le
nid devient une masse de mortier si dur qu'on aurait de la peine à l'entamer, même avec la lame
d'un couteau.

On pourrait croire que la dureté des matériaux
avec lesquels ces abeilles construisent leurs nids,
et l'industrieuse adresse qu'elles emploient à protéger leur progéniture contre les ennemis de toute
espèce, suffisent pour mettre leurs petits dans une
parfaite sécurité, et que leur petit château doit
être imprenable. Cependant, malgré toutes ces
précautions, leurs petits sont souvent dévorés par
les larves d'une espèce d'ichneumon, dont les
œufs ont été déposés dans les cellules avant que
les abeilles dont nous parlons les eussent achevées. Mais ces insectes ont un ennemi encore plus
formidable que les ichneumons : c'est une espèce
d'escarbot qui introduit ses œufs dans les cellules
avant qu'elles soient terminées. On voit naître de
ces œufs une larve forte, vorace et armée de griffes

prodigieuses, avec lesquelles elle perce toutes les cellules de ces nids, et en dévore successivement tous les habitans.

Ces abeilles se font aussi la guerre entre elles; et leurs nids, qui durent quelquefois pendant plusieurs saisons, sont souvent la cause de combats désespérés. Pendant qu'une d'elles, qui a pris possession d'un nid, est allée au dehors chercher les matériaux nécessaires pour le réparer, une autre vient souvent s'en saisir; et quand elles se rencontrent, il en résulte inévitablement un combat. Il a toujours lieu dans l'air. Quelquefois les deux abeilles volent avec une telle rapidité l'une contre l'autre, que toutes les deux tombent à terre. Mais en général elles s'efforcent, comme les oiseaux de proie, de s'élever l'une au-dessus de l'autre, et de se frapper d'en haut. Afin d'éviter le coup, celle qui se trouve dessous, au lieu de voler en avant, ou bien latéralement, vole en arrière. On peut aussi remarquer cette fuite rétrograde parmi les mouches communes, et quelques autres insectes, quoiqu'on ne puisse distinguer ce qui peut les stimuler à exécuter un mouvement si extraordinaire.

Les *Abeilles perceuses* sont beaucoup plus grosses que les reines des abeilles de ruches. Leurs corps sont lisses, excepté les côtés, qui

sont couverts d'un duvet. Dans le printemps,
elles fréquentent les jardins, elles y cherchent les
bois pourris, ou tout au moins les bois morts,
afin d'y établir une habitation pour leurs petits.
Elles choisissent ordinairement les vieillles branches d'arbres, les espaliers et les échalas de
vigne ; mais elles attaquent quelquefois les sin-
ges des jardins, les portes épaisses et les contre-
vents.

Les opérations de ces petits animaux sont
très-curieuses ; quand la femelle, à laquelle le
mâle ne prête aucun secours, a choisi la pièce
de bois propre à son objet, et qui est ordinairement perpendiculaire à l'horizon, elle commence son travail en y faisant un trou dans
la même direction : quand son trou est déjà
profond d'environ six lignes, elle en change la
direction, et le continue presque parallèlement
aux côtes jusqu'à la profondeur de douze à
quinze pouces, en lui donnant six lignes du
diamètre.

Si le bois est assez épais, l'insecte forme quelquefois trois ou quatre de ces longs trous dans son
intérieur : ce travail, qui pour un seul insecte
semblera prodigieux, n'exige de sa part, pour son
exécution, que la durée de quelques semaines. On
aperçoit sur la terre, à environ un pied de la

place où un de ces insectes travaille , de petits
tas de rognures de bois. Ces tas augmentent
tous les jours , et les rognures sont presque
aussi grandes que celles produites par une scie
à main. Les fortes mâchoires de cet insecte sont
les seuls instrumens dont il se sert pour percer
le bois.

Après que les trous ont été préparés , ils sont
divisés en dix ou douze compartimens séparés ,
ayant chacun un pouce de profondeur , la voûte
de l'un servant de plancher à un autre. Les cloisons sont composées de petites parties de bois ci-
mentées ensemble par une substance gluante
provenant du corps de l'animal.

Pour construire ces cloisons , l'abeille commence par coller une rognure ronde à l'entour
des parois intérieures de la cavité ; à celles-ci
elle en attache une seconde , et ainsi de suite
jusqu'à ce que toute la cloison soit achevée. Avant
de fermer les cellules , elle les remplit d'une
pâte faite avec de la poussière séminale des fleurs
mêlée avec du miel, et y dépose un œuf. Quand
la larve éclôt, elle a à peine assez de place pour
se retourner dans sa cellule ; mais quand elle a
mangé toute la pâte sur laquelle elle est couchée , elle obtient assez d'espace pour pouvoir

entreprendre toutes les opérations qu'exige sa métamorphose.

M. de Réaumur s'étant procuré un morceau de bois d'environ un pouce et demi de diamêtre, et qui contenait les cellules de l'une de ces abeilles, en coupa assez pour mettre deux cellules à découvert, dans chacune desquelles était une larve. Pour les garantir des injures de l'air, il ferma l'ouverture qu'il y avait faite avec un morceau de verre qu'il y appliqna. Les cellules étaient alors presque entièrement remplies de pâte. Les deux vers étaient excessivement petits, et n'avaient pour se mouvoir qu'un espace très-étroit entre les parois des cellules et la masse de pâte. A mesure que ces insectes augmentaient de volume, la pâte diminuait: au bout d'environ quinze jours, dans chaque cellule elle se trouva presque entièrement consommée, et les vers, pliés en deux, occupaient la plus grande partie de l'habitation. Une semaine après, les provisions des deux vers se trouvèrent entièrement épuisées. Les cinq ou six jours sui- vans ils jeûnèrent, ce qui parut être une absti- nence forcée, durant laquelle les vers furent gran- dement agités; ils battirent souvent leur corps, en élevant et en faisant tomber leur tête. Ces mou- vemens étaient les précurseurs du grand change- ment qu'ils devaient bientôt subir. Au bout de six

jours, ils jetèrent leur peau et furent métamor-
phosés en nymphes ; ils devinrent insectes parfaits
au bout de trois semaines.

Comme, dans une rangée de cellules, les vers
doivent nécessairement être de différens âges, et
par conséquent de différentes grosseurs, les larves
qui se trouvent dans les cellules inférieures sont
plus âgées que celles qui se trouvent dans les cellules supérieures, parce qu'après que l'abeille a
rempli de pâte la première cellule, et l'a close, il
lui faut un temps considérable pour se procurer
des provisions, et pour former les cloisons des cellules suivantes. C'est pourquoi la première larve
doit être transformée en nymphe et en abeille avant
les autres. Ces circonstances paraissent avoir été
prévues par la mère commune ; car si la larve de
la cellule inférieure, qui est la plus âgée et la plutôt transformée : forçait sa route vers le haut, ce
qu'elle pourrait faire aisément, non-seulement elle
troublerait, mais encore elle détruirait toutes celles
qui sont renfermées dans les cellules supérieures.
Mais la nature a sagement prévenu cette dévastation : car la tête de la nymphe, et par conséquent
de l'abeille, est toujours placée dans une situation
renversée. C'est pourquoi son premier mouvement se fait dans la même direction. Afin que les
jeunes abeilles puissent s'échapper de leurs cel-

lules respectives, la mère pratique un trou au bas
du long tube, qui établit une communication entre les cellules inférieures et l'air libre. Quelquefois un semblable passage est creusé vers le milieu
du tube. Par ce moyen, comme toutes les abeilles
s'efforcent de prendre leur essor par en bas, elles
trouvent un passage aisé : car elles n'ont absolument qu'à percer le fond de leur cellule, ce qu'elles
peuvent faire aisément avec leurs dents.

L'*Abeille velue* a six à neuf lignes de long : elle
est noire et couverte d'un duvet. De chaque côté
de l'abdomen elle a plusieurs taches jaunes. Elle est
commune dans les jardins et auprès des villes ; elle
fait son nid dans les creux des arbres, etc., em-
ployant à cet ouvrage le duvet de la coquelourde des
jardiniers, et autres plantes cotonneuses. M. White
dit, « qu'il est très-amusant de voir avec quelle
adresse cet insecte dépouille ces plantes de leur
duvet, en courant de l'extrémité d'une branche
vers la tige, et la rasant avec la dextérité d'un bar-
bier. Quand il s'est procuré un paquet de ce duvet, presque aussi gros que lui-même, il s'enfuit,
en le tenant fortement contre son corps avec ses
pattes de devant. »

LA GUÊPE.

Il n'y a pas moins de vingt-huit espèces de cet insecte. L'abeille commune est plus longue en proportion de sa grosseur que l'abeille; le corps est d'un jaune doré, ayant des taches triangulaires en dessous, et des taches noires de chaque côté. Les mâchoires sont entaillées, au moyen de quoi l'insecte peut couper et transporter quoi que ce soit, même des objets durs.

Les guêpes dévorent les fruits, la viande et les choses sucrées; particulièrement le miel des abeilles, quoiqu'elles soient incapables de recueillir du miel elles-mêmes, et elles sont en guerre continuelle avec presque toutes les espèces de mouches, surtout avec les abeilles communes, dont un grand nombre deviennent annuellement les victimes de leur voracité. Chaque communauté parmi les guêpes, ainsi que parmi les abeilles, est composée de femelles ou reines, de bourdons ou mâles, et de neutres ou guêpes ouvrières : les deux premières classes sont employées à la propagation des espèces, et les dernières à les nourrir, à les défendre et à secourir la génération naissante.

Les guêpes, à l'instar des abeilles, construisent aussi des ruches, et se nourrissent quelquefois du produit des fleurs. Le nid, dans la formation duquel les guêpes diffèrent grandement des abeilles, est un des objets les plus curieux de l'histoire naturelle; il est formé avec presque autant d'art que celui des abeilles. Ces insectes font ordinairement choix de quelque trou commencé par une souris des champs, par un rat, par une taupe, ou par quelque autre animal, pour y construire leur nid. Quelquefois ces insectes le construisent au niveau du sol, mais plus habituellement sur les bords d'un lieu élevé, afin d'éviter le dommage qui leur serait causé par l'eau ou par les pluies. Le premier objet qui les occupe après avoir fait choix d'un lieu convenable, est d'agrandir et d'élargir le trou; à quoi ils travaillent avec une assiduité infatigable, écartant avec soin tout ce qui pourrait le rendre inégal et raboteux, et transportant les décombres au loin; jusqu'à ce qu'ils lui aient donné la forme asphérique appropriée à leur objet. Le contour de leur habitation forme une cavité d'environ un pied et demi de chaque côté. Leur premier soin est de se construire une enveloppe assez semblable à du papier, dont ils revêtent tout l'intérieur du nid. La matière dont cette substance est composée est un bois choisi dans les champs ou ailleurs, qu'ils parviennent à scier et à diviser en très-petites fibres ; et, à l'aide d'une matière gluante qui sort de leur corps, ils pétrissent cette composition en forme de pâte ; retournant ainsi à leur nid avec leur charge de pâte, ils l'appliquent sur les parties où ils travaillent, la foulant et la pressant sous leurs pattes, et se servant de leur trompe comme de truelle. Cette opération étant répétée trois ou quatre fois, la pâte est à la fin parfaitement aplatie, jusqu'à ce qu'elle soit devenue une feuille plus fine que du papier, ou qu'elle ait acquis la forme d'un tissu ferme et de couleur grise. Ils continuent de travailler de cette manière jusqu'à ce qu'ils aient fini le grand dôme qui les garantit de l'écroulement des parties de la terre. Quand les parois sont achevées, les cellules formées de la même substance semblable au papier sont le premier objet de leur attention. Elles sont arrangées horizontalement sur différens étages, quelquefois au nombre de douze ou quinze l'un au-dessus de l'autre, chaque étage étant soutenu par des colonnades, entre lesquelles les habitans de cette république souterraine peuvent marcher avec la même facilité que les hommes dans les rues d'une ville. Les colonnes sont compactes, et très-fortes ;

elles sont plus épaisses à chaque extrémité que dans le milieu. Les cellules, quoiqu'elles ne soient pas construites avec cette exactitude géométrique qu'on admire tant dans celles des abeilles, sont cependant appropriées à l'objet pour lequel elles ont été construites. Chaque rayon n'a qu'une seule rangée de cellules, avec une entrée par en bas. Elles sont destinées, non pour contenir le miel, mais pour servir d'habitation aux larves qui proviennent d'un œuf que la femelle a laissé tomber dans chaque cellule, et qu'elle y a fixé avec une sorte de gomme pour l'empêcher de tomber. L'œuf est blanc, transparent, et de forme oblongue. On voit sortir de cet œuf une larve ; les femelles sont très-soigneuses de leur procurer les provisions qui sont apportées à cet effet dans le nid par les guêpes ouvrières. Elles les nourrissent de la même manière que les oiseaux leurs petits, en leur donnant de temps en temps une bouchée de nourriture. Ces larves continuent de croître jusqu'à ce qu'elles remplissent entièrement la cellule ; alors elles cessent de manger, et commencent à filer une soie très-fine, avec laquelle elles ferment l'entrée de leur habitation. Après que ces larves ont subi le mode accoutumé de leur transformation, l'insecte parfait fait brèche à sa prison, et prend insensiblement la couleur et la forme des grandes guêpes.

Pendant l'été, la guêpe-mère continue de pondre jusqu'à ce qu'elle ait produit quinze ou seize mille neutres ou ouvrières, et environ cinq ou six cents mâles et femelles ; la répubique s'accroît journellement en nombre, et jouit de la tranquillité. Mais à mesure que le soleil s'éloigne, elles perdent leur courage et leur activité. A proportion que le froid augmente, elles deviennent plus casanières et ne quittent que rarement leur nid ; elles ne s'aventurent qu'à une très-petite distance de leur habitation, voltigent autour pendant la chaleur à midi, et y retournent bien vite, faibles et transies de froid. Vers le mois d'octobre, les provisions deviennent plus rares, et de nouvelles scènes s'ensuivent. Cette famille, qui jusqu'à ce moment avait vécu en amitié et en harmonie, est enflammée d'une fureur guerrière, et tout l'édifice de cette république ne présente plus que des scènes de massacres, qui se commettent pêle-mêle et sans distinction. Les œufs et les petits, qui auparavant étaient protégés avec tant d'assiduité, sont jetés hors de leur nid avec une fureur qui ne respecte rien. L'espérance de la communauté, la sollicitude pour la progéniture, l'amour pour leur bien natal, ont cessé, et toute la république est ébranlée jusque dans ses fondemens. Les pluies et les froids se succèdent; les guêpes sont attaquées de maladie et de langueur, et pendant l'hiver elles meurent presque toutes; les guêpes ouvrières les premières, les mâles suivent bientôt après, et même plusieurs des femelles périssent dans cette calamité générale. Dans tous les nids, cependant, une ou deux femelles survivent à la rigueur de l'hiver, et, dans le printemps suivant, elles deviennent les fondatrices de nouvelles républiques. Sans le secours d'aucune de son espèce, la femelle, au commencement de chaque saison, jette les fondations d'un nouvel édifice, construisant les premières cellules, dans lesquelles elle dépose ses premiers œufs, lesquels, dans le temps, deviendront des guêpes mâles, qui l'aideront à compléter le reste de l'ouvrage.

Les femelles sont plus fortes, et supportent mieux que les mâles et les neutres les rigueurs de l'hiver. Les mâles, qui ne sont pas si indolens que ceux des mouches à miel, ne se montrent jamais avant la fin d'août; et leur seule occupation semble être de nettoyer le nid. Ils portent dehors toutes les espèces d'ordures, et les corps morts de leurs compagnons. A cet effet, deux de ces insectes se réunissent souvent; et quand le fardeau est trop lourd, ils coupent la carcasse en deux, et la transportent ainsi par morceau au-dessous.

Les guêpes mâles, semblables aux mâles des mouches à miel, sont privées d'aiguillons ; mais les femelles et les neutres ont des aiguillons dont la liqueur est venimeuse quand elle est introduite dans le corps humain, excite l'inflammation, et cause un degré de douleur considérable. Ces aiguillons consistent en un tube creux, dont l'extrémité est très-aiguë, ayant à sa racine un sac qui contient un liquide très-âcre ; duquel sac, au moment que l'insecte a blessé de son aiguillon, le liquide étant pressé par l'insecte, se trouve conduit à travers le tube dans la chair. Elles ont aussi deux petites lances couvertes de soies et très-aiguës, qui sont cachées dans l'intérieur du tube, comme dans un fourreau. Le docteur Derham a observé huit échancrures sur les côtés de chaque lance, qui, dit-il, avaient une forme à-peu-près semblable à celle d'un hameçon. Ces lances sont fixées dans le fourreau, de telle sorte que l'une des deux a sa pointe un peu au-dessus de l'autre ; ainsi elle est prête à être dardée la première dans la chair ; lorsqu'elle y est une fois fixée par le moyen de ses crochets latéraux, l'autre entre aussi dans la chair, toutes deux s'enfoncent toujours plus avant dans la plaie, et sont suivies de l'aiguillon qui y introduit le venin. L'orifice du tube n'est pas exactement à son extrémité ; car, dans ce cas, l'instrument ne serait pas aussi propre à blesser ; l'aiguillon se termine en une pointe très-aiguë, et l'ouverture à travers laquelle les lances et le venin sont dardés, est placée un peu au-dessous de la pointe. Voilà pourquoi la guêpe peut toujours blesser avec la seule pointe de son aiguillon ; et comme les lances sont profondément enfoncées dans la chair, et que leurs crochets les y retiennent, l'insecte est souvent forcé de laisser son aiguillon dans la plaie, lorsqu'il est inquiété, avant qu'il ait eu le temps de dégager ses lances.

LA MANTE.

Les mantes ont une figure plus extraordinaire et plus romanesque que peut-être aucun des animaux vivans. La singularité de leurs attitudes a opéré si puissamment sur les gens ignorans et crédules, que la superstition leur a attribué des pouvoirs que l'on ne trouve nulle part dans toute l'étendue de la nature animée.

La manière extraordinaire avec laquelle ces insectes étendent leurs pattes de devant leur a acquis le surnom de devins, et on les a crus habiles à dévoiler tous les mystères qui reposent dans le sein de l'avenir. Par la raison qu'ils sont presque toujours assis sur leurs quatre pattes de derrière, et qu'ils ont leurs deux pattes de devant élevées et croisées l'une sur l'autre, le crédule vulgaire a supposé que cet insecte était en commerce avec l'Être suprême et dans un exercice de dévotion. C'est pourquoi les paysans du Languedoc lui ont donné le nom de *prega-Diou* (prie-Dieu). En considérant l'habitude de cet insecte d'étendre ses pattes de devant quelquefois à droite et quelquefois à gauche, les paysans de la même province lui ont attribué une autre qualité très-utile, celle de montrer obligeamment le chemin aux étrangers. « C'est un être si divin, dit Mouffet, que si un enfant s'est égaré de son chemin, et qu'il le demande aux mantes, ils lui indiqueront, par un signe avec leurs pattes, quelle est la vraie route. » Le docteur Smith rapporte, dans la relation de son voyage sur le continent, qu'un gentilhomme prit un mâle et une femelle de ces insectes, et qu'il les mit ensemble sous un vase de verre. La fe-

melle, qui, comme dans la plupart des autres insectes, est la plus grosse, après un court espace
de temps, dévora d'abord la tête et la partie supérieure de son compagnon, et bientôt après, elle
dévora le reste de son corps.

Les œufs sont conservés dans une espèce de sac
oblong, d'une substance épaisse et spongieuse ; ce
sac est imbriqué en dehors et fixe dans sa longueur
sur les branches de quelque plante. A mesure que
les œufs viennent à éclore, les larvent sortent à travers la substance épaisse du sac qui les contient ;
elles ont un demi-pouce de long. Les mâles meurent en octobre, et les femelles les suivent de
près.

La patience de cet insecte à guetter sa proie
est remarquable, et l'attitude que la superstition
a attribué à la dévotion, n'est que le moyen dont
il use pour la saisir. Quand la mante a fixé ses yeux
sur un insecte, elle le perd rarement de vue, malgré que le plus souvent il lui coûte plusieurs heures
avant de le prendre. Si elle voit un insecte un peu
au-delà de sa portée, au-dessus de sa tête, elle élève
et allonge doucement son long corselet, à l'aide
des membranes flexibles qui le lient au ventre ;
puis se tenant sur ses pattes de derrière, elle dresse
peu-à-peu les parties antérieures de son corps. Si
par ce moyen elle est assez près de l'insecte, elle

ouvre et allonge les dernières articulations de ses pattes de devant, les jette sur sa proie, et la serre entre les piquans disposés en rangées sur la seconde articulation. Si elle ne réussit pas, elle ne retire pas ses pattes ; mais elle les tient toujours ouvertes et étendues, jusqu'au moment où l'insecte qu'elle a vu se trouve de nouveau à se portée ; alors elle s'élance dessus et le saisit. S'il arrivait que l'insecte s'éloignât de la mante, elle vole ou rampe tout doucement après lui, comme ferait un chat, et quand l'insecte s'arrête, elle se dresse comme auparavant. Les mantes ont une petite pupille noire qui se meut dans tous les sens, de sorte qu'elles peuvent toujours apercevoir leur proie dans tous les points de vue, sans avoir besoin de tourner la tête.

La *Mante feuille morte* ressemble tellement, et pour sa forme et pour sa couleur, à une feuille desséchée quand ses ailes sont ployées, qu'il est fort facile de s'y tromper à la première vue. Elle est d'un brun jaunâtre. Les ailes, pliées, à partir de la forme ovale de la feuille, avec le corselet étroit et la tête, ressemblent à une côte ou tige. On la trouve dans l'Inde.

———————

LES SPHEX.

Ces insectes se trouvent par préférence dans les bois et sous les haies; leurs larves se nourrissent d'insectes morts, dans les corps desquels les femelles déposent leurs œufs. Les antennes des insectes de ce genre consistent en dix articulations, la bouche est armée de mâchoires. Les ailes du mâle et de la femelle sont étendues, et ne peuvent point être pliées ensemble. L'aiguillon est pointu et caché dans l'intérieur de l'abdomen.

Le *Tourneur sauvage*, qui est une des espèces de ce genre, se tient dans les lieux que les hommes habitent, et il ne leur fait jamais du mal volontairement; mais il est la terreur de tous les insectes qui sont plus petits que lui. Il habite les trous dans la terre, sur la pente des collines et des rochers, et dans des retraites qu'il se forme dans les murs de terre des chaumières et des maisons isolées. Les œufs, ainsi que dans les autres espèces, sont déposés par la femelle dans le fond des cellules, qui sont approvisionnées de carcasses d'insectes, destinées à la nourriture des larves, et couvertes ensuite.

Les antennes du *Sphex de sable commun*, autre

espéce de ce genre, ont treize articulations, et sont insérées dans un creux sur le devant de la tête. L'abdomen est en forme de massue, et il est réuni au corselet par un pédicule à deux articulations. Les ailes sont de grandeur égale, et les couleurs du corps sont alternativement noires et ferrugineuses.

Cet insecte est très-commun dans les environs des montagnes sablonneuses exposées au soleil, dans les comtés de Norfolk et Suffolk, mais il est rare dans les environs de Londres. Il est facilement distingué des autres insectes, par le pédicule prolongé de son abdomen, et par ses ailes qui sont très-petites. Quand il vole, il porte toujours son abdomen en l'air, de sorte qu'il forme presque un angle droit avec la partie de son corselet qui s'y trouve attachée.

Le *Sphex de sable bleu* a, quand il est ailé, environ neuf lignes de long. Les antennes sont noires, et les ailes nuancées de bleu et frangées de noir. Cet insecte se trouve dans la Caroline et dans quelques autres parties de l'Amérique septentrionale.

Le *Sphex de sable de la Pensylvanie* a plus d'un pouce de long, il est de couleur noire, et ses ailes tirent sur le violet. On le trouve communément dans l'Amérique septentrionale, où il se nourrit de

sauterelles et d'autres insectes, ainsi que de différentes sortes de fruits. Ces deux dernières espèces
forment leurs nids avec un grand art et beaucoup
d'intelligence.

LES CICADELLES.

La *Cigale qui fait la cire* se trouve dans l'Orient
et en Amérique. Les étuis de ses ailes sont verts,
à bords rouges et recourbés ; les ailes sont ta-
chetées de noir. Les larves sont de petits animaux de forme élégante et très-beaux ; c'est à
leurs travaux que les Chinois doivent cette cire
blanche, si fine, et qui est si estimée dans les
Indes orientales. Elles déposent une sorte de graisse
blanche sur les branches des arbres, qui, en dur-
cissant, offre cette cire. On la ratisse en automne ;
on la fait fondre sur le feu, et on la passe ; on la
verse ensuite dans de l'eau froide, où elle se
coagule et se forme en gâteaux. Elle est blanche
et lustrée ; mêlée avec de l'huile, on s'en sert pour
faire des chandelles ; et, pour cet objet, elle est

estimée de beaucoup supérieure à la cire des abeilles

Les *Sauterelles d'Amérique*, autre espèce de ce genre, ainsi appelée à cause de l'immensité de leur nombre, sont très-communes dans la Pensylvanie. Elles sortent toujours de terre pendant la nuit. Elles paraissent d'abord dans l'état de nymphe, mais bientôt après l'enveloppe crève en dessus, et l'insecte ailé s'en dégage. Pendant quelque temps il est entièrement blanc, avec des yeux rouges, et il paraît être très-délicat et très-faible; mais le lendemain déjà il atteint toute sa force et toute sa perfection; il est alors d'un brun foncé, et il a quatre ailes agréablement colorées et transparentes.

Ces insectes sont très-actifs, volant d'un arbre à l'autre avec beaucoup d'agilité. Le mâle attire la femelle par son chant bruyant. Elle dépose ses œufs vers la fin de mai, perçant pour cet effet les tiges les plus tendres des arbres avec le dard de sa queue. Avec ce dard elle peut percer le bois très-facilement; elle l'enfonce à la profondeur de deux ou trois pouces, et ensuite elle remplit ces trous de ses œufs, qui sont rangés sur des lignes serrées, composées chacune de douze ou de dix-huit œufs. Elle perce toujours les branches jusqu'à la moelle, afin que les larves, quand

elles sortent des œufs, puissent trouver une nourriture assortie à leur état de faiblesse. Quand elles
sont parvenues à leur état parfait, elles se laissent
tomber et se font un trou dans la terre, où elles
se préparent pour leur métamorphose. On les y
trouve quelquefois à la profondeur de deux pieds
et plus. Très-peu de temps après elles deviennent
insectes parfaits, et se répandent toujours dans les
campagnes à plusieurs lieues à la ronde. Elles sont
successivement voraces, et causent des dommages
incalculables, dans leurs incursions périodiques,
aux arbres fruitiers et forestiers.

La *Cercorpis écumeuse* est aussi une espèce de
cigale. L'insecte parfait est de couleur brune,
et a deux taches blanchâtres sur les bords des
ailes supérieures. Elle est très-commune dans les
prairies et dans les pâturages ; elle est si agile, que
lorsque l'on essaye de la prendre, on la voit très-
souvent sauter à la distance de deux ou trois
pieds.

Les larves de ces insectes déposent, sur les
branches et sur les feuilles des plantes, une espèce de substance écumeuse, appelée par les gens
de la campagne, *crachat du coucou*. Au milieu
de cette écume, la larve subit ses changemens
en nymphe et en insecte ailé. Dans l'espace d'un
quart d'heure la métamorphose est complétement

achevée, et on voit l'insecte ailé quitter la dépouille de la larve de la plus belle couleur d'argent, à laquelle tiennent encore ses pattes et tous
ses autres organes extérieurs.

LA COCHENILLE.

La tête et le tronc de l'insecte connu sous le nom
de cochenille sembent ne former qu'un seul corps
comprimé, ovale et rouge, ayant à peu près la
forme et la grandeur d'un très-petit pou. Ce corps
offre à l'œil douze anneaux transversaux ; le dos a
la forme de la quille d'un navire, et le ventre est
plat ; ses antennes ont une longueur égale à celle
de la moitié du corps ; elles sont filiformes et di-
vergentes ; elles sont garnies de deux et quelquefois de trois poils : la queue est un petit point
blanc, d'où partent en direction horizontale deux
poils aussi longs que le corps.

Les larves de ces insectes sortent, dans les mois
de novembre et de décembre, du ventre de leur
mère. Pendant quelque temps elles parcourent les
branches sur lesquelles elles sont écloses, et se

fixent enfin sur les extrémités succulentes des jeunes
rejetons. Vers le milieu à-peu-près du mois de janvier, elles sont toutes fixées, et, quoiqu'elles ne
donnent aucun signe de vie; elles paraissent aussi
grosses qu'auparavant. On ne peut plus distinguer
les membres, les antennes et les soies de la queue.
A l'entour des bords de leur corps on voit un
liquide gélatineux et à demi transparent, par lequel elles semblent adhérer aux branches. L'accu-
mulation graduelle de ce liquide forme à la fin une
cellule complète pour l'insecte parfait, qui paraît
vers le milieu de mars. Il ressemble, à l'extérieur,
à un petit sac rouge, lisse et sans vie, émarginé à
la partie obtuse, et rempli du plus beau fluide
rouge : dans le fluide rouge de la femelle on
aperçoit, dans le mois d'octobre et de novembre,
vingt ou trente œufs ou plutôt larves. Quand ce
fluide est tout-à-fait absorbé, ces larves percent
un trou à travers leur couverture extérieure, et
sortent un à un.

Les cochenilles se fixent en si grand nombre et
si serrées les unes contre les autres, qu'il est bien
rare qu'une femelle sur six ait assez de place pour
achever sa cellule : les autres meurent et deviennent la nourriture de plusieurs insectes. Dans les
Indes orientales on les appelle *gomme-laque*. On
les trouve principalement sur les arbres des mon-

tagnes non-cultivées, et sur les deux rives du Gange, où la nature en a été tellement libérale, que malgré la grande consommation qu'en font ces insectes ; les marchés en sont toujours abondamment fournis. Le seul travail qu'il y ait à faire est de casser la branche, et de l'apporter au marché.

La *cochenille d'Amérique* est originaire du midi de ce continent. Cet insecte est convexe, ses pattes sont d'un rouge clair et brillant, et ses antennes sont *moniliformes*, ou en forme de chapelets. Le mâle est un insecte délicat et très-beau ; la couleur de son corps approche beaucoup de celle du fard ou laque rouge ; le corselet est elliptique et légèrement attaché à la tête ; les antennes sont un peu plus que la moitié de la longueur du corps ; les pattes sont d'un rouge plus éclatant que celui des autres parties. Deux filamens fins et blancs, d'environ trois fois la longueur de l'insecte, sortent de son abdomen. Cet insecte a deux ailes droites, d'une couleur approchante de celle de la paille, et d'un tissu très-délicat. La femelle n'a point d'ailes : elle est de forme elliptique et convexe dessus et dessous, mais plus particulièrement sur le dos, qui est couvert d'un duvet blanc, semblable au coton le plus fin. L'abdomen est marqué de rides transversales ; la bouche, qui est placée dans le corselet, a une trompe d'un brun approchant d'une teinte de pourpre ; et qui pénètre dans la plante sur laquelle vit l'insecte. Ses six pattes sont d'un rouge clair et brillant.

Quand les petits de cet insecte sont parvenus à leur entière croissance, ils se fixent sur les feuilles du cactier, et y restent dans un état d'engourdissement. C'est dans cet état qu'on les cueille sur la plante pour s'en servir : ils sont bientôt convertis en l'article de commerce connu sous le nom de *cochenille*, et qui, lorsqu'il est préparé avec art, est d'une si grande utilité aux peintres et aux teinturiers.

CHAPITRE IX.

LES PAPILLONS.

On peut considérer le corps des papillons comme étant divisé en trois parties ; la tête, le corselet et le ventre : le ventre est la partie de derrière ; il est composé d'anneaux qui sont ordinairement cachés sous de longs poils ; le corselet est plus dur que le reste du corps, et c'est à cette partie que sont attachées les ailes antérieures et les pattes. Ils ont six pattes, mais ils ne font usage que de quatre ; les deux de devant sont couvertes par les longs poils du corps, et sont quelquefois si bien cachées qu'il devient difficile de les découvrir. Les yeux des papillons n'ont pas tous la même forme ; dans quelques-uns ils offrent le plus grand segment d'une sphère ; dans d'autres, au contraire, ils sont peu saillans ; les uns ont les yeux petits, d'autres

les ont grands ; mais dans tous les papillons la cornée a un lustre où l'on peut découvrir toutes les
couleurs de l'arc-en-ciel, et ressemble à un miroir
qui a un grand nombre de facettes, ou plutôt à un
diamant richement taillé. Cette multiplicité des
facettes des yeux est commune à la plupart des
insectes, et Leeuwenhoek prétend qu'il y a plus
de six mille facettes dans la cornée d'une puce.
Puget a placé la cornée d'une puce sous un microscope, de manière à ce qu'on pût voir tous les
objets au travers, et rien, dit-il, ne pouvait surpasser la singularité des objets représentés : un
soldat qui était vu à travers cette cornée paraissait semblable à une armée de nains ; car, en
même temps qu'elle multiplie l'objet, elle le
diminuait aussi : les arches d'un pont devinrent, à l'aide de ce nouveau miroir, un spectacle des plus magnifiques ; la flamme d'une chandelle parut être une superbe illumination. Cependant on est encore incertain si l'insecte voit
les objets simples comme avec un œil, ou si
chaque facette est en elle-même un œil complet,
et s'il aperçoit un objet distinct séparément de
tous les autres.

Les ailes des papillons diffèrent de celles de tous
les autres insectes ailés ; elles sont au nombre de
quatre, et lors même qu'on en a coupé deux l'in-

secte peut encore prendre son vol. Ces ailes sont, par la nature de leur substance, transparentes ; mais elles doivent leur opacité à la poussière dont elles sont couvertes.

Les ailes du papillon, si on les observe avec un bon microscope, paraissent couvertes d'une quantité de petits grains de différentes formes et dimensions, et supportés par de petites tiges. L'aile elle-même est composée de plusieurs membranes, ce qui la rend très-forte, quoiqu'elle soit transparente. Les milliers d'écailles ou petits grains qui la couvrent n'augmentent pas beaucoup son poids, et l'insecte peut sans peine se soutenir long-temps en l'air.

Les papillons, aussi bien que la plupart des insectes ailés, ont sur leur tête deux organes semblables à des cornes, qu'on appelle antennes. Elles sont mobiles à leur base, et ont un certain nombre d'articulations au moyen desquelles l'insecte peut les tourner dans toutes les directions. Celles du papillon sont placées au sommet de la tête, assez près du bord extérieur des yeux. On n'a pas encore bien déterminé quels peuvent être les avantages que l'animal doit retirer de ces instrumens, et tout ce qui en a déjà été dit n'est absolument qu'une simple conjecture. Entre les yeux, la plupart des papillons ont une espèce de trompe qui , quand l'animal n'est pas occupé de la recherche de sa nourriture , est roulé sur elle-même comme si on l'avait frisée ; mais , quand pour chercher sa nourriture , le papillon s'est arrêté sur quelque fleur ; alors la trompe s'allonge , et il l'emploie à fouiller les fleurs jusqu'au fond du calice quelle qu'en soit la profondeur. Après avoir répété cette opération sept à huit fois , le papillon se pose sur une autre fleur. La trompe est composée de deux tubes égaux et creux, exactement joints l'un à l'autre. Ces insectes ne paraissent que pendant le jour.

Le *papillon des choux* est une des espèces les plus communes dans les jardins , et sa chenille fait souvent de grands dégâts sur toutes les espèces de choux. Ces chenilles semblent presque toutes ne se nourrir que de ces légumes, sur lesquels on les trouve généralement en grand nombre depuis le mois de juin jusqu'en octobre. La couleur ordinaire de ces papillons est blanche ; mais les mâles diffèrent des femelles en ce qu'ils ont quelques taches noires sur leurs ailes. Ils paraissent d'abord vers la mi-mai , et vers la fin du même mois , ils déposent leurs œufs en pelotes sur le revers des feuilles de chou. Peu de jours après, les chenilles paraissent , et continuent de se nourrir ensemble jusqu'à la fin de juin , époque à laquelle elles ont atteint leur entière croissance.

Alors elles rôdent ça et là à la recherche d'une place convenable pour s'y fixer, et où leur nymphe puisse être à l'abri. Quand ces chenilles ont trouvé le lieu propre à leur objet, chacune d'elle attache sa queue par une toile, et porte un long fil autour de la tête ; ainsi garanties, elles restent suspendues à ce fil pendant peu d'heures, au bout desquelles la nymphe est parfaitement formée, et entièrement dépouillée de la peau de la chenille.

Quinze jours après l'insecte est ailé. Les chenilles de la dernière ponte n'atteignent toute leur croissance, et ne se transforment en nymphes qu'en septembre ; dans cet état, elles restent pendant tout l'hiver jusqu'au commencement du mois de mai suivant. Pendant ce temps on les voit souvent suspendues aux chaperons des murs qui entourent les jardins, aux pieux, et dans d'autres lieux où elles sont à l'abri de l'intempérie de la saison.

Le *Corridon* est un petit papillon qui n'a pas plus d'un pouce et demi d'envergure. Sa couleur est d'un orange brunâtre, bigarrée de jaune et de noir sur un dessin très-petit. Le dessous de ses ailes est plus clair, et l'orange et le jaune y dominent ; à cause de ces couleurs de l'en—

rers, il a toujours une apparence crasseuse, et on l'a quelquefois nommé le *crasseux*, ou le *méléagris*.

En septembre les chenilles de cette espèce sont en grande abondance. Elles se tiennent ensemble, enveloppées d'une toile fine qu'elles filent pour se garantir contre le mauvais temps, et sous la protection de laquelle elles passent l'hiver. Pendant ce temps elles sont à peu près réduites à un état d'engourdissement, durant lequel ces insectes n'ont pas besoin de nourriture; ainsi on ne les voit pas sortir de leur enveloppe générale jusqu'au moment où la chaleur du printemps les y invite. Commes elles augmentent ensuite en grosseur, elles se répandent au dehors pour y chercher leur nourriture. Mais leur attachement pour leur lieu natal est très-remarquable; car on ne voit pas les chenilles, non plus que les papillons, s'éloigner beaucoup des lieux où ils sont nés. Ou voit quelquefois un grand nombre de ces papillons s'agiter au-dessus d'un lieu marécageux de peu d'étendue, tandis qu'on n'en pourra pas découvrir un seul dans les marais adjacens. Comme ils volent très-bas et qu'ils se fixent souvent, on peut les prendre aisément.

Les chenilles parviennent ordinairement à leur

entière croissance vers la dernière semaine d'avril. Quand ce temps est arrivé, elles se suspendent par la queue, pour se transformer en nymphes, dans lequel état elles restent quinze jours. Leur manière de se suspendre est un exemple singulier du pouvoir extraordinaire de l'instinct. Elles attachent d'abord deux ou trois petits brins d'herbe au-dessus d'elles, au moyen de leur soie : alors elles se suspendent au-dessous du centre de cette espèce de dôme, chacuue d'elles ayant son propre dais. Par ce moyen, elles sont non-seulement hors de la vue des oiseaux, mais encore elles sont défendues contre les dommages qu'elles éprouveraient du vent et du mauvais temps. Elles se nourrissent sur la scabieuse *mors du diable*, et sur différentes espèces d'herbes des marais, mangeant seulement les feuilles à mesure qu'elles s'ouvrent, ce qu'elles ne font que pendant que le soleil luit ; car si, pendant qu'elles mangent, il vient à se cacher derrière un nuage, elles cessent aussitôt ; mais, si ses rayons reparaissent, elles recommencent leur opération avec une grande voracité.

La *Tortue* est un des papillons les plus beaux et les plus communs en Angleterre. Ses ailes supérieures sont rouges et marquées alternativement de bandes noires et orange pâle ; au-dessous de ces bandes sont des taches noires, dont la plus reculée est carrée; près de l'extrémité de leurs parties supérieures est une raie blanche. Les ailes inférieures sont également rouges, marquées d'une grande tache noire à la base. La bordure de toutes les ailes est noire, ornée de taches bleues.

Ces papillons sortent de leur nymphe, et paraissent pour la première fois dans un état ailé vers le mois d'avril. Bientôt après ils répandent quelques gouttes d'un fluide rougeâtre, qui, dans les lieux où ces insectes sont en très-grand nombre, a l'apparence d'une ondée de sang, et a été regardé par quelques auteurs comme l'avant-coureur d'un événement extraordinaire. La première découverte de cette circonstance fut faite au mois de juillet 1708, dans la ville d'Aix, et elle a été rapportée par M. de Réaumur. Ces papillons vivent peu; ils déposent leurs œufs au commencement du mois suivant, en très-grand nombre, sur les tiges les plus élevées des orties, et ils meurent ensuite promptement.

Les œufs sont fixés par le moyen d'un fluide gluant dont ils étaient couverts au moment de la ponte. Vers le milieu du mois, on peut distinguer sur le sommet des orties leurs petites chenilles, qui sont d'un vert tendre et enveloppées

dans une toile qui couvre toute la partie supérieure de la plante ; et, dans cet état, elles paissent
toutes ensemble. Bientôt après elles quittent leur
première peau, et alors elles changent toujours
de lieu, laissant leur dépouille suspendue à la
toile. A une petite distance de leur première habitation, elles forment une nouvelle colonie. Quand
elles revêtent leur troisième peau, elles changent
encore de lieu, mais elles continuent de se tenir
ensemble sous une toile. Par ce troisième changement de peau, elles deviennent noires ; et comme
alors elles sont devenues trop grosses pour vivre
toutes réunies, elles se séparent et forment de plus
petites communautés. Lorsqu'elles changent de
peau pour la sixième et dernière fois, elles se séparent tout-à-fait ; alors elles causent souvent un
tel dégât parmi les orties, qu'elles n'y laissent que
la tige et les fibres. On les voit quelquefois en si
grand nombre, qu'elles en couvrent tout le sommet et six à sept pouces de la tige, ce qui fait paraître cette plante comme si elle était enveloppée
d'un drap noir.

Vers le commencement de juin elles parviennent à leur entière croissance ; alors attachant
leur queue par une toile sous les feuilles de
l'ortie ou à la tige, elles deviennent nymphes.
Celles-ci paraissent d'abord vertes, mais au bout

d'un ou de deux jours, elles prennent une couleur d'or brillante ou un brun verdâtre. Elles restent ainsi pendant environ quinze jours, après quoi elles deviennent papillons. Un petit nombre seulement des papillons de cette seconde ponte se conserve pendant l'hiver; on les découvre fréquemment durant cette saison dans un état voisin de l'engourdissement.

Le lieutenant Ebenstreit a formé à Munich, en Bavière, des atteliers de chenilles travailleuses, auxquelles il fait filer un tissu d'ouate, d'une belle couleur blanche, et imperméable à l'eau. En 1824, il a construit avec ce tissu un ballon qui a été enlevé après avoir été gonflé par le moyen d'un réchaud à esprit-de-vin. En voyant les tissus de ces intéressantes ouvrières, on dirait qu'elles savent le dessin. Pour leur faire tracer des ornemens et des figures, il humecte avec de l'esprit-de-vin le contour de ce qu'il veut représenter ; la chenille, évitant ces traces, forme son tissu à l'entour, et les dessins se trouvent ainsi faits. Une pièce d'ouate de sept pieds carrés parfaitement pure et brillante comme du taffetas, a été l'ouvrage d'environ cinq cents chenilles, qui l'ont confectionnée dans l'espace de vingt-quatre jours.

LE VER–A–SOIE.

Ce merveilleux insecte se trouve naturellement en Chine, sur les mûriers, et dans quelques autres contrées orientales, d'où il a été introduit en Europe sous le règne de l'empereur Justinien. Et cependant il est devenu aujourd'hui, sous le point de vue du commerce, l'un des insectes les plus précieux, en ce qu'il donne ces fils délicats et magnifiques qui sont ensuite tissus en soie, et dont on fait usage pour le vêtement dans presque toutes les parties du monde.

Dans les climats les plus chauds de l'Orient, ces insectes jouissent de leur pleine liberté sur les arbres où ils sont éclos, et sur lesquels ils forment leurs cocons; mais dans les pays moins chauds où ces animaux ont été introduits, ils sont gardés dans une chambre située au midi, bâtie à cet effet, et ils y sont nourris tous les jours avec des feuilles nouvelles. Il faut surtout avoir grand soin de les garantir contre le froid, auquel ils sont très-sensibles.

Leurs œufs sont couleur de paille, et de la grosseur d'environ une tête d'épingle. Au moment de sa naissance, la larve ou le ver est entièrement noir, et à-peu-près aussi long qu'une petite fourmi, et il conserve cette couleur pendant huit à neuf jours. Les vers sont placés sur des tablettes d'osier, couvertes d'abord avec du papier, et sur lequel on a établi un lit composé des feuilles les plus tendres du mûrier. Plusieurs rangées de ces tablettes sont placées l'une au-dessus de l'autre, à environ un pied de distance. L'échafaudage nécessaire pour ces rangées de tablettes doit cependant être placé dans le milieu de la chambre, et les tablettes ne doivent pas être trop profondes. Le ver continue de se nourrir huit jours après sa naissance, au bout desquels il est long d'environ trois lignes : alors il éprouve pendant quelques jours une espèce de sommeil léthargique, pendant lequel il quitte sa peau; ensuite il recommence à manger pendant environ une semaine; et il augmente considérablement en volume, lorsqu'une seconde maladie vient l'affecter. Dans les dix jours qui succèdent, il éprouve deux autres attaques, et au bout de ce temps il a atteint son entière croissance; il a alors un peu plus d'un pouce de long sur deux lignes d'épaisseur. Il mange encore pendant cinq jours avec l'appétit le plus vorace; puis il refuse toute nourriture, devient transparent avec une légère teinte de jaune, et laisse des traces soyeuses sur les feuilles sur lesquels il passe. Ces signes indiquent que l'insecte est prêt à commencer le cocon dans lequel il doit subir son changement en nymphe. On lui donne alors un peu de bruyère ou de genêt, qu'on dresse sur les tablettes. Ces insectes grimpent dessus, et après un temps très-court ils commencent à filer leur cocon, ce qui les occupe pendant cinq jours. Ils y restent dans cet état pendant environ quarante-sept jours. Ils filent ensuite pour leur retraite un cône de soie, dont les matériaux lui sont fournis par deux sacs assez longs qui sont placés au-dessus des intestins, et qui sont remplis d'une gomme fluide, de la couleur du souci. L'appareil employé par l'insecte, pour donner la finesse nécessaire à ses fils, ressemble en quelque sorte à la filière d'un tireur d'or. Comme tous les brins de soie sortent des deux sacs de gomme, il est probable que chacun de ces sacs fournit son brin, et que cependant ces brins sont réunis au moment qu'ils sortent du corps de l'insecte. En examinant le fil avec un microscope, on trouvera qu'il est plat d'un côté, et que de l'autre il est évidé dans toute sa longueur. D'où il est permis d'inférer qu'il est doublé positivement à l'instant même où il sort du corps, et que les deux fils s'unissent ensemble par la nature gluante de la substance dont ils sont formés.

L'extérieur du cocon est composé d'une espèce de coton non apprêté, appelée *bourre;* en dedans le fil est plus distinct et plus régulier, et près du corps de la nymphe le cocon paraît être doublé d'une substance aussi épaisse que du papier, mais d'une plus forte consistance. Le fil qui compose le cocon n'est pas roulé régulièrement en rond; il est au contraire placé d'une manière très-irrégulière, et pelotonné tantôt dans un sens et tantôt dans un autre. En le mesurant on trouva qu'il a environ trois cents aunes de long, et il est si fin, que huit ou dix brins sont toujours réunis ensemble pour l'usage qu'on en fait dans les manufactures. Pour cet effet, les cocons sont entassés dans des bassins de cuivre remplis d'eau, et placés sur un petit feu. Les bouts de la soie sont déceuverts en brossant légèrement le cocon avec une vergette faite exprès; et, pour les dévider, ces bouts sont passés dans un trou pratiqué dans une barre de fer horizontale, placée sur le bord du bassin, au moyen de quoi ils ne peuvent pas se mêler ensemble.

Tous les cocons sont ordinairement formés dans le cours de six à sept jours; alors on les retire des branches de bruyère ou de genêt: et on les trie. Les meilleurs sont durs, et d'une couleur pure e sans tache. Quelques-uns sont blancs, et d'autres jaunes : les bons cocons sont fermes, retentissans et d'un grain fin, et leurs deux bouts sont ronds et solides. Ceux d'un jaune brillant donnent plus de soie que les autres; mais ceux dont la couleur est pâle sont préférés généralement, par la raison qu'ils prennent mieux de certaines couleurs, et parce que contenant moins de gomme ils perdent moins quand on les fait bouillir. Cinq ou six jours après que le cocon a été détaché des branches, on prévient la naissance d'une espèce de teigne qui percerait le cocon, et le rendrait inutile. Pour éviter ce danger, les cocons sont placés dans un panier long et étroit, recouvert avec soin, et que l'on fait sécher pendant environ une heure, par une chaleur égale à celle d'un four de boulanger lorsqu'il en a retiré le pain; après cette opération, ils sont disposés avec ordre sur des tablettes d'osier distribuées par étages, à une distauce de deux ou trois pieds les uns au-dessus des autres.

Au bout d'environ quinze jours ou trois semaines, l'insecte dans l'intérieur de son cocon, se transforme en papillon; mais il n'est pas plutôt complètement formé, que, se dégageant de l'enveloppe qui le tient enfermé, il se prépare à s'élancer hors de sa prison. Pour y parvenir, il étend sa tête vers la pointe du cocon, et la rogne pour se faire un passage à travers sa cellule ; il est d'abord très-petit, mais il augmente de volume à mesure qu'il redouble d'efforts pour arriver à sa perfection. Les restes de sa nymphe sont confusément dans les cocons, comme un petit paquet de linge sale. Après être ainsi sorti de sa prison, le papillon semble excédé de fatigue, et ne devoir son existence qu'au besoin de propager son espèce. Le mâle meurt bientôt après, et la femelle ne lui survit que jusqu'au moment où elle a déposé ses œufs, qui éclosent au printemps suivant.

LA TEIGNE.

C'est surtout dans les draps et dans la fourrure que se tiennent les larves ou chenilles de la teigne ; c'est pourquoi, par un instinct naturel, celle-ci y dépose toujours ses œufs. La chenille, aussitôt qu'elle est sortie de l'œuf, commence par se faire un nid. Pour cet effet, après qu'elle s'est filé un fin vêtement de soie assujetti à son corps, elle coupe les filamens de la laine ou de la fourrure très-près de la trame ou de la peau, à une longueur convenable, avec le secours de ses dents; elle les applique l'un après l'autre avec une adresse étonnante, au dehors de son cocon, et les y attache avec sa soie gluante. Sa couverture étant ainsi formée, elle ne la quitte jamais sans la plus urgente nécessité. Quand cet insecte veut prendre sa nourriture, il sort sa tête par l'un ou l'autre bout de son cocon. Quand il désire changer de place, il sort d'abord sa tête, puis ses six pattes de devant, par le moyen desquelles il avance, et avant de se mettre en marche, il a surtout soin de fixer ses pattes de derrière aux parois intérieures du cocon, afin de pouvoir le traîner après lui. Il continue de vivre de cette manière jusqu'au moment où, par l'augmentation de son volume, son cocon lui devient trop petit. Il commence alors par y faire de petites additions d'un côté, se retourne dans le cocon, qui, pour cet effet, est toujours assez large au milieu, et en fait autant de l'autre extrémité, de manière toutefois que le milieu conserve le plus d'espace; les additions se font toujours de même. Pour cet effet, cet insecte a des dents semblables à des ciseaux. Lorsqu'il s'agit d'élargir le cocon, il y fait une fente longitudinale, depuis le milieu jusqu'à l'un des bouts, qu'il remplit aussitôt en

dehors avec une bandelette de laine, et en dedans avec de la soie, de manière que la partie
ainsi réparée devient absolument semblable au
reste. Ensuite il fait une autre fente du même
côté, et tout près de la première, qu'il remplit
de la même manière; puis, se retournant dans son
cocon, il en fait autant à l'autre bout.

Parvenue à son entière croissance, cette chenille
se transforme en nymphe, et au bout de trois semaines à-peu-près il en sort un papillon, dont les
ailes sont très-petites et ont une couleur gris d'argent. Il se nourrit pendant la nuit; et quoiqu'on
ne le voie que rarement au jour, il aime beaucoup
à voltiger autour des bougies allumées jusqu'à ce
qu'il se brûle.

LES MOUCHES.

Il y a plusieurs genres de ces insectes; nous
en décrirons ici en abrégé ceux qui sont les plus
remarquables.

La *mouche carnassière* et la *mouche bleue de
la viande* se ressemblent beaucoup. La pre-

mière est cependant un peu plus mince, et d'une teinte grisâtre, que lui donnent quelques raies irrégulières et longitudinales qu'elle a sur le corselet, et d'autres encore plus irrégulières sur le ventre ; ces raies sont toutes d'un gris cendré, alternant avec un fond de brun brillant, qui, sous un certain point de vue, paraît encore bleu.

Les pattes de la mouche carnassière sont noires ; les balanciers placés au-dessous de ses ailes sont blanchâtres, et ses yeux réticulaires sont rougeâtres. Cette mouche est vivipare ; elle dépose ses larves vivantes sur la viande, dans les boucheries et dans les garde-mangers. Ces larves ressemblent à celles de la mouche bleue ; elles se nourrissent, croissent, et subissent toutes leurs métamorphoses de la même manière, et les mouches mêmes diffèrent très-peu entre elles. Il paraît que les œufs de cette mouche passent de son ovaire dans la cavité de l'abdomen, où ils éclosent : c'est en quoi elle diffère de la plupart des autres insectes. Quand les larves ont atteint toute leur croissance, ce qui arrive ordinairement en sept à huit jours, elles quittent la viande qui les a nourries, et vont chercher un terreau léger, où elles s'enfoncent pour y subir leur métamorphose.

La *mouche de Hesse* n'a pas tout-à-fait trois lignes de long : son corselet est d'une couleur foncée, et marqué de deux raies jaunes et longitudinales. Les larves sont blanches et longues d'environ deux lignes ; elles ont dix anneaux, et la tête se termine en pointe. Elles sont logées et nourries dans le cœur même de la tige du blé et du seigle, droit au-dessus de la racine ; elles sont si voraces, qu'elles dévorent tout l'intérieur de la plante. La nymphe est jaune, brillante, longue d'un peu plus d'une ligne, et composée d'anneaux. Ces insectes causent de grands dégats dans les blés.

La *mouche du fromage* est très-commune. Sa longueur est d'environ le dixième d'un pouce ; elle est d'une couleur foncée ; ses ailes sont blanchâtres, et marquées chacune d'une raie noire. Les larves sont les vers qu'on trouve dans le fromage, et que le vulgaire appelle les *sauteurs*. Ces larves sont vigoureuses et sautent à une distance considérable quand elles sont inquiétées. A cet effet, elles se dressent sur la queue, et courbant la tête en un cercle, elles fixent deux griffes noires placées à l'extrémité de la queue, dans deux cavités formées pour les recevoir sur le sommet de la tête ; alors, en faisant jouer ces muscles, et en étendant le corps subitement, elles s'élancent à une distance de vingt-quatre fois leur longueur. Lorsqu'elles touchent au moment de leur transformation en nymphes, elles quittent le fromage, et trois ou quatre jours après elles deviennent roides et sans vie. La mouche sort à travers une ouverture dans la peau, positivement à l'endroit de la tête, qu'elle divise en deux. Lors de sa première sortie, les ailes ne sont pas encore tout-à-fait formées, mais elle court déjà avec une grande agilité : les ailes se déploient peu à peu. et au bout d'un quart d'heure elles sont parfaitement ouvertes. Deux cent cinquante-six œufs ont été trouvés dans l'ovaire d'une seule femelle.

La *mouche-caméléon* est un des insectes à deux ailes les plus communs. L'œuf d'où elle provient est disposé par la femelle dans le creux de la tige des roseaux et d'autres plantes aquatiques. De cet œuf on voit sortir une larve d'une singulière structure, et qu'on peut voir souvent ramper sur l'herbe ou sur les plantes auprès des eaux peu profondes et dormantes, et même flottant sur leur surface. La couleur ordinaire de ces larves est d'un brun verdâtre ; le corps se compose de onze anneaux, et la peau ressemble un peu à du parchemin.

Quoique ces larves puissent vivre dans l'eau

avant leur métamorphose en mouches, l'air est
nécessaire pour soutenir leur principe de vie ; et
l'appareil que la nature leur a donné pour l'aspi-
rer mérite une attention particulière. Le dernier
anneau de son corps est ouvert, et sert de conducteur à l'air. De cet anneau sortent plusieurs
poils, qui, si on les examine au microscope, se
trouvent être des plumes réelles avec des tuyaux
réguliers. Les plumes empêchent l'eau de pénétrer dans le tube qui sert de passage et d'organe
à la respiration ; et quand l'animal élève l'extrémité de son corps vers la surface de l'eau, afin
d'y recevoir l'influence de l'air, il dresse et dé-
ploie ses plumes, et par ce moyen il présente à
l'atmosphère l'organe de la transpiration. Lorsque
cet insecte veut plonger, il retire les filamens
de cet anneau, et leur donne la forme d'une balle,
et la bulle d'air qu'il contient dans son intérieur
lui sert à retenir son corps dans une position
verticale.

Ces insectes ont deux grands vaisseaux ou trachées de chaque côté, qui occupent presque la
moitié du sorps : chacune de ces trachées aboutit
au dernier anneau. Quoique ces larves soient pour-
vues de la faculté de respirer, elles peuvent cependant vivre vingt-quatre heures sans le secours
de la respiration. Au milieu de la bouche est pla-

cée une substance de la nature de la corne ; elle est dure, pointue, immobile, et ressemble assez à la branche supérieure du bec-en-ciseaux. De chaque côté de cet organe est une petite membrane saillante et singulièrement conformée. Il résulte d'une découverte toute récente que ces deux membranes sont les pattes ou plutôt les bras, au moyen desquels cet insecte exécute ses mouvemens dans l'eau, et à l'aide desquels seulement il peut avancer sur le sol. Un usage de ces organes semble être de remuer et d'écarter la vase à l'effet de donner à la bouche de l'animal un accès plus facile, et de remplir en quelque sorte les mêmes fonctions que les cartilages du nez d'un porc. L'insecte peut à volonté retirer ses organes en dedans, de manière à les tenir cachés ; et c'est cette position singulière qui a fait dire que cette larve avait ses pattes dans sa bouche.

Quand le temps de leur métamorphose approche, ce qui arrive vers le milieu de juillet, les larves sortent de l'eau, se choisissent sur ses bords une place d'où elles puissent en partie plonger dans l'eau. Elles y demeurent tranquilles jusqu'à ce qu'elles soient parvenues à l'état de nymphe. Elles emploient cinq à dix jours pour atteindre leur état parfait, et devenir mouches.

La *mouche masquée* dépose toujours ses œufs

dans des lieux humides, tels que ceux qui sont
fréquentés par le lézard noir ordinaire, et elles
ne paraissent jamais sur le sol qu'au moment
où elles doivent subir leur première transfigu-
ration. Dans cet état, les larves ressemblent un
peu, pour la forme, à celle d'un crapaud, la partie antérieure étant molle, épaisse et arrondie,
et la queue mince et effilée. Elles sont couvertes
d'un fluide visqueux ; c'est pourquoi elles sont
ordinairement enveloppées dans de la boue qui
semble être leur couleur naturelle, jusqu'à ce
qu'elles aient été lavées ; alors on trouve qu'elles
sont d'un blanc transparent.

Les petits ne sont pas plutôt plongés dans l'eau,
qu'ils sont doués de l'instinct nécessaire pour y
chercher leur nourriture, et pour savoir se servir
de tous les membres de leur corps aux divers
usages auxquels ils sont destinés.

L'extrémité de l'abdomen de cet insecte, ainsi
que celle du *caméléon*, est pour lui l'organe de la
respiration ; et quoiqu'il soit un habitant de l'élément liquide, il a besoin de respirer, et il suffo-
querait s'il était retenu sous l'eau et privé de toute
espèce de communication avec l'air.

La bouche des *moucherons* ou *cousins* est pour-
vue d'une trompe longue et délicate, ou d'une
gaîne flexible qui renferme cinq soies pointues.

Ces insectes ont aussi deux antennes ordinairement filiformes ; celles de quelques mâles sont cependant garnies de plumes : ils fréquentent de préférence les bois et les lieux voisins de l'eau ; ils sont généralement connus, par les gens de la campagne, sous le nom de cousins ; ils vivent en suçant le sang des grands animaux ; leurs larves sont très-communes sur les eaux stagnantes ; celles des moucherons communs se montrent souvent la tête penchée, et l'extrémité de l'abdomen élevée au-dessus de la surface, pour pomper l'air au moyen du tube creux, à travers lequel ils respirent : leurs têtes sont armées de crochets qui leur servent à se saisir des insectes ou des brins d'herbes dont ils se nourrissent ; aux côtés ils ont quatre petites nageoires, à l'aide desquelles ces insectes peuvent nager et ramper sur le sol.

Les larves conservent cette forme pendant quinze jours ou trois semaines, après quoi elles se transforment en nymphes, dont l'enveloppe est si fixe, qu'on peut distinguer au travers toutes les parties de l'insecte ailé. La position et la forme de leur organe de respiration sont aussi changées ; car il est alors divisé en deux parties et placé près de la tête. Les nymphes s'abstiennent de manger, et se tiennent presque constamment à la surface de l'eau ; mais au moindre mouvement, on les voit se dérouler de leur position , et par le moyen de petites rames courtes fixées à leur partie inférieure , plonger au fond. En peu de jours elles sont transformées en moucherons parfaits. La nymphe s'ouvre à l'endroit où est la tête , et la mouche sort de l'enveloppe. Si, à l'instant de la métamorphose , une brise s'élève , elle devient pour ces insectes un ouragan terrible , car alors l'eau entre dans leur coque qui ne se trouve jamais parfaitement close , ce qui les fait plonger et les noie.

La femelle dépose ses œufs sur la surface de l'eau , et les environne d'une matière grasse qui les empêche d'enfoncer; et en même temps elle les attache avec un fil qu'elle fixe au fond pour les empêcher de flotter à la merci de toutes les brises , ce qui les éloignerait de la chaleur dont ils ont bssoin pour éclore , et les jetterait sur d'autres points où l'eau serait trop froide , et où les animaux qui leur donnent la chasse seraient trop nombreux. Ils ressemblent donc aux bouées d'une ancre. A mesure qu'ils arrivent à leur maturité , ils s'enfoncent davantage ; et à la fin , quand les larves quittent l'œuf , elles se laissent tomber au fond de l'eau.

Le *mosquitos* n'est rien de plus qu'une grande sous-espèce de moucheron commun , qui se trouve très-abondamment dans les bois et dans les marais de tous les pays chauds. Elle abonde aussi, pendant la courte saison de l'été, dans toute la Laponie, la Norwège et la Finlande, et dans les autres contrées situées près du pôle. La femelle pique et suce le sang avec tant de force, que la peau enfle et forme des cloches, et que les plaies qu'elle fait sont quelquefois très-longues à guérir. Ces insectes forment des essaims si considérables dans les bois, que quiconque y pénètre est sûr d'en avoir le visage couvert, et peut rarement distinguer son chemin. Une enflure et une démangeaison désagréable suivent à l'instant la piqûre, et sont suivies de petits ulcères blancs ; de sorte que la figure d'une personne arrivant de la campagne est difficile à reconnaître, et qu'elle paraît couverte de pustules. Les gants même ne sont pas toujours une garantie sûre contre ces insectes incommodes, car ils passent souvent leur aiguillon à travers la couture : c'est la femelle seule qui mord ; cependant le bourdonnement des mâles et des femelles est si fort, qu'il suffirait seul pour troubler le repos des gens pendant la nuit.

Le *taon du bœuf*, si connu dans les campagnes pour le mal qu'il fait aux bœufs, a les ailes bruues sans taches, l'abdomen marqué d'une bande noire dans le milieu, et des poils dont la pointe est d'un

jaune foncé. Le sommet de la tête est blanc et couvert de duvet ; le corselet est jaunâtre par-devant,
noir au milieu et cendré derrière. La femelle diffère
du mâle en ce qu'elle a un dard noir à l'extrémité
de l'abdomen.

Cet insecte dépose ses œufs sur le dos du bœuf,
et la larve vit entre la peau et la membrane cellulaire. Son nid est un peu plus grand qu'elle-
même, se rétrécit par le haut, et communique
avec l'air extérieur par une petite ouverture.

Tant que la larve est jeune, elle est lisse, blan
che et transparente ; mais, quand elle a atteint son
entière croissance, elle est d'un brun foncé : elle
est aussi alors armée d'un nombre considérable de
petits crochets qui sont rangés sur son corps dans
des directions contraires ; au moyen de ces crochets, elle se meut dans l'intérieur de l'abcès qu'elle
a causé, et qui lui sert de nid, en les dressant et
en les comprimant alternativement ; de ce mouvement, et de l'irritation qu'il produit, il résulte
une sécrétion d'humeurs, plus ou moins abon ·
dante, qui sert de nourriture à la larve. Aussitôt
qu'elle est parvenue au terme de sa croissance,
elle sort de l'abcès en s'appuyant contre l'ouverture extérieure ; et quand le passage est devenu
assez grand, elle se glisse à travers et se laisse
tomber du dos de l'animal sur la terre, où elle

cherche une retraite convenable pour se transformer en nymphe. Quand la larve s'est retirée,
l'abcès se ferme, et guérit ordinairement en peu
de jours. Lorsque l'insecte parfait veut quitter la
nymphe, il enfonce un couvercle triangulaire,
dont les bords sont relevés, et qui est situé au
côté du bout étroit. Cette mouche est la plus
grande et une des plus belles de toutes les espèces
connues en Europe; mais elle est la terreur du gros
bétail, puisqu'elle lui cause de grandes douleurs
quand elle dépose ses œufs.

Le *taon du cheval* se distingue des autres espèces de ce genre, en ce qu'il a une bande noire
dans le milieu, et deux points à l'extrémité de
ses ailes blanchâtres. Le ventre est d'un jaune
brun, avec des taches noires aux jointures des
anneaux. La femelle est plus brune que le mâle,
et son ventre se termine en un dard fendu. Les
larves sont les vers hideux qui se trouvent communément dans l'estomac des chevaux et quelquefois dans leurs intestins. Ils y sont suspendus
par pelotes de six jusqu'à plus de cent, à la membrane intérieure de l'estomac, par le moyen de
deux crochets placés à leur tête. Lorsqu'ils sont
tirés de l'estomac, ils s'attachent à toutes les
membranes détachées, et même à la peau de
la main. A cet effet, ils retirent leurs crochets

articulés près de leur base , presque entièrement sous la peau , jusqu'à ce que les deux
pointes se touchent ; alors les tenant parallèles ,
ils percent la membrane , et immédiatement
après , ils étendent les crochets dans une direction latérale , et se trouvent ainsi parfaitement
fixés.

La femelle , quand le temps est venu de déposer ses œufs , approche sur ses ailes de cette
partie du cheval où elle veut déposer l'œuf , le
corps dressé et la queue qui s'allonge, recourbée
en dedans. A peine paraît-elle toucher le poil ,
et l'œuf qu'elle porte sur la pointe allongée de
l'abdomen , s'y attache par le moyen d'une liqueur gluante qui l'environne. Alors elle quitte
le cheval , se porte à une petite distance et prépare un second œuf, qu'elle dépose de la même
manière. La liqueur sèche, et l'œuf se colle tout-
à-fait au poil. Cette opération est répétée par
plusieurs mouches , et quelquefois il y a jusqu'à cinq cents œufs déposés sur le même cheval. L'intérieur du genou est la partie sur laquelle ces mouches déposent de préférence leurs
œufs ; elles choisissent encore pour cet effet les
flancs et l'épaule du cheval , mais toujours dans
un endroit où l'animal puisse atteindre avec sa
langue.

Quand ces œufs ont demeuré sur les crins
pendant quatre à cinq jours, ils deviennent mûrs;
la moindre chaleur et l'humidité sont suffisantes
pour les faire éclore. Si alors la langue du cheval
touche l'œuf, son enveloppe se découvre, et il
en sort une petite larve pleine de vie, qui adhère
aussitôt à la langue, et est ensuite introduite
dans l'estomac avec la nourriture. Cependant il
est rare que sur cent de ces larves une seule arrive
à l'état parfait de mouche. Quand les œufs sont
mûrs, ils éclosent quelquefois sans le secours de la
langue du cheval, et alors les larves se traînent çà
et là jusqu'à ce qu'elles meurent, d'autres sont emportées par l'eau quand on lave les chevaux, etc.

La mouche parfaite est très-délicate, et sup-
porte mal les changemens de temps; souvent le
froid et l'humidité, s'ils sont un peu considérables,
lui deviennent funestes.

La manière dont la femelle du *taon des brebis*
dépose ses œufs sur ces animaux, a d'autant plus
rarement pu être observée, que ses mouvemens
sont très-prompts. Au moment où le taon touche
le nez de la brebis, elle secoue la tête et frappe
avec violence le sol de ses pieds de devant; puis
elle penche la tête, et s'enfuit, en regardant toujours autour d'elle, pour voir si le taon la poursuit. Elle flaire aussi l'herbe, de peur qu'elle ne

cache quelques-unes de ces mouches. Si elle en aperçoit une, elle recule à grands pas ou s'enfuit d'un autre côté. Comme elle ne peut s'en garantir en plongeant dans l'eau, ainsi que fait le cheval, elle presse son nez dans une ornière ou contre le sol d'une grande route, couverte de poussière pendant les chaleurs, et empêche ainsi le taon d'approcher de ses naseaux. C'est probablement à force d'attaquer et à cause du fréquent frottement du nez contre la terre qu'il devient enflammé, qu'il s'ensuit des ulcères, et que la brebis craint tant la piqûre du taon.

Les *tipules* ressemblent, par leur forme générale, aux moucherons. Elles ont une trompe très-courte et membraneuse, sur l'extérieur de laquelle est une rainure, qui contient une soie. Elles ont aussi deux palpes recourbées filiformes et plus longues que la tête ; les antennes sont pour la plupart filiformes. Les larves, privées de pattes, sont lisses et cylindriques, et celles de la plus grande espèce se nourrissent sur la racine des plantes, ou dans les trons des vieux arbres. Les larves et les nymphes des petites tipules habitent l'eau, et varient beaucoup pour la grosseur et la couleur. Quelques-unes, semblables au polype, ont deux bras, et d'autres sont renfermées dans des tubes cylindriques, ouverts par les bouts. Ces dernières nagent avec agilité, mais les autres restent toujours dans les trous qu'ils ont faits sur les bords des ruisseaux. Quelques-unes filent un cocon soyeux autour de leur corps. Leur constitution est si délicate, que le simple toucher suffit pour l'écraser.

La *mouche du blé*, de l'espèce des tipules, a environ une ligne de long; son corps et ses pattes sont de couleur jaune sale, et les ailes sont blanchâtres, avec une bordure frangée. Les larves se tiennent dans un rayon longitudinal du grain, au fond duquel elles paraissent attachées, et s'y nourrissent probablement de la substance laiteuse qui enfle le grain, et le privent ainsi d'une partie, quelquefois même de toute son humidité naturelle, de manière qu'il se resserre et qu'il devient ce que les fermiers appellent *blé maigre et racorni*. Elles attaquent plusieurs grains dans le même épi, et l'on a observé quelques épis dans lesquels il y avait jusqu'à un quart du grain qui était ou détruit ou très-endommagé par ces insectes. Le blé ensemencé le dernier paraît toujours le plus endommagé; ce qui provient, sans doute, de ce que le grain qui est semé de bonne heure est devenu trop dure pour que l'insecte puisse y mordre.

La femelle dépose ses œufs à travers un tube

qu'elle peut allonger ou racourcir à volonté, et d'où elle fait sortir un dard aussi fin qu'un cheveu et très-long.

Ces insectes pourraient devenir très-nuisibles, si leur nombre n'était point diminué par plusieurs ennemis naturels, dont les uns les dévorent, et dont les autres, particulièrement une espèce d'ichneumon, qui est de la même grandeur, déposent leurs œufs dans les larves des mouches de blé, où ces larves éclosent et se nourrissent de la chair de leurs hôtes. Pour s'en convaincre, M. Kirby posa quelques-unes de ces larves de la mouche de blé sur une feuille de papier blanc, et un ichneumon au milieu d'elles. Celui-ci découvrit bientôt une de ces larves ; et en agitant ses antennes, il se fixa sur elle, recourba l'abdomen sous le corselet, et introduisit un œuf, au moyen de son dard, dans le corps de sa victime, qui paraissait éprouver une douleur momentanée. Il en fit autant à toutes les autres, et ne déposa jamais plus d'un œuf dans le corps de chaque larve ; car la grosseur des larves de l'une et de l'autre mouche étant absolument la même, une seule de l'une ne pouvait pas en nourrir deux de l'autre.

L'*Ichneumon* à longue queue a environ un pouce de long, à partir de la tête jusqu'à l'extrémité de l'abdomen : la queue de cet insecte a près d'un pouce et demi ; ses antennes ont un peu plus d'un demi-pouce de long. Le corps est noir, et les pattes sont d'une couleur foncée ; l'abdomen est cylindrique et sessile.

Cet insecte a une attention particulière pour la conservation de sa progéniture. Tous les ichneumons déposent leurs œufs dans le corps de quelque autre animal, comme dans un nid. M. Marsham a observé cependant un des insectes de l'espèce ci-dessus, à l'extrémité supérieure 'd'un poteau, dans les jardins de Kinsinghton, qui courait avec agilité, tenant ses antennes courbées en forme d'arches ; il les agitait fortement autour de lui, jusqu'à ce qu'il eût trouvé un trou fait par quelque autre insecte, et dans lequel il pût enfoncer tout-à-fait la tête. Il resta environ une minute dans cette position et paraissait très-occupé, puis il retira ses antennes ; et après avoir fait le tour du trou il s'arrêta au côté opposé, il plongea encore ses antennes pendant le même espace de temps, et répéta cette opération pour la troisième fois. Il jeta ensuite l'abdomen par dessus le corselet et la tête, et introduisit son tube dans le trou ; deux minutes après il le retira, tourna autour du trou, y enfonça successivement ses antennes et le tube. Il

n répéta cette opération trois fois ; mais M. Marsham,
s'étant avancé trop près pour observer ce qui se
passait dans le trou, effraya l'insecte et le fit en
aller. Un autre jour il vit, dans le même jardin,
plusieurs ichneumons occupés à travailler. Ils paraissaient vouloir percer le bois avec leurs tubes,
qu'ils allongeaient au point de leur donner la
moitié de la longueur de leur corps, et qu'ils
faisaient toujours passer entre leurs pattes de derrière, serrées pour le redresser si quelque obstacle les avait forcés de le courber. Il paraissait étonnant qu'un instrument aussi faible pût
mettre un si petit animal en état de percer le
bois solide jusqu'à la profondeur de près d'un
pouce ; mais en examinant la base de plus près,
il observa que les ichneumons s'étaient tous ar-
rêtés sur de petites taches blanches, qui ressemblaient à de la nielle, et qui, regardées de près,
furent trouvées n'être que du sable blanc très-fin,
collé sur un trou qu'avait fait l'abeille aux mâchoires saillantes, et qui cachait sans doute de jeunes
abeilles. Pendant que l'un d'eux avait enfoncé son
tube dans un trou, et les deux branches de la gaîne
étant, comme à l'ordinaire, passées sur le bord
extérieur de la cavité, un vent impétueux les
agita si fort, que l'insecte fut plus d'une fois en
danger d'être renversé. Pour remédier à cet in-

convénient ; il prit, avec une adresse admirable, ces gaînes entre ses pattes, et les plia sous lui vers la tête.

L'insecte connu sous le nom de *grande Demoiselle* est long d'environ quatre pouces, et d'une grosseur proportionnée. Ses yeux sont bleus et grands ; son corselet est bigarré de vert, de jaune et de noir. Son ventre est généralement bleu et noir ; mais les couleurs varient considérablement. La bouche est armée de mâchoires ; les antennes sont minces et d'une égale grosseur dans toute leur étendue : elles sont plus courtes que le corselet ; les ailes sont étendues, et la queue du mâle se termine en un prolongement fourchu. Cet insecte, dans son état parfait, est un des plus brillans parmi les espèces qu'on voit en Angleterre ; il se plaît beaucoup au soleil, et on le voit rarement quand le temps est couvert, car il se tient alors caché sous les branches et sous les feuilles des arbres.

Vers la fin du mois de mai où la femelle est prête à déposer ses œufs, elle cherche les côtés chauds et abrités des étangs ou des fossés ; là elle les laisse tomber dans l'eau. Ils vont au fond, et peu de temps après il en sort des larves d'un brun sale, à six pattes, et ne ressemblant aucunement à la femelle. Ces insectes sont extrêmement voraces, et détruisent avec leurs mâchoires, en forme de pinces, quantité d'insectes aquatiques. Ces mâchoires sont faites de manière à pouvoir être pliées au-dessus de la face lorsqu'ils sont en repos, et à pouvoir être lancées en avant en cas de besoin. Ils sont aussi remarquables pour leur force et la vitesse de leur vol. La nymphe ne diffère de la larve qu'en ce qu'elle montre les commencemens des ailes, qui sont enveloppées dans de courts étuis sur le dos de l'insecte. Deux ans après sa transformation, la nymphe monte le long des tiges des plantes aquatiques, et après s'être tenue pendant quelque temps au soleil, elle donne naissance à l'insecte parfait, qui, en se dégageant, laisse la dépouille tout entière sur la tige. Ses ailes sont d'abord molles et pliées en petit; pendant qu'elles se développent et qu'elles sèchent, l'insecte reste immobile; mais bientôt après il prend son vol, et l'eau lui deviendrait alors tout aussi fatale que l'air l'aurait été à la larve.

L'*Éphémère* diffère à plusieurs égards de tous les autres insectes. Les larves vivent dans l'eau, où la vase ou l'argile semble être leur seule nourriture pendant trois ans. Ce temps est employé par elles à se préparer à leur métamorphose, qui s'exécute en très peu d'instans. Lorsque la larve

est prête à quitter cet état, elle s'élève à la surface de l'eau, où, par un mouvement rapide, elle
se dépouille de sa peau et devient nymphe. Cette
nymphe a des ailes dont elle se sert pour voler
sur un mur ou sur un arbre voisin ; et à l'instant où
elle s'y établit, elle quitte sa seconde enveloppe et
devient une éphémère parfaite. La bouche n'a
point de mâchoires, mais elle est garnie de quatre
palpes très-petites et filiformes. Les antennes sont
courtes et filiformes, et au-dessus des yeux il y a
deux ou trois grands filamens. Les ailes sont
droites ; les inférieures sont beaucoup plus courtes
que les autres, et la queue se termine en deux longs
fils ou soies. Dans leur état parfait, toutes les espèces de ces insectes ne vivent qu'un temps très-
court, quelques-uns à peine une demi-heure, et
ils n'ont d'autre fonction à remplir que celle de
se propager. On les a nommés les insectes du jour ;
mais il y en a bien peu parmi eux qui voient la
lumière du soleil, puisqu'ils ne sont transformés
qu'après le coucher de cet astre, pendant les courtes
nuits de l'été, et qu'ils meurent long-temps avant
son lever. C'est pourquoi leur véritable vie semble être bornée à l'état de larve. Dans cet état ils
construisent sur les bords des rivières des habitations qui consistent en de petits tubes sembla-

bles à des siphons, avec deux ouvertures, l'une
pour l'entrée, et l'autre pour la sortie. Ces larves
sont si nombreuses, que les bords de certaines rivières en sont couverts. Quand l'eau baisse, elles
se creusent un nouveau trou un peu plus bas. On
voit éclore ces mouches presque toutes au même
instant, et en un si grand nombre que souvent
l'air en est obscurci. Les femelles, aidées par les
longs fils de leur queue, et par le battement de
leurs ailes, se soutiennent au-dessus de la surface
de l'eau, et dans une position presque perpendiculaire ; elles y laissent tomber leurs œufs par petites pelotes. Un seul insecte a quelquefois pondu
jusqu'à six ou sept cents œufs.

La promptitude et la facilité avec lesquelles ces petits animaux se dépouillent de l'enveloppe de nymphe pour passer à l'état de mouche sont vraiment
surprenantes. On ne retire pas plus vite le bras de la
manche d'un habit que l'éphémère tire son corps,
ses ailes, ses pattes et les longs filamens de sa
queue de l'enveloppe compliquée qui couvre
toutes ces parties. Il ne se fait pas plutôt une
fente dans le corselet que le corps est dégagé.
Quelquefois il arrive que les filamens ont de la
peine à se débarrasser ; alors l'insecte s'envole
avec la dépouille ; d'autres fois ces filamens se
rompent.

La *grande mouche-lanterne* jette une lumière si grande que les voyageurs qui marchent pendant la nuit sont, dit-on, en état de continuer leur voyage avec une pleine assurance ; il leur suffit d'en attacher une ou deux à un bâton, et de les porter devant eux en guise de torche. La tête est allongée, creuse et aplatie ; celle de l'espèce dont nous parlons est grande et un peu ovale. Les ailes sont diaprées, et les inférieures marquées d'une grande tache semblable à un œil.

On voit quelquefois de ces insectes qui ont trois à quatre pouces de long. Les antennes sont composées de deux articulations, dont l'extérieur est globulaire ; elles sont insérées au-dessus des yeux. La trompe a quatre articulations : elle est insérée dans la bouche, et renferme des soies employées à sucer la sève des plantes, et à d'autres usages ; l'insecte la tient recourbée sous le corps. Les pattes ne sont pas disposées pour sauter ; ces insectes sont communs dans plusieurs parties de l'Amérique méridionale.

M. Shaw assure que la lumière que cette mouche répand part uniquement du creux de sa tête. L'usage qu'elle fait de ses rayons n'a, selon toutes les apparences, d'autre objet que de faciliter aux deux sexes les moyens de se connaître et de se rapprocher.

Nous terminerons l'article des mouches par l'anecdote suivante : L'infortuné Louis XVI avait été envoyé à la mort par les régicides ; la reine Marie-Antoinette et ses enfans étaient encore captifs dans la tour du Temple, sous la surveillance d'officiers municipaux qui ne les perdaient point de vue un seul instant. Un jour, l'un de ces gardiens montrait au jeune prince à jouer avec des mouches ; il en avait percées avec des épingles, et riait aux éclats de les voir marcher en cet état. La Reine survint, qui engagea l'auguste enfant à ne point choisir pour récréations des amusemens de cette espèce. Le municipal, homme féroce, se moqua de cette sensibilité, la tourna en dérision, et en prit occasion de dire des choses très-désagréables à la Reine, mais le collègue de ce révolutionnaire était un honnête homme; il ôsa être de l'avis de la princesse, et dire qu'il fallait respecter les sentimens d'humanité qu'une mère croyait devoir inspirer à son fils. Dès le soir même il fut dénoncé, chassé de l'assemblée municipale, et il mourut proscrit pour avoir approuvé cette sensibilité exquise, qui faisait désirer à l'illustre Marie-Antoinette qu'on n'imprimât jamais dans le caractère de l'en-

fant-roi la plus légère idée de cruauté, même ❡
envers le plus petit insecte.

LA SANGSUE.

Le corps de la sangsue est oblong et tronqué,
comme s'il avait été coupé à chacune de ses extrémités. Ces animaux sont cartilagineux ; ils se
meuvent en allongeant la tête et la queue, et en
se contractant en forme d'arches.

La *sangsue médicinale* se trouve dans les eaux
des étangs et des fossés ; sa couleur est olive noire,
avec six lignes jaunâtres par-dessus et des taches
jaunes par-dessous : elle a le plus souvent deux
ou trois pouces de long. Le corps est formé d'une
quantité d'anneaux ridés, que l'animal a la faculté
d'étendre ou de resserer à sa volonté. La queue
est terminée par un muscle circulaire ou suçoir,
qui, appliqué à quelque substance, s'y fixe d'abord
tandis que l'animal peut étendre l'autre partie de
son corps dans tous les sens pour chercher sa nourriture, sans aucun danger d'être emporté par la
force du courant. Quand la sangsue veut avancer,

-elle étend la partie antérieure de son corps, fixe sa tête de la même manière qu'elle avait fixé sa queue, lâche celle-ci, la retire et l'attache de nouveau près de sa tête ; puis elle répète ce manège. La tête est armée de trois dents, d'une substance légère et cartilagineuse, lesquelles sont placées de manière qu'elles sont convergentes au moment où l'animal commence à mordre, et elles laissent une marque à peu près triangulaire sur la peau. Ces dents sont assez fortes pour percer la peau d'un bœuf ou d'un cheval. A travers les trous qu'elle a formés avec ses dents, elle suce le sang : à cet effet la sangsue contracte les muscles de son gosier de manière que le sang coule à travers la plaie qu'elle a faite jusque dans son estomac, qui est une espèce de réservoir membraneux divisé en vingt-quatre petites cellules. Le sang y demeure quelquefois pendant plusieurs mois, presque sans se coaguler, et il tient lieu de nourriture à cet animal pendant tout ce temps-là. Il s'évapore enfin par la transpiration, et se fixant à la surface de son corps, il s'en détache quelquefois en forme de petits filamens. On peut s'en convaincre en mettant une sangsue dans de l'huile, où elle se conserve pendant plusieurs jours ; et en la plaçant ensuite dans de l'eau, on verra alors se détacher de sa peau une espèce d'enveloppe de la forme de son corps.

Quand on emploie la sangsue comme moyen curatoire, et que l'on trouve qu'elle reste trop long-temps attachée, il suffit de lui appliquer du sel, du poivre ou des acides pour la forcer à se détacher à l'instant même.

La sangsue médicinale est vivipare, et ne produit qu'un seul petit à la fois, vers le mois de juillet. Si on la conserve dans un vase de cristal placé dans un appartement, on assure qu'on l'y verra s'agiter beaucoup avant le changement de temps. Il y a une espèce de sangsue qui dépose ses œufs sur des plantes aquatiques, d'autres les portent sous leur ventre; chaque œuf en contient plusieurs autres. On peut multiplier plusieurs des petites espèces en les coupant par morceaux.

LA LIMACE.

Le corps de la limace est oblong, et sur le dos est une espèce de bouclier charnu; au-dessous il y a un disque longitudinal, par les moyens duquel l'animal se meut. Il se trouve une ouverture sur le côté droit de son corps. Au-dessus de la bouche il y a quatre cornes ou antennes; et à l'extrémité de deux plus grandes cornes il y a un œil.

Ces animaux sont très-voraces, et ils causeraient de grands dégâts dans les champs et dans les jardins, si leur nombre n'était pas diminué par plusieurs petits quadrupèdes et par diverses espèces d'oiseaux.

La majeure partie des espèces de cet insecte peut vivre pendant très-long-temps, même pendant plusieurs mois, sans nourriture, et si on leur coupe la tête ou la queue, ce sera un moyen de les multiplier; car chacune de ces parties deviendra une limace.

La *limace agreste* est de couleur blanche grisâtre, avec un bouclier jaunâtre; elle a communément environ neuf lignes de long. On assure

que cet animal se trouve en plus grande abon—
dance dans les bois et dans les lieux ombragés.

C'est de la partie inférieure de son corps qu'elle
tire la soie qu'elle file. Pour cet effet, elle allonge
et retire alternativement la tête avec beaucoup
d'agilité.

LES VERS.

Nous examinerons en premier lieu le *Ver intes-
tinal* ou *solitaire*, qui habite le corps de différens
animaux. Ces vers se tiennent ordinairement dans
le canal alimentaire, et le plus souvent vers sa
partie supérieure, où il y a une grande abondance
de chyle, qui semble être leur nourriture principale. Leur structure est très-simple; car, étant
destinés à être nourris par les alimens déja digérés,
ils ne sont pas pourvus des organes ordinaires de
la digestion. Leur corps est plat et composé d'articulations nombreuses; ils ont un peu au-dessus de la bouche quatre orifices pour la succion,
laquelle est terminale et continuée par un tube
court dans deux canaux du ventre. La bouche est

ordinairement couronnée d'une double série de
crochets rétractiles.

L'espèce humaine est sujette à plusieurs différentes espèces de ces animaux, et des hommes de
certaines contrées et climats ont des espèces particulières de ces vers. En Angleterre on est sujet au
ver solitaire ordinaire (*tœnia solium*), et rarement
à d'autres; les habitans de la Suisse sont sujets au
solitaire large, etc.

La tête du ver solitaire commun a une bouche
avec un appareil destiné à la fixer. Le corps est
composé d'un grand nombre de pièces distinctes,
jointes ensemble, et dont chacune a un organe,
au moyen duquel il s'attache aux parois intérieures
de l'intestin; et comme ces joints sont quelquefois excessivement nombreux, les points d'attachement le sont de même. Les articulations qui
sont le plus près de la tête sont toujours petites,
et elles deviennent plus grandes à mesure qu'elles
en sont éloignées, excepté vers la queue, où un
petit nombre des dernières articulations vont encore en diminuant. Le corps est terminé par une
petite articulation semi-circulaire, qui n'a point
d'ouverture. Les parties externes sont revêtues
d'une pellicule fine, semblable à une membrane,
sous laquelle est une couche mince de fibres longitudinales et parallèlement les unes aux autres.

La tête a, à son extrémité, une ouverture ronde, que l'on regarde comme sa bouche. Cette ouverture communique, par un conducteur très-court, avec deux canaux qui circulent autour de toutes les articulations du corps du ver, et y conduit les alimens. La tête est fixée par le moyen de deux petits tubercules concaves au milieu, et qui semblent destinés à servir de suçoirs. Le canal alimentaire s'étend le long de chaque côté ; et dans chaque articulation il a un canal transversal qui établit une communication entre les deux canaux latéraux. La structure intérieure des articulations est en partie cellulaire, et en partie vasculaire. La substance elle-même est blanche, et son tissu ressemble un tant soit peu à celui de la partie lymphatique du sang humain coagulée.

La longueur de ce ver varie depuis trois jusqu'à trente pieds ; on en a vu qui avaient soixante pieds, et qui étaient composés de plusieurs centaines d'articulations.

Il y a des vers dont le corps est filiforme, arrondi et très-lisse. La bouche est large et garnie d'une lèvre arrondie et concave.

Le *ver filiforme indien*, ou *ver de Guinée*, est commun dans les deux Indes. Il s'introduit dans les pieds nus des esclaves, et cause une démangeaison désagréable ; quelquefois il donne

même des fièvres et une inflammation. Il attaque
particulièrement les muscles des bras et des jambes, d'où on ne peut l'extraire que par le moyen
d'un fil de soie ou de fil ordinaire, noué autour
de sa tête ; mais il faut faire cette opération avec
la plus grande précaution, afin d'éviter que le ver,
s'il était retiré avec trop de force, ne se rompe ;
car, si la moindre partie de ce ver restait dans
la peau, il y croîtrait d'autant plus rapidement,
et deviendrait un ennemi cruel, et quelquefois
même dangereux. Ce ver a cinq ou six aunes de
long, mais n'est pas plus gros que du fil ordinaire.

Le corps de la *furie* est linéaire, et d'une épaisseur égale partout. Il a de chaque côté un simple
rang d'épingles, qui sont recourbées et très-rappro-
chées l'une de l'autre.

On n'a encore découvert qu'une seule espèce
de ce genre ; elle est commune en Suède. Ce ver
est long d'environ un pouce, de couleur incar-
nat, et souvent noir à l'extrémité. Il se glisse le
long des tiges des joncs, et des plantes qui croissent dans les marais, d'où il est souvent emporté
bien loin par le vent ; et si la partie nue de la
chair d'une personne se trouve positivement dans
la ligne que le vent lui fait parcourir, il s'y loge,
et s'y fixe pour toujours. La première sensation

causée par sa piqûre est semblable à celle qui serait faite avec une aiguille ; elle est suivie d'une démangeaison violente ; bientôt après d'une douleur aiguë, d'une tache rouge et de la gangrène, et enfin d'une fièvre inflammatoire, accompagnée d'évanouissemens. Au bout de deux jours, au plus tard, la mort s'ensuivrait, à moins que ce ver ne soit retiré aussitôt que l'on s'est aperçu de la piqûre, ce qui est très-difficile. Les Finlandais disent cependant qu'un cataplasme de lait caillé ou de fromage peut en adoucir la douleur et faire sortir l'animal.

Les *dragonneaux* se tiennent dans les eaux stagnantes. Leur corps est arrondi, filiforme, lisse, et partout d'une grosseur égale.

Le *dragonneau commun* n'est pas plus gros qu'un crin de cheval ; et quand il est parvenu à son état parfait, il a dix à donze pouces de long. Sa peau est un peu lustrée et d'un blanc jaunâtre, excepté la tête et la queue, qui sont noires. Il se tient communément dans les eaux courantes ; particulièrement dans celles dont le fond est une argile pure, à travers laquelle il se glisse comme un poisson qui nage dans l'eau. On le trouve quelquefois dans la terre, et particulièrement dans les jardins dont le sol est argileux, après un temps de pluie. Il doit son nom à l'idée qu'on a eue qu'il provenait du crin des chevaux, ou du poil de quelque autre animal qui aurait été jeté dans l'eau, idée qui prévaut encore parmi les gens du peuple les moins instruits. Linnée lui a donné celui de *gordius*, d'après l'habitude qu'a ce ver de se rouler en divers sens, de sorte qu'il ressemble à un nœud très-difficile et très-compliqué. Souvent il demeure ainsi roulé pendant long-temps, et il ne se déroule que très lentement, pour s'étendre dans toute sa longueur. Quand on le conserve dans un vase rempli d'eau, il paraît quelquefois sans mouvement, et comme s'il était mort, pendant plusieurs heures, après quoi on le voit reprendre sa première vigueur. Il est à remarquer que sa piqûre, à laquelle on est exposé quand on le tire hors de l'eau, cause l'ulcère appelé panaris.

Les *vers de terre* ont le corps arrondi, composé d'anneaux, dont un de ceux qui sont près de la tête est charnu et élevé au-dessus des autres. La plupart des espèces de ces vers sont rudes au toucher, ayant de très-petites épines cachées, et qui sont disposées en rangées longitudinales ; au côté est une ouverture.

Le *ver de rosée*, qui est le plus remarquable parmi les vers de terre, n'a ni os, ni cervelle, ni yeux, ni pattes. Il a sur le dos, à chaque

anneau, une ouverture au moyen de laquelle il l'
respire ; le cœur est placé près de la tête, et l'on
peut en observer les battemens d'une manière très-
distincte. Le corps est formé de petits anneaux,
qui sont garnis d'une rangée de muscles qui agissent dans une direction spirale, et qui facilitent à
ce ver le moyen de se glisser sur la terre ou d'y
pénétrer. Ces muscles lui donnent une grande force
pour contracter ou dilater son corps. Les anneaux
sont encore garnis de petites soies ou épines roides
et aiguës, que les vers peuvent dresser ou déprimer
à volonté. Sous la peau ils sécrètent une matière
gluante, qu'ils laissent suinter à travers les ouvertures entre les anneaux, pour rendre leur corps
glissant, et leur faciliter le moyen de pénétrer dans
la terre.

Ces vers commencent à paraître principalement dans les mois de mars et d'avril, par un
temps doux. Dans les nuits pluvieuses, ils rôdent
autour de leurs trous, ainsi qu'il le paraît par
leurs sentiers sinueux, sur un sol mou et humide, probablement pour chercher leur nourriture. Quand ils paraissent pendant la nuit sur le
gazon, quoiqu'ils étendent considérablement leur
corps, ils ne quittent cependant pas leurs trous,
mais ils y laissent leur queue fortement attachée, afin qu'à la moindre alarme ils puissent se

retirer précipitamment sous terre. Quelle que soit la nourriture qui se trouve à leur portée, quand ils sont ainsi étendus, tel qu'un brin d'herbe ou de feuilles tombées, ils s'en contentent. En hiver, ils se retirent à une grande profondeur sous terre; mais ils ne s'engourdissent point. Ils sont très-vigilans et très-adroits à éviter les animaux qui en font leur proie. C'est principalement la taupe qu'ils évitent de rencontrer, en montant à la surface aussitôt qu'ils sentent que la terre manque sous eux.

« Un petit ennemi n'est pas à mépriser, » a dit le bon La Fontaine : en effet, on a vu même des insectes se rendre formidables par leur nombre. En 1722, le taret, qui n'est qu'un petit ver, pullula au point qu'il mina les digues de la Hollande; et ce pays faillit être inondé au moment qu'on s'y attendait le moins.

LES ZOOPHYTES.

Ces animaux, qui forment un ordre de vers, tiennent le milieu entre le règne animal et le règne végétal, puisque la plupart d'entre eux prennent racine et poussent des tiges et des branches. Quelques-uns sont lisses et nus, d'autres sont couverts d'une enveloppe dure.

Les *coraux* sont composés de tubes capillaires dont les extrémités passent à travers une croûte calcaire, et s'ouvrent à la surface en forme de pores. Ils se tiennent entièrement sous l'eau de la mer ; et comme leurs ramifications leur donnent beaucoup de ressemblance avec quelques espèces de lichen, ils ont été pendant long-temps rangés par les botanistes parmi les plantes cryptogames. Leur forme les rapproche, à la vérité, de quelques végétaux ; mais leur enveloppe calcaire seule prouve assez qu'ils appartiennent à une classe d'êtres plus élevée.

Les *éponges* consistent en une masse de ramifications de tubes capillaires, que plusieurs ont supposé être l'ouvrage d'une espèce de vers qu'on a souvent trouvés par hasard dans leurs cavités. Cependant cette opinion est aujourd'hui presque universellement rejetée. D'autres ont imaginé que les éponges n'étaient que de simples végétaux. Mais il est évident qu'elles sont douées d'un principe de vie, puisqu'elles contractent et dilatent alternativement leurs pores, et qu'elles se retirent de dessous la main qui les touche dans les eaux où elles sont nées. Leur structure leur permet de se faire une nourriture du fluide dans lequel la nature les a plongées. Elles sont de tous les zoophytes les moins susceptibles de mouvement. Leurs espèces diffèrent beaucoup les unes des autres, soit pour la forme extérieure, soit pour la structure. Quelques-unes sont composées de fibres disposés en forme de réseau ou de masses de petites épines : quelques-unes, telles que les éponges communes, ne sont pas d'une forme régulière ; d'autres sont en forme de coupe, et d'autres enfin en forme de tubes, etc. etc.

Les *éponges officinales* sont élastiques, et présentent à l'œil une grande quantité de trous ; elles forment des lobes irréguliers d'une substance laineuse, et adhèrent aux rochers par une très-large base. On les trouve principalement autour des îles de la Méditerranée, où elles forment un article de commerce très-considérable. Une grande quantité de petits animaux marins percent et rongent leurs cavités irrégulières et tortueuses. On les distingue extérieurement par les grands trous qui s'élèvent plus haut que le reste. Quand on les coupe perpendiculairement, on aperçoit dans l'intérieur que les éponges consistent en petits tubes ramifiés. Ces tubes s'étendent dans tous les sens, surpassent ainsi la surface de l'éponge, et se terminent en dehors en un nombre infini de petits trous circulaires, qui sont, à proprement parler, les bouches de l'animal. Chacun de ces trous est environné d'un petit nombre de fibres droites et pointues, qui ressemblent, pour la forme, à de petites épines, tant que l'éponge est animée. Ces tubes, avec leurs ramifications, sont revêtus intérieurement d'une substance visqueuse, appelée proprement la chair de l'animal. Au moment où l'on tire l'éponge de l'eau, elle a une forte odeur de poisson, et les pêcheurs ont grand soin de la laver et de la rendre parfaitement propre, afin de la garantir contre la putréfaction.

Les *polypes* sont des animaux d'une nature gélatineuse ; ils consistent en un long corps tubulaire, fixé à la base et environné à la bouche de bras ou tentacules. On les trouve ordinairement fixés dans les eaux vives, et ils sont du nombre des productions naturelles les plus merveilleuses. Les particularités de leur vie, le mode de leur propagation, et la faculté qu'ils ont de se reproduire, après avoir été coupés en plusieurs pièces, sont vraiment surprenans.

Le *polype vert* peut donner une idée assez complète de la nature de toute cette famille de zoophytes. Il se trouve dans les eaux limpides, et on peut surtout le voir en grande abondance dans les petits fossés, ou dans les tranchées qui environnent les prairies, et plus particulièrement dans les mois d'avril et de mai. Il se fixe sur le revers des feuilles et sur les branches des végétaux qui croissent dans l'eau. L'animal consiste en un long tube dont la tête est garnie de huit, et quelquefois de dix longs tentacules qui environnent la bouche. Il a la faculté de contracter son corps subitement quand il est troublé, de manière à ne paraître seulement qu'une tache verte et noire ; et quand le danger est passé, il s'étend de nouveau comme auparavant.

Il est d'une nature extrêmement vorace, et il se nourrit de diverses espèces de petits vers, et d'autres animaux qui vivent dans l'eau. Quand un de ces animaux passe près du polype, celui-ci, à l'aide de ses bras, s'en saisit à l'instant, et l'attirant dans sa bouche, il l'avale successivement, à peu près de la même manière qu'un serpent avale une grenouille.

Quelquefois on voit deux polypes pressés de

saisir le même ver, chacun d'eux par un bout , et le tirer avec force chacun de son côté. Il arrive souvent qu'ils avalent chacun le bout qu'ils tiennent , de manière que leurs bouches se rencontrent. Ils demeurent alors pendant quelque temps dans cette attitude , jusqu'à ce que le ver se rompe , et que chacun emporte sa part. Souvent il s'ensuit un combat opiniâtre, que le plus grand des deux polypes décide en ouvrant largement sa bouche , et en avalant son adversaire : mais ce qui est plus singulier encore, c'est que l'animal ainsi avalé semble avoir obtenu l'avantage par son malheur même ; car, après qu'il a séjourné dans le corps de son vainqueur pendant environ une demi-heure , il en sort sans avoir reçu aucun mal , et souvent il est en possession de la proie qui a été l'objet de leur querelle. Les restes des animaux dont les polypes se nourrissent sont évacués par la bouche , seule ouverture de léur corps. Il est en état d'avaler des vers d'une grosseur qui égale trois fois la sienne : quoique cela paraisse incroyable , on le concevra facilement , si l'on considère que le corps du polype est susceptible d'une grande extension.

Ces animaux se reproduisent à la manière des plantes ; un ou deux et quelquefois un plus grand nombre de petits sortent successivement

du tube principal du polype , et ces petits en
engendrent fréquemment d'autres avant même d'ê-
tre séparés de la mère ; de sorte qu'il n'est pas
rare de voir deux ou trois générations à la fois
sur le même polype.

Cet animal étonnant peut être coupé dans tous
les sens au gré de l'imagination , et même en
de très-petites parties , non-seulement le tronc
n'en pâtira pas , mais encore toutes les sections deviennent chacune un polype parfait. Même
si on les retourne de l'intérieur à l'extérieur ,
il n'en souffre point , car , alors on le verra
bientôt commencer à se nourrir et à se livrer ,
comme auparavant , à ses autres fonctions naturelles.

Si l'on met en contact deux sections transversales de polypes , quoique de deux espèces différentes , elles se réuniront promptement , et ne for-
meront qu'un seul animal. La tête d'un polype
quelconque peut être entée sur le corps d'un polype d'une autre espèce. Quand un polype est introduit par la queue dans le corps d'un autre ; les
deux têtes s'unissent , et forment un seul individu.

Les polypes conservent leur activité pendant
la plus grande partie de l'année , et ce n'est que
lorsque le froid a le plus d'intensité , qu'ils sont

sujets à l'engourdissement général de la nature. Toutes les facultés sont alors suspendues pendant deux ou trois mois ; mais s'ils font abstinence pendant un temps, ils se dédommagent amplement dans un autre par leur voracité ; semblables en cela à tous les animaux qui restent engourdis pendant l'hiver, le repas d'un jour suffit pour plusieurs mois.

LE SOUCI DE MER.

Le souci de mer, qui est appelé par M. Hughes la *fleur-animal*, a été découvert dans l'île de la Barbade, et il le regarde comme une sensitive douée de plusieurs propriétés propres aux animaux. La caverne qui contenait ces animaux était au pied d'un rocher, dont la pente faisait face à la mer, dans la partie septentrionale de l'île, dans la paroisse de Sainte-Lucie. La descente qui y conduisait était escarpée et dangereuse, étant en quelques endroits presque perpendiculaire. Elle renfermait un bassin d'eau d'environ seize pieds

b, de long sur douze de large , dans le milieu duquel
il y avait un rocher qui était presque entièrement
couvert de cette fleur extraordinaire.

Autour de ce rocher, à différens degrés de profondeur sous l'eau, mais guère à plus de dix-huit
pouces, on voyait pendant toute l'année paraître
une très-belle fleur radiée d'un jaune pâle, ou
d'une couleur de paille brillante, légèrement
nuancée de vert. Sa couronne était composée
d'un grand nombre de pétales qui ressemblaient
pour la grandeur et pour la forme à ceux du souci
des jardins.

M. Hughes essaya souvent d'en cueillir une ; il ne
put jamais y réussir : car aussi souvent que ses doigts
en approchaient à la distance de deux ou trois
pouces, ces fleurs se contractaient, et pliant
les pétales, rentraient dans les trous du rocher ;
mais quand il avait cessé de les troubler pendant
quatre ou cinq minutes, elles reparaissaient
peu à peu, et étendaient de nouveau leurs
pétales, mais avec beaucoup de réserve. Il essaya
aussi de les toucher avec sa canne, et ensuite avec
une petite baguette ; l'effet fut le même. Le mouvement de l'eau, occasionné par l'immersion de
la main ou de la canne, était sans doute la
cause de la contraction de ces fleurs.

Au centre de cette fleur, M. Hughes distingua

quatre pistils d'une couleur foncée, semblables aux pattes d'une araignée. Ces pistils, qui sont les bras palpes de l'animal, avaient un mouvement prompt et spontané d'un côté à l'autre. Son corps lui semblait être de même d'une couleur sombre, gros comme une plume de corbeau, et fixé au rocher.

Bientôt après la découverte de ce singulier animal, une quantité de monde vint pour le voir. Comme il fallait passer à travers les terres d'un colon, celui-ci résolut de détruire l'objet de leur curiosité. Il fit, à cet effet, couvrir d'une grille de fer tous les trous à travers lesquels ces animaux se montraient. Mais au bout de quelques mois ils reparurent malgré cela en aussi grand nombre qu'auparavant.

LES ANIMALCULES.

Lᴀ structure de ces animaux est très-simple, et ils sont généralement invisibles, sans le secours du microscope. On les trouve plus particulièrement dans les substances des animaux ou des végétaux mises en fusion.

Le *verticelle* en est le plus remarquable par sa structure, par ses habitudes, et par la manière dont il est produit. Quant à sa forme générale, il a une affinité avec les polypes, ayant un corps nu et contractile, doué d'organes ciliées autour de la bouche, et, à la vérité, plusieurs des auteurs qui ont écrit sur les animaux microscopiques, les ont appelés *polypes en bouquets*. Ils sont très – petits et se trouvent ordinairement dans les eaux claires, mais stagnantes, pendant les mois de l'été, attachés aux petites plantes aquatiques, où ils se nourrissent d'animalcules encore plus petits qu'eux.

On trouve souvent une quantité de verticelles réunis en groupes, formés ou par une agrégation spontanée, ou par les ramifications de l'*animal tronc*. Leurs mouvemens n'ont, comme ceux des polypes, d'autre objet que de se procurer une proie , le mouvement rotatoire de leurs tentacules causant dans l'eau un éjaillissement , ou petit reflux à l'entour de chaque individu , qui suffit pour attirer dans son tourbillon ceux des animalcules qui nagent auprès , et dont ils se saisissent , en contractant subitement leurs tentacules. Les tiges sur lesquelles se tiennent plusieurs de ces insectes sont un peu rudes ou écailleuses. Les petits, renfermés dans une enveloppe ovale, sont placés en dehors de la partie inférieure de la femelle ; et quand ils sont prêts à éclore, les vieux les aident à en sortir , en se tordant le corps , ou en frappant sur la petite vésicule. Aussitôt que les petits sont sortis de leur enveloppe, ils se fixent, et commencent de suite les opérations nécessaires pour se procurer la nourriture.

Les animacules du genre *vibrion* sont des vers très-simples, arrondis et allongés ; ils sont presque tous invisibles à l'œil nu. L'espèce la mieux conue est le *vibrion anguille,* qu'on trouve dans la pâte aigre , et dans presque tous les sédimens de grains. Son corps est transparent et effilé vers les deux extrémités. C'est la ressemblance dans sa conformation extérieure avec celle de l'anguille, qui a déterminé presque tous les auteurs à la distinguer par ce nom, quoique les plus grands d'entre eux aient rarement une ligne de long. Quand la pâte aigre est examinée au microscope, on la trouve remplie d'une immense quantité de ces animalcules, s'agitant avec beaucoup d'agilité dans tous les sens. On voit aussi très-souvent des animalcules semblables dans le vinaigre.

Ils sont vivipares, et ils produisent par intervalle une nombreuse progéniture. Si l'on en coupe un par le milieu, on verra sortir de la plaie un grand nombre de petits, roulés sur eux-mêmes, et renfermés chacun dans une membrane. On a vu naître plus de cent petits d'une seule femelle, ce qui explique leur accroissement subit et prodigieux.

Le *protée* a pris son nom de la faculté singulière qu'il a de prendre différentes formes, de sorte qu'il est quelquefois difficile de le reconnaître pour le même animal. Quand l'eau dans laquelle on a fait infuser quelques végétaux, ou dans laquelle on a conservé une substance animale, est restée pendant quelques jours en repos, on trouvera sur les parois du vase une substance visqueuse, dans laquelle, si on l'examine au microscope, on observera, outre plusieurs autres espèces d'animalcules, le vibrion protée. Il est transparent et gélatineux; il nage avec une grande vivacité, et communément il a un long cou, et un corps bulbeux. Quelquefois il s'arrête pour une minute ou deux, et s'étend comme pour chercher sa proie. Quand il est troublé, il contracte à l'instant son cou, devient opaque, et se meut avec plus de lenteur. Alors, au lieu du long cou qu'il avait d'abord, il forme au-dehors une espèce de roue, dont les mouvemens occasionnent un courant d'eau, et lui emènent sa proie. Puis il retire à lui cette espèce de roue, et reste quelquefois presque sans mouvement pendant quelques secondes, comme s'il était fatigué : après il étend encore son long cou, et reprend sa première agilité, ou il prend successivement une quantité de formes différentes. Les yeux de ce petit animal n'ont pas encore été découverts ; cependant il nage avec la plus grande rapidité parmi la multitude d'animalcules qui habitent la même eau, sans jamais se heurter contre aucun d'eux.

Le *volvoce globuleux* a un corps ovale, semblable à des bulles de savon, réunies au nombre de trois, cinq, six ou neuf; il y en a aussi qui ne forment qu'une bulle. Cette réunion de globules décrit, lorsqu'on le met dans un gobelet rempli d'eau de mer, un cercle autour du gobelet, mouvement auquel chaque individu contribue par la seule compression de son corps, ce qui est pro—

bablement l'effet de la réaction de l'air dont ils sont remplis.

Quiconque examinera avec attention les différentes classes d'animaux dont ces volumes contiennent la description, ne pourra se défendre de reconnaître la toute-puissance et la sagesse de celui qui a formé cette chaîne des êtres; et il s'écriera dans son enthousiasme :

Qui peut ouvrir les yeux sur ce champ de merveilles,
Et, tel que Gallien, en ses savantes veilles,
Ne se pas écrier, plein d'amour et de foi:
« C'est Dieu même, il se montre; adore et soumets-toi! »

FIN DU TOME SIXIÈME ET DERNIER.

TABLE DU TOME SIXIÈME.

T. 6. 20

FIN DE LA TABLE.

www.ingramcontent.com/pod-product-compliance
Lightning Source LLC
LaVergne TN
LVHW010258190726
843502LV00013B/239